燃煤电厂超低排放和节能改造系列书

火电厂二氧化硫超低排放技术及应用

曾庭华　廖永进　袁永权
易勇智　余岳溪　编著

中国电力出版社
CHINA ELECTRIC POWER PRESS

内 容 提 要

本书是一部关于火电厂 SO_2 超低排放方面的专著。本书在介绍火电厂超低排放政策的基础上，对常用的活性焦干法 / 半干法 FGD 超低排放技术、烟气循环流化床 FGD 超低排放技术，以及石灰石 / 石膏湿法、MgO 湿法、海水法及氨法 / 有机胺法 FGD 超低排放技术进行了详细分析，并介绍了工程实例。其中重点介绍了近几年来石灰石 / 石膏湿法 FGD 超低排放技术，包括旋流雾化高效 FGD 技术、FGDplus 技术、SPC-3D 单塔一体化技术、合金托盘 FGD 技术、双相整流器 FGD 技术、单塔多区高效脱硫除尘技术、单塔双循环 FGD 技术、双塔双循环（串联塔）FGD 技术、U 型串联吸收塔 FGD 技术、CT-121 FGD 鼓泡塔超低排放技术，以及镁增强石灰湿法 FGD 技术等。同时对 MGGH 的应用及 FGD 吸收塔污染物协同脱除技术等进行了深入的分析。

本书适用于火电厂超低排放 FGD 系统的设计、管理和运行人员，对从事火电厂环保工作的各类人员也有很好的参考价值，也可作为高等院校有关专业的教学参考用书。

图书在版编目（CIP）数据

火电厂二氧化硫超低排放技术及应用 / 曾庭华等编著. —北京：中国电力出版社，2017.3
（燃煤电厂超低排放和节能改造系列书）
ISBN 978-7-5123-9957-0

Ⅰ. ①火… Ⅱ. ①曾… Ⅲ. ①火电厂－二氧化硫－烟气排放－污染防治 Ⅳ. ① X773.013

中国版本图书馆 CIP 数据核字（2016）第 258839 号

出版发行：中国电力出版社
地　　址：北京市东城区北京站西街 19 号（邮政编码 100005）
网　　址：http://www.cepp.sgcc.com.cn
责任编辑：赵鸣志（010-63412385）　孙　晨
责任校对：王小鹏
装帧设计：王红柳　赵姗姗
责任印制：蔺义舟

印　　刷：三河市万龙印装有限公司
版　　次：2017 年 3 月第一版
印　　次：2017 年 3 月北京第一次印刷
开　　本：787 毫米 ×1092 毫米　16 开本
印　　张：13.75
字　　数：331 千字
印　　数：0001—2000 册
定　　价：68.00 元

版 权 专 有　侵 权 必 究

本书如有印装质量问题，我社发行部负责退换

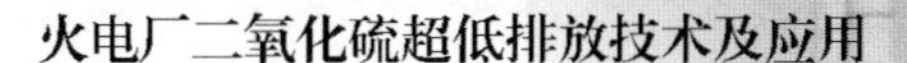

前　言

2011年7月，我国环境保护部发布了《火电厂大气污染物排放标准》（GB 13223—2011），对火电厂SO_2、NO_x及烟尘排放浓度提出了目前世界上最为严格的要求，现有火力发电机组自2014年7月1日起执行。2014年9月12日，国家发展和改革委员会、环境保护部、国家能源局印发了《煤电节能减排升级与改造行动计划（2014—2020年）》；2015年12月11日，三部委又颁布了《关于印发〈全面实施燃煤电厂超低排放和节能改造工作方案〉的通知》，将超低排放时间大大提前，主要目标是“到2020年，全国所有具备改造条件的燃煤电厂力争实现超低排放。全国有条件的新建燃煤发电机组达到超低排放水平。加快现役燃煤发电机组超低排放改造步伐，将东部地区原计划2020年前完成的超低排放改造任务提前至2017年前总体完成；将对东部地区的要求逐步扩展至全国有条件地区，其中，中部地区力争在2018年前基本完成，西部地区在2020年前完成……”，这使得全国各电厂以“前无古人、后无来者”之势开始了轰轰烈烈的脱硫、脱硝和除尘改造。本书就在此背景下，及时总结了近年来火电厂SO_2的各种超低排放技术及其应用情况。

本书共分7章，第1章简要介绍了火电厂SO_2超低排放技术。第2章介绍了干法/半干法FGD超低排放技术，着重对活性焦FGD超低排放技术、CFB-FGD超低排放技术及应用情况做了介绍。第3章对石灰石/石膏湿法FGD超低排放技术做了详细介绍，突出了一个“新”字，包括旋流雾化高效FGD技术、FGDplus技术、SPC-3D单塔一体化技术、合金托盘FGD技术、双相整流器FGD技术、单塔多区高效脱硫除尘技术、单塔双循环FGD技术、双塔双循环（串联塔）FGD技术、U型串联吸收塔FGD技术、CT-121 FGD鼓泡塔超低排放技术，以及镁增强石灰湿法FGD技术等。第4～6章则分别介绍了MgO湿法FGD超低排放技术、海水法FGD超低排放技术及氨法/有机胺法FGD超低排放技术，并介绍了工程实例。第7章介绍了SO_2超低排放其他问题，重点对无泄漏型MGGH的应用及FGD吸收塔污染物协同脱除技术进行了深入的介绍。全书理论较少，重在FGD超低排放工程实践的应用总结，实用性较强，对目前火电厂实施超低排放技术改造的技术路线选择有很好的参考价值。

如未特别说明，书中污染物浓度单位中的立方米（m^3）指的是干基、标准状态（标态）、6%O_2条件下的浓度。

限于编者的经验和水平，书中难免存在不足之处，敬请各位专家和读者批评指正。

编者

2017年2月

目 录

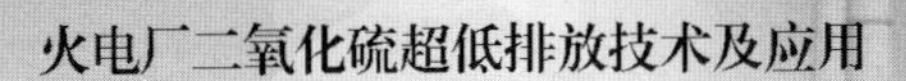

第 1 章

火电厂 SO_2 超低排放概述

1.1 超低排放政策的演变

1.1.1 “史上最严”的 GB 13223—2011

2011 年 7 月，我国环境保护部发布了《火电厂大气污染物排放标准》（GB 13223—2011，代替 GB 13223—2003），对火电厂 SO_2、NO_x 及烟尘排放浓度提出了目前世界上最为严格的要求，要求新建电厂 SO_2 排放浓度为 100mg/m^3，重点地区低至 50mg/m^3，老机组为 200mg/m^3；新建电厂烟尘排放浓度为 30mg/m^3，重点地区为 20mg/m^3；NO_x 的排放浓度为 100mg/m^3，发达国家如日本、德国等的标准均低于我国，表 1-1 是世界主要燃煤国家煤电大气污染物排放标准中最严标准限值的比较。从表 1-1 可看出，美国的标准限值较复杂，2011 年 5 月 3 日及以后新建与扩建投运的煤电机组执行的标准更为严格，折算后颗粒物（我国标准中为烟尘，烟尘是颗粒物中的一部分）排放限值是世界各国煤电机组现行有效排放标准中的最低限值，SO_2 排放限值则高于我国重点地区的特别排放限值，NO_x 排放限值与我国重点地区的特别排放限值相当。

表 1-1　煤电大气污染物排放标准中最严标准限值的比较　（mg/m^3）

国家		NO_x	SO_2	烟尘
中国	一般地区新建	100	100	30
	重点地区	100	50	20
	煤电节能减排升级与改造行动计划（2014～2020 年）	50	35	10
	燃气轮机排放（15%O_2）	50	35	5
	燃气轮机排放(折算至 6%O_2)	125	87.5	12.5
美国	2005 年 2 月 28 日～2011 年 5 月 3 日	0.11lb/MBtu（耗煤量热值排放）	0.15lb/MBtu（耗煤量热值排放）	0.015lb/MBtu（耗煤量热值排放）
	折算结果	135	185	18.5
	2011 年 5 月 3 日及以后新建、扩建	0.70lb/MWh（发电排放）	1.0lb/MWh（发电排放，最高脱硫率 97%）	0.09lb/MWh（发电排放，最高除尘效率 99.9%）
	折算结果	95.3	136.1	12.3
德国		200	200	20
日本		200	200	50
澳大利亚		460	200	100

GB 13223—2011 正式实施以来，各电厂纷纷进行现有机组的脱硫、脱硝和除尘改造。

但近年来，一些地方又对火电厂烟气污染物排放限值进一步趋严，要求特殊地区电厂烟气污染物排放达到所谓“现行燃气轮机发电机组排放水平”，特别是 2014 年 9 月 12 日，国家发展改革委、环境保护部、国家能源局印发了《煤电节能减排升级与改造行动计划（2014—2020 年）》的通知（发改能源〔2014〕2093 号），其行动目标是：“全国新建燃煤发电机组平均供电煤耗（标准煤）低于 300g/kWh；东部地区新建燃煤发电机组大气污染物排放浓度基本达到燃气轮机组排放限值（烟尘浓度不大于 10mg/m^3、SO_2 浓度不大于 35mg/m^3、NO_x 浓度不大于 50mg/m^3……），中部地区新建机组原则上接近或达到燃气轮机组排放限值，鼓励西部地区新建机组接近或达到燃气轮机组排放限值。到 2020 年，现役燃煤发电机组改造后平均供电煤耗低于 310g/kWh，其中现役 60 万 kW 及以上机组（除空冷机组外）改造后平均供电煤耗低于 300g/kWh。东部地区现役 30 万 kW 及以上公用燃煤发电机组、10 万 kW 及以上自备燃煤发电机组及其他有条件的燃煤发电机组，改造后大气污染物排放浓度基本达到燃气轮机组排放限值”。上述排放限值要求与包括美国在内的所有国家的煤电机组排放标准限值相比，三项指标均是最低的。这使得各电厂又将进行第二、三次改造来满足环保要求，如有的老机组刚按 GB 13223—2011 标准改造完成，又不得不再次按“燃气轮机标准”改造；有的新机组在建设过程中临时进行环保设计变更；有的新建机组刚投产就被迫再次对环保设施改造等，否则电厂难以通过环保验收，在电网调度方面还面临不利影响。大量昂贵的新设备被废弃，令人痛惜。因此对燃煤电厂来说，目前 GB 13223—2011 还未完全生效就基本失去作用，名存实亡。

1.1.2 “燃气轮机排放标准”的提出

在 GB 13223—2011 发布前后，该标准受到广泛质疑，认为其限值过于严格，没有可行的技术经济支撑该标准的执行，但随后的发展却令人大跌眼镜。许多地区、大电力集团等很快推出了“趋零排放”“近零排放”“零排放”“超净排放”“超洁净排放”“比燃气轮机排放更清洁”“超低排放”等一系列概念，其中达到“燃气轮机排放标准”是一个较典型的说法。

GB 13223—2011 中首次增设了燃气锅炉大气污染物排放标准，以前的标准中均没有燃气电厂的排放标准。在标准发布后，上海某电厂就提出燃煤电厂若达到燃气电厂（燃气轮机组）大气污染物排放标准的要求，是否可以建设的问题等。此后，许多电厂就燃煤电厂满足“燃气轮机排放标准”进行咨询与研讨，并逐步进行工程示范，如浙江的舟山电厂、江苏的滨海电厂等。2013 年 12 月，《浙江省大气污染防治行动计划（2013—2017 年）》（浙政发〔2013〕59 号）提出“2017 年底前，所有新建、在建火电机组必须采用烟气清洁排放技术，现有 60 万 kW 以上火电机组基本完成烟气清洁排放技术改造，达到燃气轮机组排放标准要求。”2014 年 6 月 27 日，国家能源局印发了《关于下达 2014 年煤电机组环保改造示范项目的通知》，明确 2014 年煤电机组环保改造示范项目名单，共涉及天津、河北、山东、江苏、浙江、上海、广东等 7 省（市）的 13 台在役燃煤发电机组，其中 1030MW 机组 1 台、1000MW 机组 4 台、600MW 机组 4 台、350MW 机组 3 台、330MW 机组 1 台。建成后各机组都达到“50355”（即 NO_x 浓度不大于 50mg/m^3、SO_2 浓度不大于 35mg/m^3、烟尘浓度不大于 5mg/m^3）要求，湿式电除尘器得到了广泛应用。

2014 年 9 月 12 日，三部委印发了《煤电节能减排升级与改造行动计划（2014—2020 年）》的通知之后，全国各地都纷纷制定了本省、本地区的《煤电节能减排升级与改造行动计划（2014—2020 年）》，广东省也不例外。早在 2014 年 3 月，广东省发展改革委就在《关于开展燃煤发电机组烟气污染物“近零排放”示范工程建设问题的复函》（粤发改能电函〔2014〕577 号）中批复了珠海金湾电厂 600MW 机组、广州华润南沙热电 300MW 机组、恒运电厂 300MW 机组、国华惠电 300MW 机组共 4 台机组作为“近零排放”示范工程，使电厂烟气污染物达到现行燃气轮机发电机组的排放水平。稍后广州市印发了《广州市燃煤电厂“超洁净排放”改造工作方案的通知》，要求广州市范围内的燃煤电厂烟气污染物排放同样达到现行燃气轮机发电机组排放水平（即“50355”工程）。

2015 年 5 月广东省《煤电节能减排升级与改造行动计划（2014—2020 年）》（粤发改能电函〔2015〕2102 号）出台，其污染物排放目标为到 2020 年，全省煤电机组大气污染物排放浓度基本达到燃气轮机组排放限值（即在基准氧含量 6%的条件下，烟尘浓度不大于 $10mg/m^3$、SO_2 浓度不大于 $35mg/m^3$、NO_x 浓度不大于 $50mg/m^3$），鼓励珠三角地区煤电机组大气污染物排放浓度达到燃气轮机组排放限值（“50355”）。

上述各正式文件中，“基本达到燃气轮机组排放限值”意指：在基准氧含量 6%条件下，烟尘浓度不大于 $10mg/m^3$、SO_2 浓度不大于 $35mg/m^3$、NO_x 浓度不大于 $50mg/m^3$。而“燃气轮机组排放限值”意为：在基准氧含量 6%条件下，烟尘浓度不大于 $5mg/m^3$、SO_2 浓度不大于 $35mg/m^3$、NO_x 浓度不大于 $50mg/m^3$。对照 GB 13223—2011 中的燃气轮机组排放限值（见表 1-1）：“在基准氧含量 15%条件下，烟尘浓度不大于 $5mg/m^3$、SO_2 浓度不大于 $35mg/m^3$、NO_x 浓度不大于 $50mg/m^3$”，可以发现，文件中的“燃气轮机排放限值”和 GB 13223—2011 中的“燃气轮机排放限值”只是数字相同，基准却大相径庭。折算到相同的 6%氧量下，GB 13223—2011 中的“燃气轮机排放限值”为烟尘浓度不大于 $12.5mg/m^3$、SO_2 浓度不大于 $87.5mg/m^3$、NO_x 浓度不大于 $125mg/m^3$，这个限值除烟尘外，SO_2、NO_x 的排放要求比重点地区的要求还要低，即重点地区的 SO_2、NO_x 的排放浓度已经达到了 GB 13223—2011 中的“燃气轮机排放限值”。在各级政府的正式文件中出现如此不严谨的提法，只能说明许多人还没搞清楚标准的含义，人云亦云。这种混乱的概念直到“全面超低排放”才得以纠正。

1.1.3　全面推行“超低排放”

2015 年 12 月 11 日，环境保护部、国家发展改革委、国家能源局颁布了《关于印发〈全面实施燃煤电厂超低排放和节能改造工作方案〉的通知》（环发〔2015〕164 号，见附录 1，对促进燃煤电厂污染物超低排放起到了至关重要的作用：

（1）明确和统一“超低排放”的概念，将超低排放定义为：在基准氧含量 6%条件下，烟尘、二氧化硫、氮氧化物排放浓度分别不高于 10、35、$50mg/m^3$。将之前各种混乱的提法进行纠正、统一，起到了“拨乱反正”的作用。在该文件中，再未出现所谓的“燃气轮机组排放限值”字眼。而在 2015 年 12 月 2 日《关于实行燃煤电厂超低排放电价支持政策有关问题的通知》（发改价格〔2015〕2835 号），见附录 2 中还是“燃气机组排放限值”。

（2）将超低排放时间大大提前。主要目标是“到 2020 年，全国所有具备改造条件的燃煤电厂力争实现超低排放。全国有条件的新建燃煤发电机组达到超低排放水平。加快现役燃煤发电机组超低排放改造步伐，将东部地区原计划 2020 年前完成的超低排放改造任务提前至 2017 年前总体完成；将对东部地区的要求逐步扩展至全国有条件地区，其中，中部地区力争在 2018 年前基本完成，西部地区在 2020 年前完成……”这使得全国各电厂特别是东部 11 省市、中部 8 省以“前无古人、后无来者”之势开始了轰轰烈烈的脱硫、脱硝和除尘改造，一些电厂 1 年内要进行 3 次 A 类检修。

(3) 明确落实电价补贴政策。对达到超低排放水平的燃煤发电机组，按照《关于实行燃煤电厂超低排放电价支持政策有关问题的通知》要求，给予电价补贴。2016 年 1 月 1 日前已经并网运行的现役机组，对其统购上网电量每千瓦时加价 1 分钱；2016 年 1 月 1 日后并网运行的新建机组，对其统购上网电量每千瓦时加价 0.5 分钱。

近两年来，全国对超低排放热情高涨，建设如火如荼，一片叫好，超低排放的问题暴露也较少，原因是这两年来，煤价大幅下降，电厂有条件采购到低硫、低灰及高热值的好煤，加上机组负荷率大幅下降，环保设施还未得到真正的运行考验，因此本书主要总结了近年来电厂在 SO_2 超低排放方面的技术和应用。

1.2 FGD 技术概述

1.2.1 FGD 技术分类

SO_2 控制技术的研究，从 20 世纪初至今已有百年历史。自 20 世纪 60 年代起，一些工业化国家相继制定了严格的法规和标准，限制煤炭燃烧过程中 SO_2 等污染物的排放，这一措施极大地促进了 SO_2 控制技术的发展。进入 20 世纪 70 年代以后，SO_2 控制技术逐渐由实验室阶段转向应用性阶段，目前的数量已超过 200 种。这些技术概括起来可分为燃烧前脱硫、燃烧中脱硫及燃烧后脱硫技术三大类。

(1) 燃烧前脱硫，主要是指煤炭选洗技术，应用物理方法、化学法或微生物法去除或减少原煤中所含的硫分和灰分等杂质，从而达到脱硫的目的。

(2) 燃烧中脱硫（即炉内脱硫），是在煤粉燃烧过程中同时投入一定量的脱硫剂，在燃烧时脱硫剂将 SO_2 脱除。典型的技术是循环流化床锅炉炉内加石灰石脱硫技术、型煤燃烧固硫技术。

(3) 燃烧后脱硫，即烟气脱硫（FGD，Flue Gas Desulfurization），是在锅炉尾部烟道处加装脱硫设备，对烟气进行脱硫的方法。它是世界上唯一大规模商业化应用的脱硫方法，是控制酸雨和 SO_2 污染最有效和主要的技术手段。

FGD 技术的分类方法和命名方式有很多，如根据脱硫原理，可分为吸收、吸附法和氧化、还原法；以脱硫产物的用途为根据，可分为抛弃法和回收法；按照脱硫剂是否循环使用分为再生法和非再生法；按脱硫剂的种类划分，可分为钙法、镁法、钠法、氨法、海水法、活性炭吸附等；根据吸收剂及脱硫产物在脱硫过程中的干湿状态分为湿法、干法和半干（半湿）法。湿法 FGD 技术即是含有吸收剂的溶液或浆液在湿状态下脱硫和处理脱硫产物，具有脱硫反应速度快、煤种适应性强、脱硫率高和吸收剂利用率高等优点，应用最为广泛。干法 FGD 技术的脱硫吸收和产物处理均在干状态下进行，具有无污水废酸排出、设备腐蚀小，烟气在净化过程中无明显温降、净化后烟温高、利于烟囱排气扩散等优点，但存在脱硫效率低、反应速度较慢、吸收剂消耗量大等问题。半干法 FGD 技术兼有干法与湿法的一些特点，是脱硫剂在干燥状态下脱硫在湿状态下再生（如水洗活性炭再生流程）或者在湿状态下脱硫在干状态下处理脱硫产物（如烟气循环流化床、喷雾干燥法）的 FGD 技术。特别是在湿状态下脱硫在干状态下处理脱硫产物的半干法，以其既有湿法脱硫反应速度快、脱硫率高的优点，又有干法无污水废酸排出、脱硫后产物易于处理的好处而在一段时间里受到广泛关注和应用。目前应用于火电厂的 FGD 工艺主要有石灰石/石膏湿法、MgO 法、海水法、氨法、烟气循环流化床法及少量其他工艺（如有机胺法、活性炭吸附法、旋转喷雾干燥法等）。

1.2.2　我国 FGD 技术现状

据中国电力企业联合会（中电联）统计，2014 年，全国 SO_2 排放 1974.4 万 t，比 2013 年下降 3.4%；电力 SO_2 排放 620 万 t（装机容量 6MW 及以上火电厂），比 2013 年下降 20.5%，与 1995 年电力 SO_2 排放量相当；电力 SO_2 排放量约占全国 SO_2 排放量的 31.4%，比 2013 年下降 6.8%。2014 年，每千瓦时火电 SO_2 排放量为 1.47g，比 2013 年下降 0.38g，优于美国 2013 年单位煤电 SO_2 排放量 2.28g/kWh 的水平。图 1-1 所示为 2005～2014 年全国及电力 SO_2 排放情况，图 1-2 所示为 2005～2014 年中美电力 SO_2 排放绩效对比。

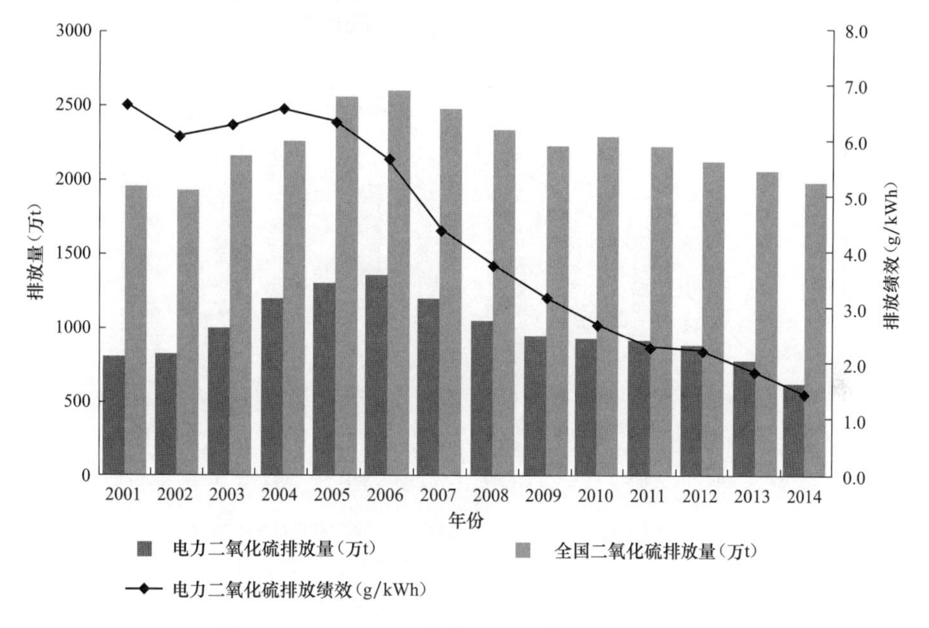

图 1-1　2005～2014 年全国及电力 SO_2 排放情况

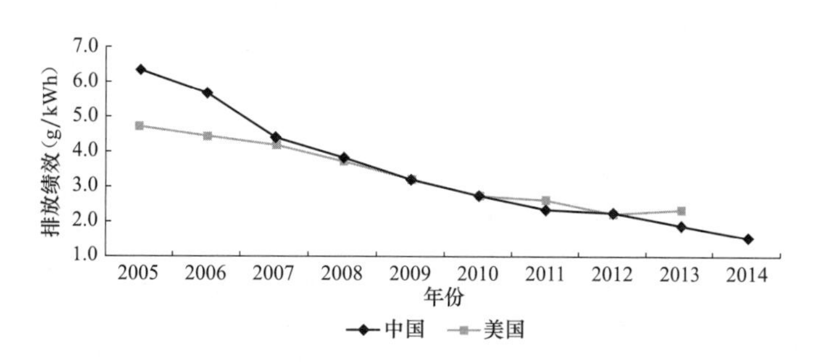

图 1-2　2005～2014 年中美电力 SO_2 排放绩效对比

截至 2014 年底，全国全口径发电装机容量 137 018 万 kW，其中火电 92 363 万 kW，占比 67.41%，图 1-3 所示为发电装机结构情况。截至 2014 年底，全国已投运 FGD 机组约 7.6 亿 kW，占全国火电机组的 82.3%、占全国煤电机组容量的 91.4%（比 2013 年底美国的 FGD 机组高 20%），比 2013 年提高 0.9%。图 1-4 所示是我国 2005～2014 年烟气脱硫机组投运情况。而截至 2015 年底，全国已投运火电厂 FGD 机组容量约 8.2 亿 kW，占全国火电机组容量的 82.8%，占全国煤电机组容量的 92.8%。考虑到循环流化床锅炉炉内脱硫，

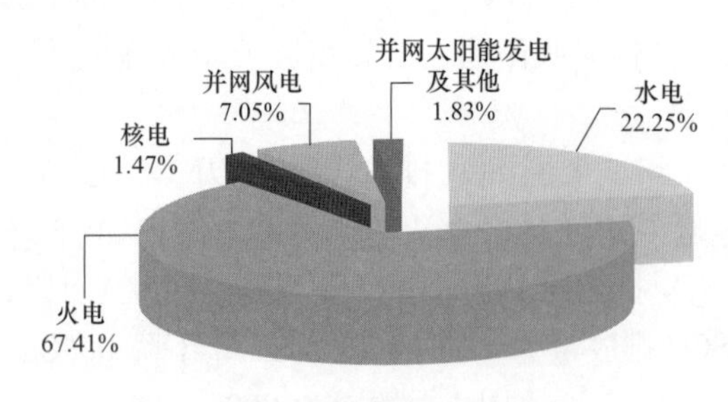

图 1-3　截至 2014 年底，全国全口径发电装机结构情况

我国煤电机组的脱硫容量可以说达到了 100%。在各种 FGD 技术中，截至 2014 年底，石灰石/石膏湿法 FGD 工艺占 92.46%（含电石渣法等），海水法占 2.67%，烟气循环流化床法占 1.93%，氨法占 1.94%，其他各种方法占 1.00%，2009 年底我国石灰石/石膏湿法 FGD 工艺的比例占 92.0%，如图 1-5 所示，可见该方法比例一直在增大，占绝对地位，这与美国煤电机组脱硫技术趋势不同。

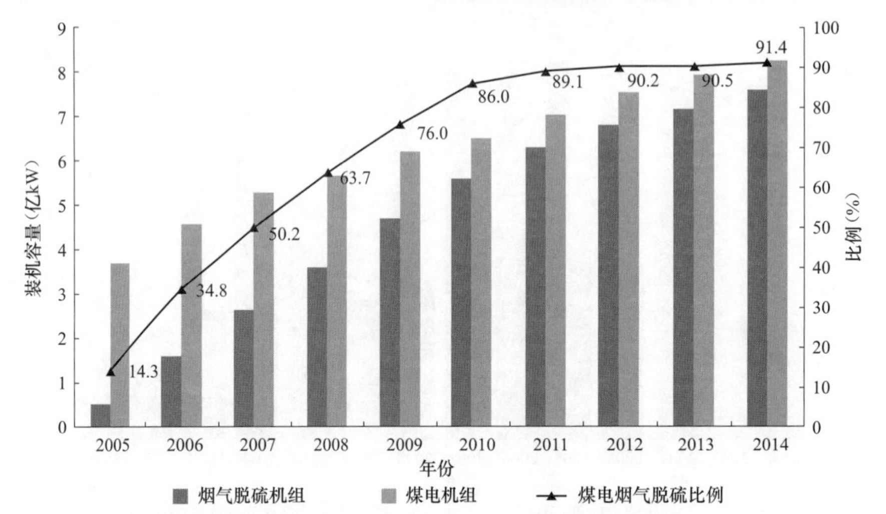

图 1-4　2005～2014 年中国烟气脱硫机组投运情况

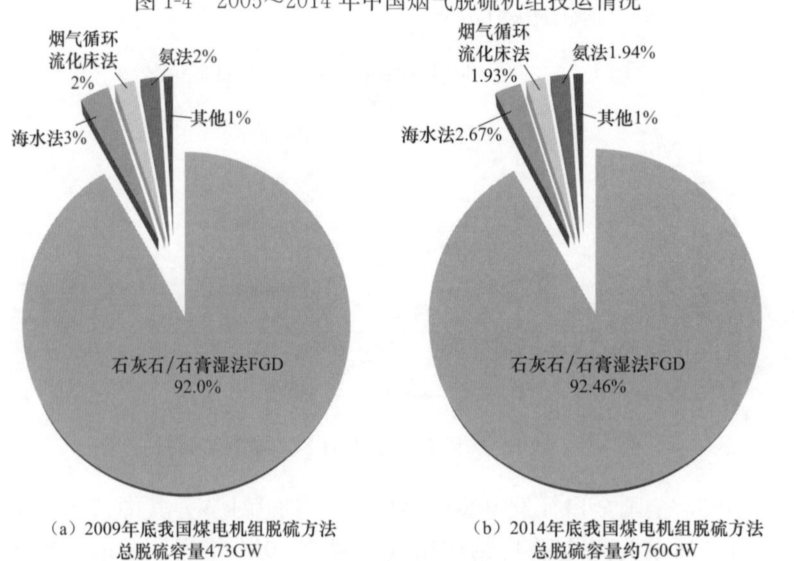

图 1-5　2009 年/2014 年我国煤电机组各脱硫方法比较

1.2.3　美国 FGD 技术现状

美国 B&W（Babcock & Wilcox）公司根据相关数据分析得到 2012 年及 2016 年美国煤电机组的脱硫技术应用情况，见表 1-2。图 1-6 和图 1-7 分别为脱硫机组所占比例及脱硫方

法情况。

表 1-2　　2012 年/2016 年美国 50MW 以上机组容量和脱硫技术

年份	2012 年			2016 年		
项目	机组数量（台）	机组总量（GW）	所占容量比例（%）	机组数量（台）	机组总量（GW）	所占容量比例（%）
湿法 FGD	349	178.2	54.9	337	177.9	59.8
干法/半干法 FGD	87	30.1	9.3	118	42.6	14.3
干式吸收剂烟道喷射法 DSI	7	1.3	0.4	12	4.9	1.7
脱硫总计	443	209.6	64.6	467	225.4	75.8
CFB 锅炉	28	3.5	1.1	28	3.5	1.2
未脱硫机组	408	111.4	34.3	246	68.4	23.0
合计	879	324.5	100.0	741	297.3	100.0

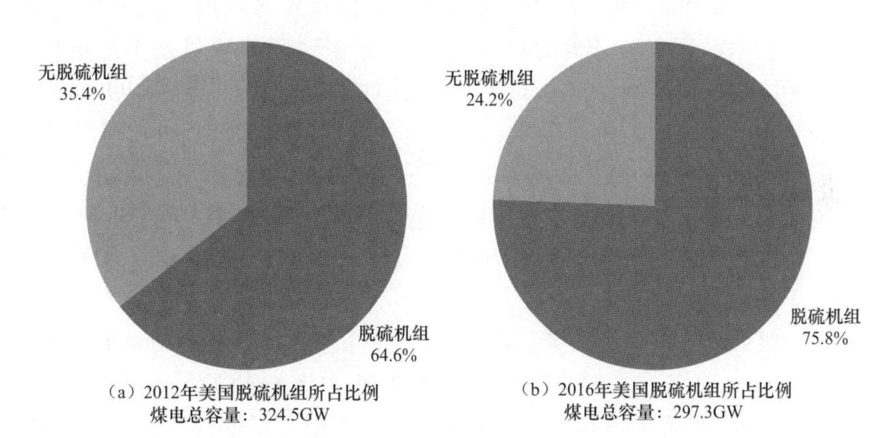

图 1-6　2012 年/2016 年美国脱硫煤电机组比较

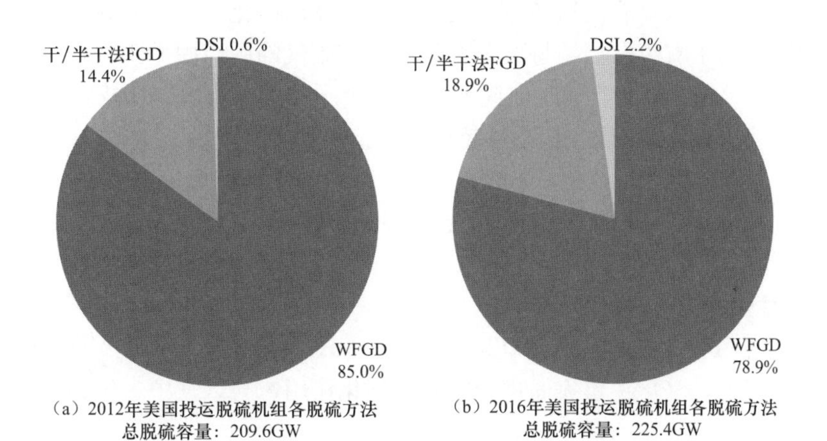

图 1-7　2012 年/2016 年美国煤电机组各脱硫方法比较

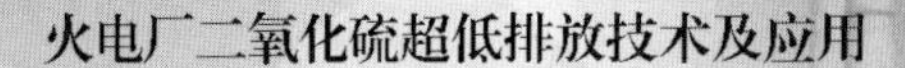

第 2 章

干法/半干法FGD超低排放技术

干法/半干法 FGD 技术主要指烟气循环流化床（CFB，Circulating Fluidized Bed）FGD 技术、旋转喷雾干燥吸收法（SDA，Spray Dryer Absorber）FGD 技术及其衍生的技术，如新型一体化脱硫（NID，Novel Integrated Desulfurization）。烟道吸收剂喷射（DSI，Duct Sorbent Injection）也是一种干法脱硫技术，国内电厂几无应用，美国也只应用于脱硫率要求很低的情况。从表 1-2 和图 1-6、图 1-7 可看出，美国近年来煤电机组脱硫技术已趋向于干法/半干法 FGD 技术。事实上，美国自 2009 年以来新建脱硫项目基本上选择了非湿法，这与我国的情况不同，原因是环保法规的变化。美国在 2008 年后对燃煤电厂的废气、废水、废固颁布了越来越多的法规，特别对废水、烟气重金属（Hg、Pb、Se）等有更严苛的要求，如 EPA 对重金属 Hg 的排放要求在 0.0030lb/GWh（约为 0.45μg/m³，我国目前为 30μg/m³）以下，由于采用活性炭吸附脱 Hg 技术成本高，美国越来越多地将目光关注到多污染物协同净化的工艺上，特别是能同时脱硫、脱酸（SO_3、HCl、HF 等）、除尘（含 $PM_{2.5}$）以及重金属排放控制的干法/半干法 FGD 技术。

旋转喷雾干燥吸收法、炉内喷钙尾部加湿活化（LIFAC，Limestone Injection into the Furnace and Activation of Calcium）、荷电干法（CDSI，Charged Dry Sorbent Injection）等干法和半干法 FGD 技术脱硫率不高，在我国早期小型机组及低硫煤锅炉上有一些应用，随着超低排放的全面展开，这些 FGD 技术应用日益减少，在我国电厂中逐渐被淘汰了。干法中的活性焦烟气净化技术具有高脱硫率、可资源化、宽谱净化、节水和硫回收等特点，在世界范围内已广泛应用于有色金属冶炼废气和钢铁烧结废气的脱硫脱硝工程，并成功应用于日本矶子电厂 2×600MW 机组烟气脱硫脱硝工程；半干法的 CFB-FGD 技术在国内外应用也颇为广泛。本章将重点介绍活性焦 FGD 超低排放技术和 CFB-FGD 技术。

2.1 活性焦 FGD 超低排放技术

2.1.1 活性焦 FGD 技术原理和特点

可再生活性焦 FGD 技术（ReACT，Regenerative Activated Coke Technology）是在 120～160℃的温度下，SO_2 在焦表面进行吸附和催化作用，与烟气中氧气、水蒸气发生如下反应

$$SO_2 + \frac{1}{2}O_2 + H_2O \longrightarrow H_2SO_4$$

SO_2 转化为硫酸吸附在活性焦孔隙内，吸附 SO_2 后的活性焦被加热至 400℃左右时，释放出 SO_2，化学反应如下

$$H_2SO_4+\frac{1}{2}C \longrightarrow SO_2+\frac{1}{2}CO_2+H_2O$$

活性焦干法 FGD 系统主要包括吸附反应、解吸再生、副产品回收 3 个子系统，如图 2-1 所示，主要设备包括吸附塔、解吸塔、活性焦送料机、活性焦储罐、热风炉、筛分机及硫酸制备系统等，图 2-2 所示是吸附塔结构示意。

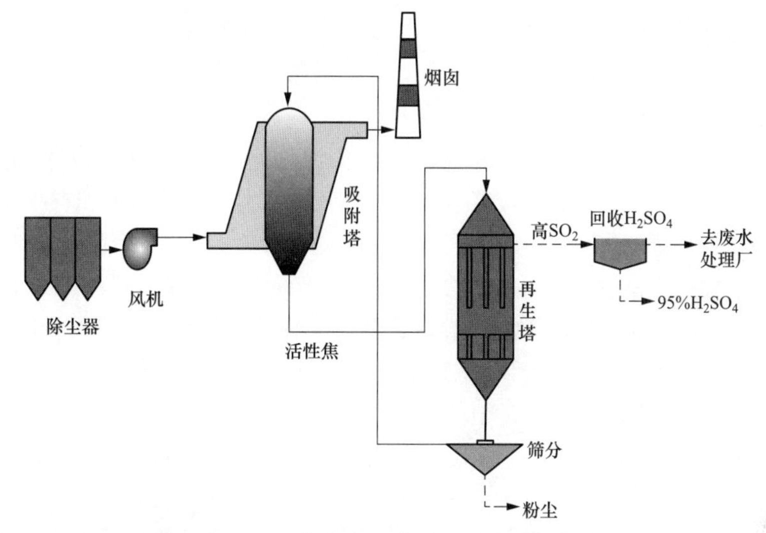

图 2-1　活性焦干法 FGD 系统流程示意

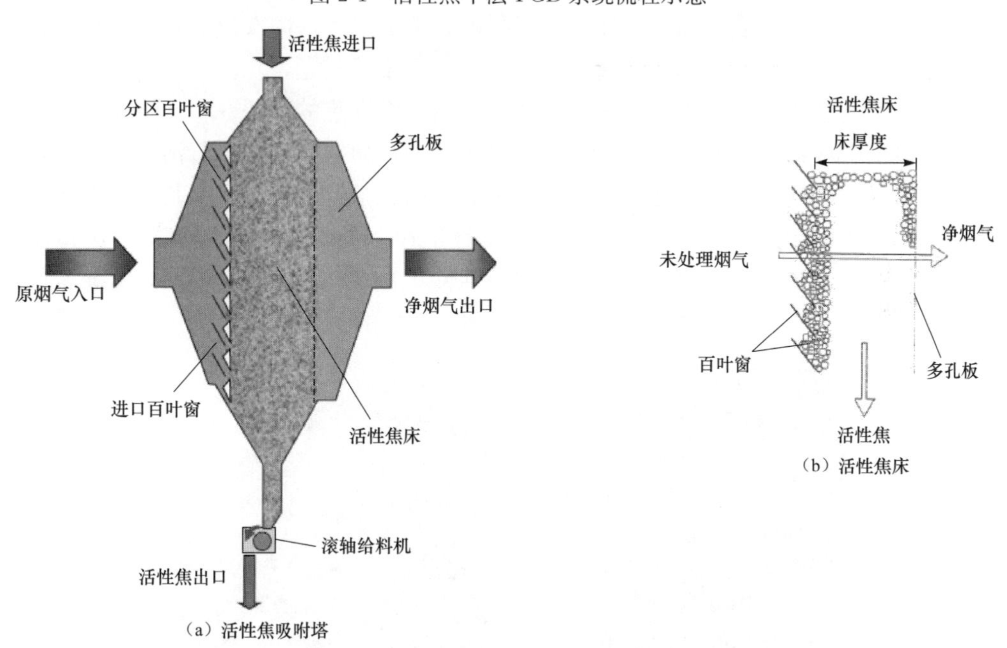

图 2-2　活性焦吸附塔和活性焦床结构示意

通过大量的实验和实践，证明了活性焦烟气脱硫技术具有很多的优点，例如：

（1）脱硫率高，一般高于 98%，还能脱除烟气中的烟尘粒子、汞、二噁英、呋喃、重金属、挥发性有机物及其他微量元素。喷氨后脱硝效率可达 20%～80%，脱汞效率可达 90%以上，是一种深度处理技术。

（2）活性焦脱硫的反应温度一般为120～160℃，这和锅炉产生烟气的温度差不多，活性焦吸附塔能耐受高温烟气，出口排烟温度高，净烟气温度不低于120℃，因此不需要添加加热装置，且FGD系统设备腐蚀较轻，节省烟囱防腐投资。

（3）活性焦是一种干法脱硫技术，因此不需要消耗水，尤其适用于水资源缺乏和对水污染特别敏感的区域。富SO_2气体制硫酸工艺中，烟气预洗涤净化过程会产生强酸性废水，需送至电厂废水处理系统进行处理。

（4）用活性焦作为吸附剂，通过加热再生循环利用，大大降低了生产成本。

（5）投资省、工艺简单、占地面积小。

（6）产生多种商品级副产品，如硫酸、硫磺等，资源化路线已很成熟，设计、运行经验丰富；副产品出售可有效实现硫的资源化，并产生一定的经济效益，作为贫硫国家和农业大国，在治理污染的同时充分回收利用硫资源有着重要的意义。山西太原钢铁（集团）有限公司450m^2和660m^2烧结机烟气采用活性焦干法脱硫技术，优等品浓硫酸产量分别为26t/d和38t/d，直接回用于钢厂酸洗工艺。日本矶子电厂单台机组FGD装置最大硫酸产量为10t/d，硫酸回收率超过98%。

（7）具有良好的环保性能，所产生的废弃物极少，对环境影响较小。

但活性焦技术也存在缺点：

（1）吸附法脱硫必然存在脱硫容量低、脱硫速率慢、再生频繁等缺点，阻碍了其工业推广应用。

（2）水洗再生耗水量大、易造成二次污染，而加热再生又易造成活性焦的损耗。

（3）联合脱硝时喷射氨增加了活性焦的黏附力，造成吸附塔内气流分布的不均匀性，同时，由于氨的存在而产生对管道的堵塞、腐蚀及二次污染等问题。

（4）吸附塔与解吸塔间长距离的气力输送，会增加活性焦的损耗。

活性焦具有非极性、疏水性、较高的化学稳定性和热稳定性，可进行活化和改性，其催化作用、负载性能、还原性能、独特的孔隙结构和表面化学特性都保证了其良好的烟气污染控制特性。活性焦来源广泛，我国活性焦工业发展迅速，平均年增长率15%，出口量已超过美国和日本，居世界首位，这些因素都决定了活性焦在联合脱硫脱硝方面具有非常好的先天条件。图2-3所示为某电厂脱硫用原始活性焦和再生后的活性焦。

（a）原始活性焦

（b）再生活性焦

图2-3　脱硫用原始活性焦和再生后的活性焦

2.1.2 活性焦 FGD 技术的应用

1. 国外活性焦 FGD 技术的应用

活性焦烟气脱硫技术的研发始于 20 世纪 60 年代的德国，并于 20 世纪 70 年代进行工业示范，20 世纪 80 年代开始工业应用。日本是最早将活性焦联合脱硫脱硝技术推向工业应用的国家，1972 年移动床活性焦干法 FGD 技术成功运用于 kansai 电力公司的一座烟气量为 175 000m^3/h 燃油锅炉。日本进一步研究发现，在活性焦脱硫的同时喷氨，可同时脱硝，1977 年日本开始在燃煤锅炉应用脱硫、脱硝工艺。1983 年日本资源和能源部委托设计完成了一个处理烟气量为 300 000m^3/h 大尺寸示范装置，用于干法烟气脱硫工艺实验研究，通过该套装置的运行，确立了干法脱硫技术。该套装置改成 1 个两级脱硫脱硝系统并通过试验证明了活性焦的同时脱硫/脱硝特性，在脱硫工艺中发展了脱硝工艺。随后，该技术相继在德国、日本、韩国、澳大利亚等国家推广使用，已应用于处理各种工业废气，如燃煤锅炉烟气、烧结机烟气和垃圾焚烧烟气，涉及化工、电力、冶金等多个行业。如德国在 1987 年就将活性焦 FGD 技术应用于 Arzberg 电厂 5 号 107MW 机组和 7 号 130MW 机组以满足当时的环保要求；美国 2007 年在 Valmy 电站 1 号 250MW 机组中抽取了部分烟气（烟气量约 10024m^3/h，相当于 2.5MW）进行了活性焦烟气脱硫脱硝性能的示范性试验，结果见表 2-1。2015 年初，美国 Wisconsin Public Service Weston 电厂 3 号 321MW 机组 ReACT 系统投运，脱硫率、脱汞率均大于 90%。截至目前，最大规模的活性焦烟气净化工业装置是 2002 年 4 月和 2009 年 7 月分别投运的日本矶子（Isogo）电厂 1、2 号 600MW 燃煤机组的烟气脱硫脱硝装置，如图 2-4 和图 2-5 所示，烟气处理量为 2 000 000m^3/h（湿）。表 2-1 所列是几个电厂的活性焦烟气净化工程的脱硫、脱硝、除尘和脱汞性能。

表 2-1　　活性焦烟气净化系统性能

序号	项目	日本矶子电厂 1 号 600MW 机组	美国 Valmy 电厂 1 号 250MW 机组试验	德国 Arzberg 电厂 5 号 107MW、7 号 130MW 机组
1	入口 SO_2 浓度（体积分数，$\times10^{-6}$）	410	500～1400	1399
2	脱硫率（%）	>98	97.6～99.96	>95
3	入口 NO_x 浓度（体积分数，$\times10^{-6}$）	<20	100～200	244
4	脱硝率（%）	10～50	25.72～48.35	>60
5	入口粉尘浓度（mg/m^3）	<100	294.3～423.9	<200
6	除尘率（%）	>95	>99	>99
7	入口汞浓度（$\mu g/m^3$）	2.5	0.02～0.21	—
8	脱汞率（%）	>90	97.1～99.6	—

2. 我国活性焦 FGD 技术的应用

我国活性焦烟气脱硫试验研究始于 20 世纪 70 年代末期。1979 年，湖北松木坪电厂建成处理烟气量为 5000m^3/h 的活性炭脱硫中间试验装置；1991 年，宜宾豆坝电厂建成 1 套 5000m^3/h 烟气量的活性炭吸附脱硫中试装置，通过验收，并于 1997 年建成 1 套 10 万 m^3/h 烟气量的扩大试验装置。2002 年，中国华电集团南京电力自动化设备总厂、贵州瓮福集团

图 2-4 日本 Isogo 电厂全貌

（原贵州宏福实业开发有限总公司）、煤炭科学研究总院北京煤化工研究分院共同承担国家“十一五”高科技（863）计划——可资源化烟气脱硫技术 2 课题，完成了活性焦烟气脱硫示范装置的工程设计，在吸收国外先进技术的基础上，开发出具有自主知识产权的活性焦烟气脱硫技术，并申请了 5 项国家发明专利。北京煤化工研究分院建成了实验室活性焦台架脱硫评价试验装置，通过实验室系统研究和放大的工业生产试验，开发出高性能烟气脱硫专用柱状活性焦，并实现了批量生产。

图 2-5 日本 Isogo 电厂 2×600MW 机组活性焦干法 FGD 系统

2002 年，采用该技术的活性焦 FGD 装置应用于我国最大的磷肥企业——贵州瓮福磷肥自备热电厂 2 台 75t/h 锅炉。2004 年 11 月，活性焦 FGD 工业示范装置建成并成功投入试运行，这是当时国内唯一的烟气活性焦脱硫工业装置。2005 年 7 月，贵州省环境监测中心对“可资源化活性焦烟气脱硫技术”工业示范装置进行了测试，脱硫率达到 95%以上，除尘率也很好。脱除的高浓度 SO_2 得到了充分有效的回收利用，副产品硫酸产生了一定的经济效益，活性焦脱硫装置运行情况及经济效益见表 2-2。2005 年 7 月 15 日，国家科技部 863 专家组对该项目进行了验收，认为该项目实现了燃煤烟气中 SO_2 的脱除和资源化利用，技术整体达到国际先进水平，具有良好的经济效益和推广应用前景，建议尽快实行大型化和产业化。2006 年该技术被国家环保总局列入“国家先进污染治理技术推广示范项目名录”，2007 年被国家发展改革委、环保总局确定为积极推进使用的符合循环经济发展要求的工艺技术。由上海克硫环保科技股份有限公司开发可资源化活性焦烟气脱硫技术与装备，已列入上海市清洁生产技术推荐项目。2010 年 11 月 30 日，国家 863 计划课题“大规模活性焦干法烟气脱硫关键装备与技术研究”在北京通过会议的方式完成了验收。

表 2-2　　瓮福磷肥自备热电厂活性焦 FGD 装置运行情况及经济效益

项目	数据	项目	数据
原烟气 SO_2 浓度（mg/m^3）	6000～11 000	脱硫成本（万元/年）	1080
烟气量（m^3/h）	200 000	回收硫资源收益（万元/年）	402
负荷波动范围（%）	30～100	减少排污费用（万元/年）	690
脱硫率（%）	>95	节煤收益（万元/年）	216
除尘率（%）	>80	装置经济效益（万元/年）	228

内蒙古某有色金属冶炼企业新建热电站选用 2 台 260t/h、9.81MPa/540℃循环流化床锅炉，燃料煤为长烟煤，收到基硫分为 0.46%，收到基低位发热值为 14 420kJ/kg，烟气量为 374 262.67m^3/h，SO_2 初始浓度为 1327.52mg/m^3，采用上海克硫环保科技股份有限公司活性焦干法 FGD 技术，脱硫率为 95%，2012 年投运。

2.1.3 活性焦脱硫技术应用问题

1. 工程造价

活性焦干法烟气净化系统的高造价是影响其得到广泛应用的关键因素，其技术经济分析应充分考虑国内石灰石/石膏湿法 FGD 技术的市场环境。目前，活性焦技术采用的核心设备，如吸附塔、解吸塔需进口，大部分附属设备以国产化的方式引入国内，单位造价为 600～700 元/kW，远远高于石灰石/石膏湿法的 100～200 元/kW。在日本，由于石灰石/石膏湿法脱硫价格相对较高，活性焦干法烟气净化技术价格为湿法脱硫价格的 1.2～1.3 倍，这成为除技术原因外矶子电厂选择活性焦技术的主要原因。高造价成为该技术在中国西部缺水地区应用的主要障碍，只有积极鼓励和扶持具有中国自主知识产权的可资源化活性焦干法烟气宽谱净化技术，实现活性焦技术设备国产化，尤其是吸附塔和解吸塔等核心设备的加工制造，才能大幅降低工程造价，使该技术具有较强的技术经济优势而加以推广。

2. 对高 SO_2 浓度烟气的适应性

活性焦干法 FGD 技术适宜进行“精细脱硫”。在日本，该工艺尚无 FGD 系统入口 SO_2 浓度超过 2850mg/m^3 的工程案例。活性炭的吸附容量有限，如果要处理烟气的量和 SO_2 浓度比较大时，要用的活性炭就比较多，可能需要增设单独的脱硫塔，造成设备庞大，再生频繁，同时能耗、投资也较高。因此活性焦干法 FGD 技术应用于中国电力行业的高 SO_2 浓度烟气脱硫，必然需要进行二次技术开发。

3. 所需物料的供应及脱硫副产物处置

活性焦的稳定供给及脱硫副产物的安全处置是环评阶段关注的重要内容，可能对项目立项产生重大影响。

（1）活性焦的稳定供应。钢厂通常有稳定的活性焦供应，而活性焦的来源成为该技术应用于燃煤电厂的首要问题。用于电力行业脱硫和钢铁行业脱硫的活性焦没有区别，但前者的用量为后者的 2～3 倍。活性焦产业技术含量不高，价格低廉，来源广泛，国内的多数活性炭生产企业（如内蒙古太西煤集团兴泰煤化工和山西新华化工）均能生产优质活性焦。此外，正常运行过程中活性焦的补充量不太大，日本矶子电厂脱硫装置正常运行时，活性焦补充量约为活性焦再生循环量的 1.5%。分析认为，中国在活性焦的稳定供应方面应不成问题。

（2）液氨供应。活性焦干法脱硫或联合脱硫脱硝均需要向系统注入氨气。日本矶子电厂以氨硫摩尔比 0.5 向 140℃的原烟气中注入氨气。对于国内采用液氨作为 SCR 还原剂的电厂，可将 SCR 液氨存储和蒸发装置与活性焦干法烟气净化技术共用；对于采用氨水或尿素作为 SCR 还原剂的电厂，则意味着高的运行成本，可能需要增设独立的液氨存储、蒸发装置或尿素热解炉。

（3）氮气供应。活性焦系统启动或停机时，解吸塔的运行需要消耗氮气，保证气氛中含氧量低于 0.5%。氮气用于解吸塔的载气和密封气。解吸塔内，一部分氮气作为载气，将高

浓度 SO_2 气体携带出解吸塔，同时保证解吸塔内处于低氧气氛；另一部分氮气用于密封。日本矶子电厂解吸塔所用氮气参数为压力 1kPa、常温，单解吸塔氮气耗量 800m³/h。

（4）活性焦尾料的处理。脱硫废物的处置应能够实现废物资源化并避免二次污染。日本矶子电厂失效的活性焦和加热再生过程筛下的活性焦细渣，可作为燃料，与燃煤混合燃烧。在日本，解吸塔后活性焦经筛分后的残渣多作为商品被销售到垃圾焚烧厂用于烟气净化，因而具有一定的经济价值。活性焦富集的汞极为稳定，不易析出或被酸碱等淋溶出，可进行稳定化处理或填埋等。日本矶子电厂在每 2～3 年的计划检修期会置换 1 次解吸塔内富汞的活性焦，单台机组置换量约为 100t。

（5）硫酸去向。活性焦 FGD 技术应用于电力行业需要解决硫酸的就近消化利用和运输问题。

综上所述，活性焦干法烟气脱硫脱硝技术广泛应用于钢厂烧结机烟气净化，是由于钢厂具有诸多优势：钢铁行业有稳定的活性焦供应；生产的硫酸可直接用于钢厂的酸洗工艺；氮气广泛应用于钢厂的炉子密封、保护气、炼钢精炼、转炉溅渣护炉、保安气体、传热介质及系统吹扫等，其大型空气分离装置能够保证氮气的持续稳定供应。活性焦脱硫在中小规模锅炉烟气处理方面的应用取得了一定进展，但在电厂等烟气排放量大的脱硫处理方面，其应用还较为有限。

4. 活性焦再生热源

活性焦再生技术通常利用热烟气或惰性气体加热活性焦至 400～450℃，使活性焦释放出 SO_2 等气态污染物，实现再生。钢厂焦炉煤气可作为热风炉的燃料加热再生活性焦，如太原钢铁（集团）有限公司活性焦脱硫脱硝工程；美国 Valmy 电站 1 号机组示范工程采用的是电加热方式；日本矶子电厂采用热风炉燃烧轻油的方式加热活性焦再生，单台炉活性焦再生时的热风用量约为 60 000m³/h。中国等离子点火技术应用日益广泛，如采用日本矶子电厂的方法，可能造成热风炉燃料供应不足；如果采用蒸汽加热方案，需要高压蒸汽才能将活性焦加热至 400℃，系统建造及运营成本会很高；如果采取从锅炉尾部引 600℃的尾部烟气作为热源方案，会破坏锅炉热平衡，为此需要锅炉厂在设计上加以配合。

2.2　CFB-FGD 超低排放技术

2.2.1　CFB-FGD 技术原理和特点

20 世纪 70 年代末，德国鲁奇（Lurgi）公司率先将循环流化床工艺用于烟气脱硫，开发了一种烟气循环流化床脱硫工艺（CFB-FGD，Circulating Fluidized Bed FGD），图 2-6 所示是典型的 CFB-FGD 工艺流程。在鲁奇技术的基础上，德国 Wulff 公司开发出回流式循环流化床烟气脱硫技术（RCFB-FGD），其他各国也开发了类似原理的 FGD 技术，表 2-3 列出了国外 CFB-FGD 技术及其衍生技术，这些技术在国内外已有众多的运行业绩，最大单机容量已超过 600MW，如 2013 年投运的美国 Brayton Point 电厂 3 号 630MW 燃烟煤机组 NID 系统，如图 2-7 所示，在进口 SO_2 浓度为 3083mg/m³（2.5lb/MBtu）时，脱硫率在 98%以上。国内公司在引进技术的基础上，也开发了自主技术，如福建龙净脱硫脱硝工程有限公司的 LJD 新型循环流化床干法脱硫及多污染物协同净化工艺等。

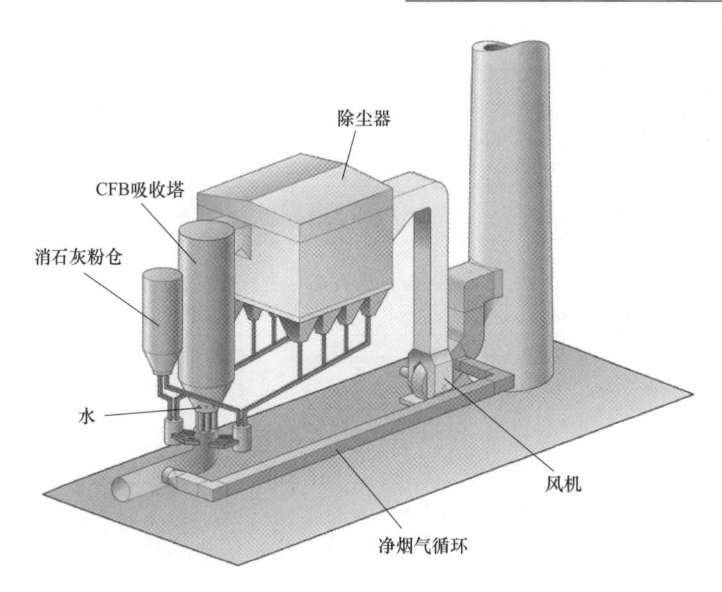

图 2-6　典型的 GFB-FGD 工艺流程示意

该法主要以生石灰 CaO 为脱硫剂，经消化成 $Ca(OH)_2$ 进入脱硫反应塔内与 SO_2 反应。未反应的脱硫剂和脱硫副产物被电除尘器或布袋除尘器捕积后再送回吸收塔循环利用，主要是亚硫酸钙、硫酸钙和未反应的氢氧化钙。主要反应式为

$$CaO + H_2O \longrightarrow Ca(OH)_2$$

$$Ca(OH)_2 + SO_2 \longrightarrow CaSO_3 + H_2O$$

$$CaSO_3 + \frac{1}{2}O_2 \longrightarrow CaSO_4$$

图 2-7　美国 Brayton Point 电厂 3 号 630MW 机组 NID 系统

表 2-3　　**国外 CFB-FGD 技术及衍生的技术**

序号	公司名称	技术名称	技术特点
1	美国 Foster Wheeler/德国 Graf Wulff	CFBS (Circulating Fluidized Bed Scrubber)	吸收塔底部文丘里下注入 $Ca(OH)_2$，紧凑式布袋除尘器，水在粉上加入；钙硫比 1.3～1.8
2	德国 Babcock Power Environmental (BPEI)	Turbosorp	吸收塔底部文丘里上注入 $Ca(OH)_2$，水在粉下加入；钙硫比 1.3～1.8
3	德国 Andritz Environmental Solutions	CFB (Circulating Fluid Bed Scrubber)	吸收塔底部文丘里下注入 $Ca(OH)_2$，水在粉上加入；钙硫比 1.3～1.8

续表

序号	公司名称	技术名称	技术特点
4	美国 Babcock & Wilcox (B&W)	CDS (Circulating Dry Scrubber)	吸收塔底部文丘里下注入 $Ca(OH)_2$，水在粉上加入；钙硫比 1.3～1.8
5	德国 Clyde Bergemann Power Group (CBPG)	CDS (Circulating Dry Scrubber)	吸收塔底部文丘里上注入 $Ca(OH)_2$，水在粉上加入；钙硫比 1.3～1.8
6	美国 Marsulex Environmental Technologies (MET)	CDS (Circulating Dry Scrubber)	吸收塔底部文丘里上注入 $Ca(OH)_2$，粉上两段喷水；钙硫比 1.3～1.8
7	韩国 KC Cottrell	GSA (Gas Suspension Absorber)	吸收塔文丘里上注入 $Ca(OH)_2$ 或 CaO 浆液，设旋风分离器；钙硫比 1.3～1.8
8	美国 Dustex	CFB (Circulating Fluid Bed Scrubber)	吸收塔底部文丘里下注入 $Ca(OH)_2$，钙硫比 1.3～1.8
9	美国 Alstom	NID (Novel Integrated Desulfurization)（以前称 Flash dryer absorber）	J 形烟道吸收塔上注入 CaO，塔紧挨布袋除尘器，水加入循环灰混合器中；钙硫比 1.5～1.8
10	日本 Mitsubishi Hitachi Power Systems	EAD (Enhanced All-Dry)	文丘里吸收塔底上部注入 $Ca(OH)_2$ 与循环灰分开，水加入循环灰混合器中；钙硫比 1.5～1.8

与石灰石/石膏湿法 FGD 技术相比，CFB-FGD 技术有如下特点：

（1）脱硫率低，但也可稳定地达到 90%以上；对燃煤含硫量变化有一定的适应性，但在大型化方面远不如石灰石/石膏湿法 FGD 技术。

（2）耗水量小，几乎不产生工业废水，因而免去了湿法 FGD 技术废水复杂的处理系统；湿法 FGD 技术废水含有高浓度的盐及重金属 Hg、Se 等，达标排放或实现零排放耗资巨大。

（3）具有较高的重金属、SO_3、HCl、HF、二噁英等多污染物协同脱除效果；与袋式除尘器相结合可实现粉尘的超低排放。

（4）系统运行温度较高，在酸露点之上，烟道及烟囱无须采取复杂的防腐措施。

（5）系统相对简单，占地较少，投资较少，运行维护简单。

（6）吸收剂要求用 CaO 粉，来源不如石灰石广泛，且品质及运输储存要求高、价格较贵。

多年来，CFB-FGD 工艺大多应用在我国缺水地区、中小机组、燃煤硫分不高、环保标准较为宽松的地区。对于超低排放要求，是否选用几乎完全取决于入口 SO_2 浓度的大小。

2.2.2 CFB-FGD 技术超低排放实例

1. 煤粉炉的超低排放

广州石化地处广州黄埔区，3、4 号煤粉炉为 2×220t/h 锅炉，为满足广州市《燃煤电厂“超洁净排放”改造工作方案》（即“50355”工程）的要求，广州石化于 2013 年 12 月底开始启动脱硫脱硝改造工程，采用福建龙净脱硫脱硝工程有限公司 LJD 新型循环流化床干法脱硫及多污染物协同净化工艺。具体技术包括：炉内采用低氮燃烧技术，脱硝率不低于 50%；每台炉设置一套 SNCR 脱硝系统；每台炉后设置 SCR 脱硝装置一套，氨供应系统公用，脱硝率不低于 80%；每台炉后设置一套 LJD 循环流化床干法脱硫工艺＋脱硫专用低压回转脉冲布袋除尘器，采用超细 PPS 纤维滤袋的除尘技术。其设计参数见表 2-4，系统流程如图 2-8 所示，图 2-9 为 220t/h 煤粉炉 CFB-FGD 吸收塔现场设备。

表 2-4　　广州石化 220t/h 煤粉炉超低排放设计参数

项目	数值	项目	数值
烟气量（标况，湿态，实际 O_2）（m^3/h）	236 279	FGD 系统出口 SO_2 浓度（mg/m^3）	<35
FGD 系统入口 SO_2 浓度（mg/m^3）	1850	烟囱入口烟尘浓度（mg/m^3）	<5
FGD 系统入口烟气温度（℃）	145	SCR 系统入口 NO_x 浓度（mg/m^3）	250
FGD 系统出口烟气温度（℃）	70	SCR 系统出口 NO_x 浓度（mg/m^3）	<50
脱硫率（%）	>97.5		

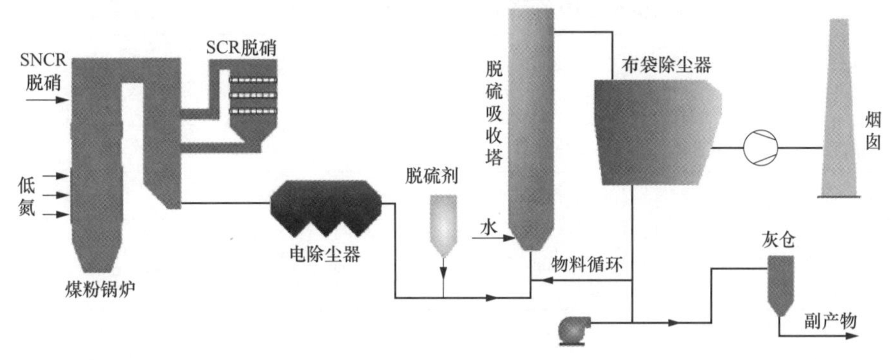

图 2-8　220t/h 煤粉炉 CFB-FGD 工艺流程

2014 年 8 月，3 号炉顺利投产。性能试验表明，LJD 循环流化床烟气脱硫除尘一体化装置各参数均达到设计要求，可确保达到“50355”超洁净排放；同时，该工艺具有多污染物处理能力，在高效反应脱除 SO_2 的同时，同步高效反应脱除了 SO_3、HCl、HF 等酸性气体（脱除率在 98%以上），高效吸附脱除了铅 Pb、砷 As、汞 Hg 等重金属污染物（综合脱除率在 95%以上）。图 2-10 所示是实际运行画面，可见在入口 SO_2 浓度为 1625mg/m^3 时，烟囱中 SO_2 排放浓度不到 2mg/m^3，NO_x 排放浓度在 10mg/m^3 左右，烟尘排放浓度不到 1mg/m^3。

图 2-9　220t/h 煤粉炉 CFB-FGD 吸收塔现场设备

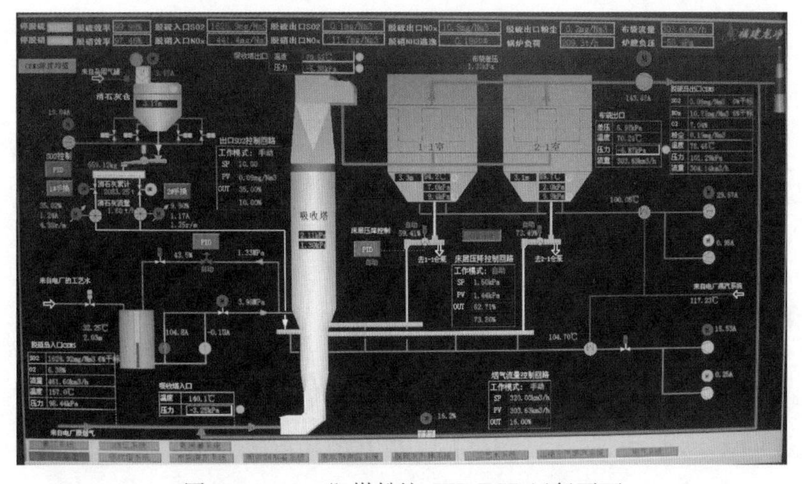

图 2-10　220t/h 煤粉炉 CFB-FGD 运行画面

CFB-FGD 技术在缺水地区有较大应用前景，如西部的新疆、内蒙古等地，LJD 循环流化床烟气脱硫除尘一体化装置应用的典型例子为新疆石河子地区 18 套 50～350MW 热电机组煤粉炉，包括新疆天富北 2×300MW、新疆天山铝业 6×350MW、新疆合盛硅业 2×330MW 等机组，2009～2014 年全部投运，表 2-5 所列为各系统的设计和实际运行参数，满足 GB 13223—2011 的要求。

表 2-5　　新疆 18 套热电机组 LJD 循环流化床 FGD 系统的设计和实际运行参数

序号	机组 参数	天富东 3×135MW	天富南 2×135MW	天富西 3×220t/h	天富北 2×300MW	合盛硅业 2×330MW	天山铝业 6×350MW
1	脱硫方式	1 炉 1 塔	2 炉 1 塔	3 炉 1 塔	1 炉 1 塔	1 炉 1 塔	1 炉 1 塔
2	烟温（℃）	152	145，最大 160	140，最大 150	130	130	123
3	入口 SO_2 浓度（mg/m^3）	1372，最大 2200	2468	2410	1197.4， 最大 2200	1031， 最大 2200	2496
4	入口粉尘浓度（mg/m^3）	6275	≤150， 极端 33 100	152	4392.8	2008.1	2935
5	运行脱硫率（%）	≥95	≥90	≥90	≥91	≥95	≥95
6	出口 SO_2 浓度（mg/m^3）	≤100	≤400	≤400	≤200	≤100	≤100
7	出口粉尘浓度（mg/m^3）	≤30	≤50	≤50	≤30	≤30	≤30
8	其他	LJD 流化床吸收塔；超低压脉冲布袋除尘器；静叶可调轴流式增压风机					

2. 循环流化床锅炉的超低排放

（1）420t/h 循环流化床锅炉的超低排放。广州石化 2×420t/h 循环流化床锅炉分别于 2007 年 12 月、2009 年 4 月投运。燃用炼油厂的高硫石油焦，收到基硫分在 6.0%～6.7%，采用炉内石灰石脱硫（脱硫率约 92%，钙硫比为 2.35）和炉后 CFB-FGD 技术，满足当时的环保要求。FGD 系统前 SO_2 浓度为 800～1500mg/m^3，NO_x 排放浓度波动较大，为 150～350mg/m^3，2012 年进行布袋除尘器改造后粉尘排放浓度低于 5mg/m^3。超低排放改造始于 2013 年底，提效改造技术路线为：脱硫增加消石灰制备系统，提高消石灰活性，改造尾部脱硫消石灰下料系统，提高脱硫剂下料量和设施自控率水平；除尘技术路线为升级超细 PPS 纤维滤袋及其配套设备；脱硝增设 SNCR 及低温循环氧化吸收（COA）脱硝装置，COA 低温脱硝应用利用流化床反应器中激烈湍动的高密度、高比表面积颗粒床层，注入氧化性脱硝添加剂（亚氯酸钠 $NaClO_2$）使烟气中 NO 在增强氧化作用下被快速氧化成 NO_2，进而与 $Ca(OH)_2$ 发生中和反应除去；COA 最大脱硝率大于 70%，对 SNCR 脱硝起到了补充作用，确保 NO_x 指标排放值小于 50mg/m^3。2014 年 6 月完成全部建设。图 2-11 所示是 CFB-FGD 流程，图 2-12 为 420t/h 循环流化床锅炉的 CFB-FGD 吸收塔现场设备。

对于以高硫煤为燃料且使用炉内脱硫作为一级脱硫的 CFB 炉来讲，CFB-FGD 技术在经济上具有较大的优势。炉内脱硫使用石灰石煅烧生成生石灰进行脱硫，大量未反应的生石灰随飞灰进入布袋除尘器，通过布袋进行除尘收集，湿法脱硫采用先除尘后脱硫的技术路线，因此无法对其进行再利用，只能随灰排至灰库而浪费；而半干法脱硫采取先脱硫后除尘的技术路线，可对炉内脱硫过剩的 CaO 进行再循环利用，降低生石灰耗量。经国家环境分析测试中心检测，在不添加任何吸附剂的前提下，硫酸雾 SO_3 的脱除效率高达 99%，总汞脱除效率 87.7%，协同脱铅效率 86.7%。

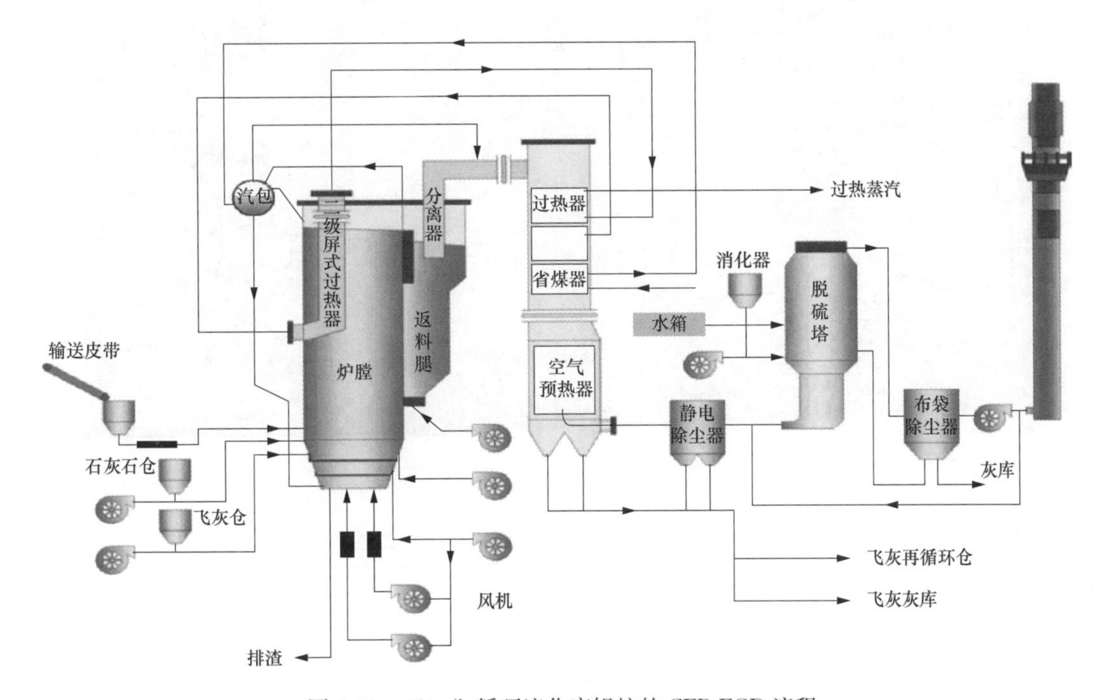

图 2-11　420t/h 循环流化床锅炉的 CFB-FGD 流程

图 2-13 所示为 420t/h 循环流化床锅炉的 CFB-FGD 系统实际运行画面。在入口 SO_2 浓度 585mg/m³ 时，烟尘 SO_2 排放浓度为 11.5mg/m³，脱硫率为 98%，烟尘排放浓度 1.5mg/m³，NO_x 排放浓度 40mg/m³，达到超低排放要求。

图 2-12　420t/h 循环流化床锅炉的 CFB-FGD 吸收塔现场设备

(2) 大型循环流化床锅炉的超低排放。循环流化床锅炉因可以采用炉内喷钙预先脱硫，炉膛出口 SO_2 浓度处于较低水平，故 CFB-FGD 技术对其相对较为适用，近年来该技术在大型循环流化床锅炉超低排放中得到了较多的应用，福建龙净脱硫脱硝工程有限公司 LJD 新型循环流化床干法脱硫及多污染物协同净化工艺已在 100 多套循环流化床锅炉上应用，表 2-6 列出了部分 300MW 及以上机组应用的业绩，其工艺流程基本与广州石化相同。

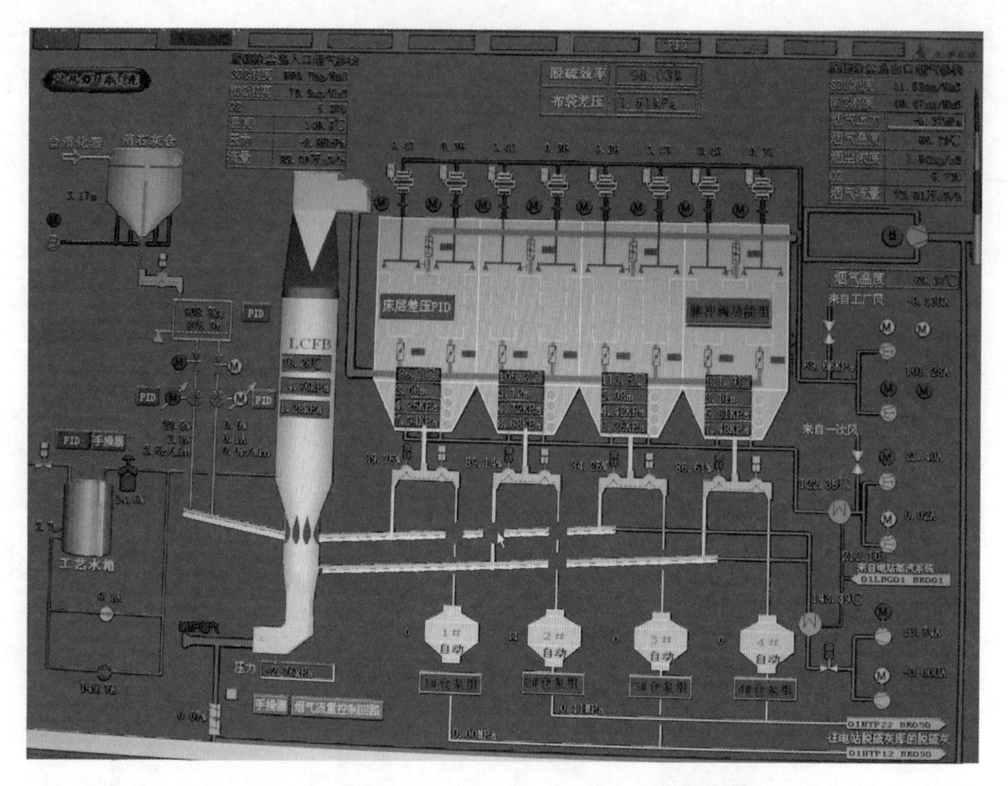

图 2-13　420t/h 循环流化床锅炉的 CFB-FGD 系统实际运行画面

表 2-6　　CFB-FGD 技术在 300MW 流化床锅炉上应用的业绩

序号	电厂名称	机组容量	入口 SO_2 浓度 (mg/m³)	最低脱硫率 (%)	出口指标		
					SO_2 (mg/m³)	SO_3 (mg/m³)	Hg (μg/m³)
1	山西国金电厂	2×350MW	1000	95	<35	<5	<0.49
2	神华神东电力河曲电厂	2×350MW	1347	95	<50	<5	<0.49
3	华能吉林白山煤矸石电厂	2×330MW	1000	95	<50	<5	<0.49
4	内蒙古君正集团自备电厂	2×330MW	2000	96	<50	<5	<0.49
5	山西国峰煤电有限责任公司	2×300MW	1500	97	<35	<5	<0.49
6	福建华电永安发电有限公司	2×300MW	2650	98.11	<35	<5	<0.49
7	同煤集团大唐热电厂二期	2×300MW	670	95	<33.5	<5	<0.49
8	陕西府谷新元洁能有限公司	2×300MW	1780	95	<89	<5	<0.49
9	神华福能发电有限责任公司	300MW	2550	98	<35	<5	<0.49

2.2.3　CFB-FGD 技术问题

1. 脱硫率问题

CFB-FGD 技术在实际运行中也暴露出不少问题，运行稳定性有待进一步提高，对于

SO_2 超低排放来说，脱硫率是其最大的挑战。目前，CFB-FGD 技术稳定地达到 90%以上的脱硫率是可以实现的，但对于入口 SO_2 浓度在 2000mg/m^3 以上时，要保证出口达到 35mg/m^3 以下，脱硫率需在 98.3%以上才行，这就大大限制了该技术的应用。下面以华能邯峰发电厂一期 2×660MW 机组 FGD 工程 CFB-FGD 系统为例来说明。

该电厂采用“一炉两塔”配置，从锅炉引风机出口的汇合烟道引出原烟气，从底部进入脱硫塔进行脱硫，脱硫后烟气从脱硫塔顶部进入脱硫布袋除尘器除尘，再经脱硫引风机排往烟囱。2008 年 12 月 2 套 FGD 系统通过 168h 试运行，成为当时世界上装机容量最大的 CFB-FGD 除尘一体化系统，是我国“十一五”国家高技术研究发展计划（863 计划）项目课题——600MW 燃煤电站半干法脱硫除尘一体化技术与装备的依托工程。脱硫吸收塔（ϕ10.5m×59m）是一个有 7 个文丘里喷嘴的空塔结构，主要由底部扩散段、文丘里射流段、流化直管段、吸收塔顶部折流和出口段等部分组成。为了及时清除吸收塔底部的积灰，在吸收塔底部设有排灰设备。吸收塔出口扩大段设有温度、压力检测。用温度控制吸收塔的加水量（塔出口温度设计为 70℃），用吸收塔进出口压降计算出来的床层压降来控制脱硫灰循环量。配套的脱硫后除尘器采用脱硫专用低压回转脉冲布袋除尘器，每台 8 室 16 单元布置，每个单元装有布袋 732 个，全部布袋数为 11 712 个，保证布袋除尘器出口粉尘浓度不大于 50mg/m^3。布袋采用 PPS 针刺毡，能够适应脱硫和不脱硫两种工况的需要，并具有良好的耐水、耐碱、耐化学腐蚀性。FGD 系统主要设计参数如下：烟气量 2 550 000m^3/h，烟温 135℃，原烟气 SO_2 浓度 3200mg/m^3（S_{ar}为 1.5%），出口 SO_2 浓度小于或等于 100mg/m^3，Ca/S 为 1.25，脱硫除尘总压力损失 3800Pa。

2013 年 12 月，针对电厂 FGD 系统在生产运行过程中存在的问题及 GB 13223—2011 的要求，电厂特委托西安热工研究院有限公司对 1 号 FGD 装置及其公用系统在采用优质生石灰情况下的运行性能进行技术评估工作，以实测数据的形式验证采用优质生石灰后 FGD 系统的运行性能及达标排放情况，对 FGD 系统能否满足电厂面临的环保标准做出科学判断，为电厂和集团公司提供参考和改造依据。测试总体结果如下：

（1）在 100%负荷（642～661MW）工况下，FGD 装置入口 SO_2 浓度 1626～2607mg/m^3，实测烟囱入口 SO_2 浓度平均值 103mg/m^3，烟尘浓度 24.7mg/m^3，脱硫率 92.22%～97.72%，能够满足 SO_2 浓度小于 200mg/m^3、烟尘浓度小于 30mg/m^3 的要求。最低 SO_2 排放浓度 46mg/m^3，也可满足 50mg/m^3 的要求。

（2）在 75%负荷（495～533MW）工况下，FGD 装置入口 SO_2 浓度 1644～2097mg/m^3，实测烟囱入口 SO_2 浓度平均值 115mg/m^3，最低 52mg/m^3，脱硫率 92.29%～97.31%，能够满足 SO_2 浓度小于 200mg/m^3，但不能满足小于 50mg/m^3 的标准。

（3）在 60%负荷（353.6～417MW）工况下，FGD 装置入口 SO_2 浓度 1347～1953mg/m^3，实测烟囱入口 SO_2 浓度平均值 123mg/m^3，最低 57mg/m^3，脱硫率 90.01%～96.43%，能够满足 SO_2 浓度小于 200mg/m^3，但不能满足小于 50mg/m^3 的标准。

性能评估期间，通过现场勘查、摸底测试，结合试验期间的运行和测试数据分析等，总结的 FGD 装置运行中存在的问题如下：

（1）在低负荷期间因入口烟气温度降低给运行带来困扰。设计单台脱硫塔出口烟气流量 180 万 m^3/h，为了维持稳定的床层压力，在低负荷工况时只能通过提高再循环风量；低负荷工况下机组排烟温度本来就比高负荷明显降低，加之大量低温循环烟气再循环，导致床内烟气温度（试验时最低 79.5℃）远远低于高负荷时的温度；此外，机组已采取了 SCR 脱硝工艺，SCR 装置投运后，空气预热器出口烟气温度较脱硝投运前进一步降低，满负荷时从原 145℃降低到 122.9℃。在 FGD 装置入口烟温降低的情况下，循环流化床半干法 FGD 装置蒸发能力大大降低，为了控制出口烟气温度不低于设定值以免造成尾部烟道堵灰等问题的发生，不得不减少喷水量，这对脱硫率造成了明显的影响。

（2）低负荷运行脱硫剂的消耗量大，运行成本高。吸收塔出口温度的控制实质是对烟气湿度的控制，半干法脱硫工艺中烟气的湿度对脱硫率的影响很大。在相对湿度为 40%～50%时，消石灰活性增强，能够非常有效地吸收 SO_2，烟气的相对湿度是利用向塔内给烟气喷水的方法来提高。电厂 FGD 装置在低负荷运行时段入口烟气温度严重偏低，低温状态下加入过多的水不能迅速蒸发，有可能造成吸收剂所接触的反应器及尾部烟道内发生黏附、沉积现象；同时，由于脱硫灰中湿度的增大，其黏性也增强，不利于后续的除尘和排灰，会造成输灰系统堵塞。因此，向吸收塔内的喷水量减少直接导致脱硫率降低。为了维持一定的脱硫率，在机组低负荷时段，电厂不得不通过提高钙硫比即加大生石灰投入量来维持，这造成低负荷运行时段吸收剂生石灰的消耗量大大增加，造成浪费，运行成本增高。

（3）脱硫灰输送能力、生石灰消化器出力不足。由于上述原因，在机组低负荷时段，消石灰的添加量增大，脱硫产物脱硫灰生成量加大，造成脱硫灰输送系统出力无法满足；其次，脱硫输灰系统也存在压力不稳定，不能连续输灰的问题。

低负荷时段 FGD 装置对脱硫灰的需求量加大，生石灰消化器无法满足长时间低负荷工况对生石灰的需求。现场试验期间多次发生生石灰消化器故障率不能连续工作及带最大出力运行。

（4）吸收塔流场不稳定，有落灰现象。设计吸收塔床层压力 1400Pa，运行床层压力 1000Pa，吸收塔物料循环倍率比设计值低。

总结上述各个问题，电厂 CFB-FGD 装置存在的大多数问题都是因为机组在低负荷工况时段排烟温度降低引发的，加上设备本身的缺陷，造成 FGD 装置在低负荷时段无法高效、连续、稳定运行。

华电电力科学研究院在 2014 年选择了国内应用半干法较具代表性的 6 家电厂共 9 套 CFB-FGD 装置进行调研（机组容量为 100～330MW），调研结果表明实际运行时脱硫率稍低于设计值，在入口 SO_2 浓度超过 $2000mg/m^3$ 时，在设计钙硫比运行时出口 SO_2 浓度难满足标准要求，需要加大吸收剂投入量以提高脱硫率，但经济性较差。在锅炉燃煤含硫适应性方面不如石灰石/石膏湿法脱硫工艺。

2. 吸收剂生石灰及运行费用问题

采用高品位的石灰是该工艺的基本要求，一般生石灰的 CaO 含量不宜低于 80%，但我国石灰供应存在品位低、质量不稳定、供应源分布不均等问题，这对系统的稳定运行产生一定的影响。同时 CaO 价格约是石灰石价格的 5～6 倍，相同脱硫率下吸收剂生石灰的运行费用约是石灰石的 3～4 倍。在电耗方面，CFB-FGD 装置烟气系统阻力高，尽管没有循环泵和氧化风机、脱水机等耗电设备，但该电厂与类似的石灰石/石膏湿法相比电耗依然高出不少。半干法节水，水费略省，因此总体上 CFB-FGD 装置的运行费用要高些，电厂的比较表明其 FGD 装置年运行费用远远超过了石灰石/石膏法。

3. 脱硫灰问题

CFB-FGD 灰主要成分为亚硫酸钙，其化学性能不稳定，在自然环境下会逐渐氧化为硫酸钙，同时体积会增大，有可能影响原粉煤灰的综合利用，总体利用价值较低。调研表明脱硫灰处置方式主要为由建材厂家免费运走用于制作轻质砖或进灰场填埋处理。制作轻质砖反应效果一般；进灰场填埋则会占用大量土地资源。国内外有脱硫厂家和科研机构正在进行脱硫灰资源化利用相关研究工作，如应用于水泥、砂浆、矿渣微粉、蒸压砖和加气混凝土等。

4. 其他问题

半干法工艺运行控制关键点为维持床压稳定，床层压降大幅波动易导致“塌床”现象。在早期电厂应用中就出现反应塔的压力降波动较大从而影响系统高效稳定运行，目前吸收塔床层压差维持较为稳定，“塌床”现象较为少见，在锅炉负荷较低时，需开启烟气再循环系统将部分净烟气返回至吸收塔入口以维持床压，风机电耗会增加。吸收塔出口烟温控制不好会发生塔内固体颗粒物黏壁，严重时会发生颗粒物结块的现象，从而导致反应塔积灰堵塞，这需在实际运行过程中根据所需要达到的脱硫率和使用的吸收剂品质来控制反应温度，不可一味地通过降低反应温度来提高脱硫率。另外，在运行过程中消化系统中的螺旋给料机卡、堵频繁，容易影响生石灰消化系统的出力，造成生石灰消化系统出力不足。给水泵设计压头较高，且水中含杂质较多，喷嘴磨损较快，需要频繁更换，影响 FGD 系统的投运。大、小斜槽的流化系统故障较多，流化板塌垮，流化布破损，造成回料不均物料输送不畅，且易堵塞等。该技术粉尘达标排放需超净电袋或布袋除尘器来保证。

CFB-FGD 技术在我国电厂的许多机组上得到应用，投运容量占第 4 位，但近年来随着 GB 13223—2011 的颁布实施及全面超低排放的要求，许多电厂建成不久的 CFB-FGD 系统无法满足 SO_2 排放要求而被迫拆除，包括当时单机容量亚洲最大的广州恒运电厂 210MW 机组、第一套 300MW 机组山西榆社电厂以及华能邯峰电厂 2×660MW 机组的 CFB-FGD 系统都被拆除而重新建设石灰石/石膏湿法 FGD 装置，这与美国的趋势相反，此现象值得深思。

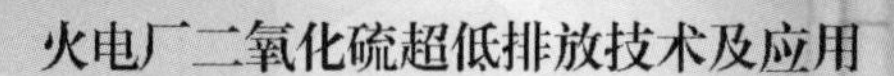

第 3 章 石灰石/石膏湿法FGD超低排放技术

3.1 石灰石/石膏湿法 FGD 技术概述

3.1.1 吸收塔内的 SO_2 脱除过程

在吸收塔内进行的 SO_2 脱除过程为：①向吸收塔下部的浆液池中加入新鲜的石灰石浆液；②石灰石浆液由塔的上部喷入，并在塔内与 SO_2 发生物理吸收和化学反应，最终生成亚硫酸钙；③亚硫酸钙在浆液池中被强制氧化生成二水硫酸钙（石膏）；④将二水硫酸钙从浆液池排出，通过水力旋流器、石膏脱水机，最终分离出含水率小于 10%的石膏。

用石灰石浆液吸收 SO_2，反应主要发生在吸收塔内，由于进行的化学反应众多且非常复杂，至今还不完全清楚全部反应的细节。一般认为由 SO_2 的吸收、石灰石的溶解、亚硫酸盐的氧化和石膏结晶等一系列物理化学过程组成。

1. SO_2 的吸收

气相（g）SO_2 进入液相（aq），首先发生如下一系列反应：

$$SO_2(g) \rightleftharpoons SO_2(aq)$$

$$SO_2(aq) + H_2O \rightleftharpoons H^+ + HSO_3^-$$

$$HSO_3^- \rightleftharpoons H^+ + SO_3^{2-}$$

2. 石灰石的溶解

加入固态（s）石灰石，既可消耗溶液中的氢离子，又得到了生成最终产物石膏所需的钙离子。

$$CaCO_3(s) \longrightarrow Ca^{2+} + CO_3^{2-}$$

$$CO_3^{2-} + H^+ \rightleftharpoons HCO_3^-$$

$$HCO_3^- + H^+ \rightleftharpoons H_2O + CO_2(aq)$$

$$CO_2(aq) \rightleftharpoons CO_2(g)$$

3. 亚硫酸盐的氧化

$$HSO_3^- + \frac{1}{2}O_2 \longrightarrow HSO_4^-$$

$$HSO_4^- \rightleftharpoons H^+ + SO_4^{2-}$$

$$SO_3^{2-} + \frac{1}{2}O_2 \longrightarrow SO_4^{2-}$$

工艺上采取用氧化风机向吸收塔循环浆液槽中鼓入空气的方法，使 HSO_3^- 强制氧化成

SO_4^{2-}，并与 Ca^{2+} 发生反应，生成溶解度相对较小的 $CaSO_4$，这加大了 SO_2 溶解的推动力，从而使 SO_2 不断地由气相转移到液相，最后生成有用的石膏。

4. 石膏的结晶

$$Ca^{2+} + SO_4^{2-} + 2H_2O \longrightarrow CaSO_4 \cdot 2H_2O(s)$$

$$Ca^{2+} + SO_3^{2-} + \frac{1}{2}H_2O \longrightarrow CaSO_3 \cdot \frac{1}{2}H_2O(s)$$

$$Ca^{2+} + SO_3^{2-} + SO_4^{2-} + \frac{1}{2}H_2O \longrightarrow (CaSO_3)_{(1-x)} \cdot (CaSO_4)_{(x)} \cdot \frac{1}{2}H_2O(s)$$

其中，x 是被吸收的 SO_2 氧化成 SO_4^{2-} 的分数。

吸收 SO_2 总的反应式可写成：

$$SO_2 + CaCO_3 + \frac{1}{2}O_2 + 2H_2O \longrightarrow CaSO_4 \cdot 2H_2O + CO_2$$

实际上，上述反应几乎是同时发生的。通常石灰石溶解的速度最慢，它对整个 SO_2 脱除速率有显著的影响。

3.1.2 双膜理论

气体吸收过程的机理应用最广泛且较为成熟的是“双膜理论”，双膜模型如图 3-1 所示，这一模型的基本要点是：

（1）假定在气-液界面两侧各有一层很薄的层流薄膜，即气膜和液膜，其厚度分别以 δ_g 和 δ_l 表示。即使气、液相主体处于湍流状况下，这两层膜内仍呈层流状。

（2）在界面处，SO_2 在气、液两相中的浓度已达到平衡，即认为相界面处没有任何传质阻力。

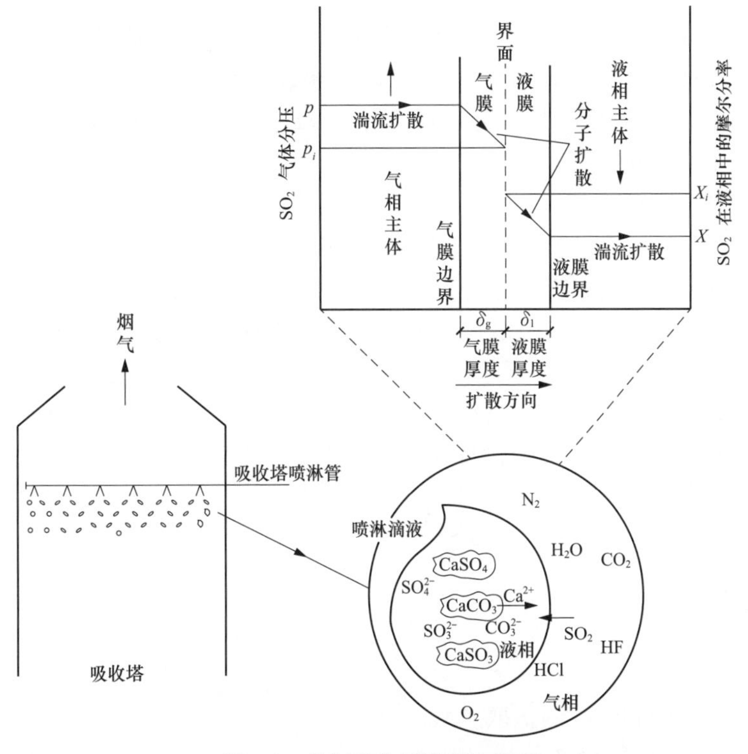

图 3-1 烟气吸收双膜理论模型

（3）在两膜以外的气、液两相主体中，因流体处于充分湍流状态，所以SO_2在两相主体中的浓度是均匀的，不存在扩散阻力，不存在浓度差，但在两膜内有浓度差存在。SO_2从气相转移到液相的实际过程是SO_2气体靠湍流扩散从气相主体到达气膜边界；靠分子扩散通过气膜到达两相界面；在界面上SO_2从气相溶入液相，再靠分子扩散通过液膜到达液膜边界；靠湍流扩散从液膜边界表面进入液相主体。

根据这一传质过程的描述可认为，尽管气、液两膜均极薄，但传质阻力仍集中在这两个膜层中，即SO_2吸收过程的传质总阻力可简化为两膜层的扩散阻力。换句话说，气-液两相间的传质速率取决于通过气、液两膜的分子扩散速率，也即SO_2脱除速率受SO_2在气、液两膜中分子扩散速率的控制，石灰石湿法FGD过程主要是液膜控制过程。上述气-液界面可以是烟气与喷雾液滴表面的界面，也可以是烟气与被湿化的填料表面构成的界面。

根据上述双膜理论，从传质机理方面看，SO_2的吸收效率可用传质单元数NTU（Number of Transfer Units）表示

$$NTU = \ln\left(\frac{C_{SO_2,in}}{C_{SO_2,out}}\right) = -\ln(1-\eta_{SO_2}) = \frac{KA}{G} \tag{3-1}$$

式中 NTU——传质单元数，无量纲；

$C_{SO_2,in}$——吸收塔入口SO_2浓度，mg/m^3；

$C_{SO_2,out}$——吸收塔出口SO_2浓度，mg/m^3；

η_{SO_2}——吸收塔脱硫率，%；

K——气相平均总传质系数，$kg/(s \cdot m^2)$；

A——传质界面总面积，m^2；

G——烟气总质量流量，kg/s。

式（3-1）仅适用于溶解在洗涤液中的气体不产生阻滞进一步吸收的蒸汽压力。当洗涤液由于吸收了气体会产生蒸汽压力时，则要考虑被吸收气体产生的平衡分压。对于大多数湿法FGD装置来说，由于吸收液上方的SO_2平衡分压较之入口和出口SO_2浓度小得多，因此式（3-1）基本上是正确的。

可见，在相同烟气流量G情况下，增大$K \cdot A$乘积，将提高脱硫率。A是气-液接触总表面积，对于填料塔，A等于填料被湿化的表面积加上从填料中下落液滴的表面积；对于喷淋空塔，A应等于所有雾化液滴的总表面积；对于带有多孔筛盘的喷淋塔，A既包括液滴的总表面积，还包括烟气通过筛盘上液层鼓起的气泡的表面积。通过提高喷淋流量（m^3/h）、喷淋密度［$m^3/(m^2 \cdot h)$］、吸收区有效高度、填料表面积和降低雾化液滴平均直径可增大A值，提高脱硫效率。因此A是吸收塔结构设计的关键参数。

总传质系数K可用吸收气体通过气膜和液膜的传质分系数K_g和K_l来表示，即

$$\frac{1}{K} = \frac{1}{K_g} + \frac{H}{K_l \Phi} \tag{3-2}$$

$$K_g = \frac{D_g}{\delta_g}[mol/(m^2 \cdot s)]$$

$$K_l = \frac{D_l}{\delta_l}[mol/(m^2 \cdot s)]$$

式中 D_g、D_l——气膜和液膜的扩散系数；

Φ——液膜增强系数；

H——亨利系数。

K_g、K_l 是 SO_2 扩散系数和一些影响膜厚的物理变量（如液滴大小、气液相对流速等）的函数。液膜增强系数 Φ 受浆液成分或碱度的影响，提高液体的碱度，Φ 值增大。因此，可通过提高气液之间的接触效果，如加剧气液之间的扰动来降低液膜厚度，或通过提高浆液的碱度提高 K 值，即 SO_2 吸收速率。

NTU 是影响 SO_2 脱除率的所有参数的函数，图 3-2 为 NTU 与脱硫率的关系曲线，图 3-3 为超低排放（SO_2 排放浓度在 35mg/m^3 以下）所需最低脱硫率、NTU 与原烟气 SO_2 浓度的关系，表 3-1 列出了超低排放下 NTU、脱硫率与入口 SO_2 浓度的具体数据。

表 3-1　超低排放下 *NTU*、脱硫率与入口 SO_2 浓度的关系

入口 SO_2 浓度（mg/m^3）	脱硫率（%）	NTU	入口 SO_2 浓度（mg/m^3）	脱硫率（%）	NTU
500	93.00	2.66	3500	99.00	4.61
1000	96.50	3.35	4000	99.13	4.74
1500	96.67	3.76	5000	99.30	4.96
2000	98.25	4.05	7500	99.53	5.37
2500	98.60	4.27	10 000	99.65	5.66
3000	98.83	4.45	12 000	99.71	5.84

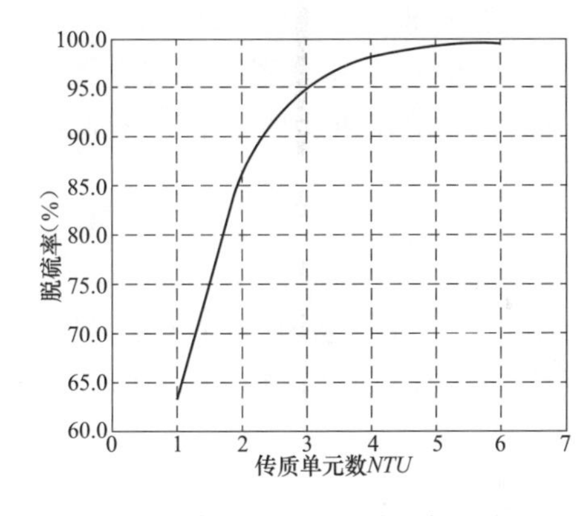

图 3-2　传质单元数与脱硫率的关系

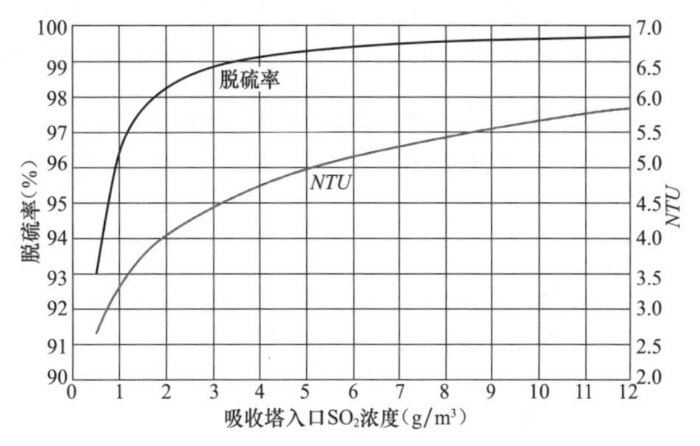

图 3-3　超低排放最低脱硫率、NTU 与 SO_2 浓度的关系

3.1.3　提高脱硫率的措施

各脱硫公司借助理论的指导，为达到 SO_2 超低排放采取各种方法来尽可能地提高 NTU，从而提高脱硫率。在设计上除选择合适的塔内流速、喷淋覆盖率、选择合适的喷嘴减小浆液雾化液滴的直径、延长烟气在塔内的停留时间等外，采取的主要设计措施如下。

1. 提高液气比（L/G），即洗涤单位体积饱和烟气（m^3）的吸收塔循环浆液体积（L）数

高 L/G 的作用有：

（1）增大吸收表面积。在大多数吸收塔设计中，循环浆液量决定了吸收 SO_2 可利用表面积的大小。逆流喷淋塔喷出液滴的总表面积基本上与喷淋浆液流量成正比，当烟气流量一定时则与 L/G 成正比。图 3-4 所示为某电厂石灰石湿法 FGD 逆流合金托盘（1 层）塔 L/G 与脱硫率的关系，在其他条件不变的情况下，增加吸收塔循环浆液流量即增大 L/G，脱硫率则随之提高。因此，对于一个特定的吸收塔，在烟气流量和最佳烟气流速确定后，L/G 是达到规定脱硫率的重要设计参数。由于喷淋液滴的大小、液滴的密度、停留时间及塔高度等因

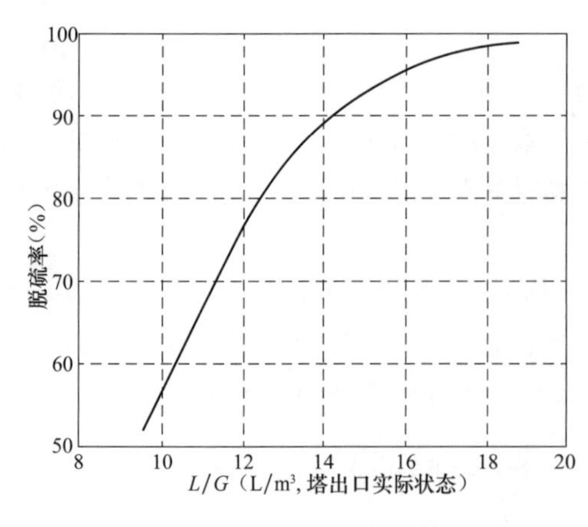

图 3-4 某电厂 L/G 与脱硫率的关系

素也会影响效率，因此 L/G 的确定还应考虑上述因素。

（2）降低 SO_2 洗涤负荷，有利于吸收。L/G提高，则降低了单位浆液洗涤 SO_2 的量，不仅增大了传质表面积，而且中和已吸收 SO_2 可利用的总碱量也增加了，因此也提高了总体传质系数，提高了脱硫率。

（3）控制浆液过饱和度、防止结垢。当浆液中 $CaSO_4 \cdot 2H_2O$ 的过饱和度高于 1.3 时将产生石膏硬垢。在循环浆液固体物浓度相同时，单位体积循环浆液吸收的 SO_2 量越低，石膏的过饱和度就越低，有助于防止石膏硬垢的形成。另外，吸收塔吸收区中的 SO_3^{2-} 和 HSO_4^- 的自然氧化率与浆液中溶解氧量密切有关，大 L/G 将有利于循环浆液吸收烟气中的氧气。再者，来自反应罐的循环浆液本身也含有一定的溶解氧，循环浆流量大，含氧量也就多。因此，提高 L/G 将有助于提高吸收区的自然氧化率，减少强制氧化负荷。

对于大多数已建吸收塔的增容改造，增大 L/G 即要增加喷淋层及相应循环泵，这需要抬高吸收塔本体来满足安装空间，同时还要核算浆液循环停留时间 τ_C 能否满足工艺要求。τ_C 表示吸收塔氧化槽内浆液全部循环洗涤一次的平均时间，它等于氧化槽正常运行时浆液体积 V（m^3）除以循环泵浆液总流量 Q（m^3/s），即

$$\tau_c(\text{min}) = \frac{60V}{Q}$$

石灰石基工艺的 τ_C 一般为 3.5～7min，典型的 τ_C 为 5min 左右。提高 τ_C 值有利于在一个循环周期内，在反应罐中完成氧化、中和和沉淀析出反应，有利于 $CaCO_3$ 的溶解和提高石灰石的利用率。

2. 均布脱硫塔内流场，提高烟气与浆液之间混合均匀度

例如，采用文丘里棒、合金托盘、旋汇耦合装置等来均布和扰动气流，提高气液的接触效果，进而提高脱硫率；在吸收塔壁加装液体分布环、性能增强板、聚气环等来减少烟气沿塔壁的逃逸现象等。

3. 提高吸收液 pH 值

例如，将吸收塔浆池分高 pH 值区和低 pH 值区以分别提高吸收效果和氧化效果；采用单塔双循环技术；加入有机和无机脱硫添加剂如甲酸、DBA 等技术；采用更高活性的吸收剂如 CaO、MgO 等。

3.2 旋流雾化高效 FGD 技术

3.2.1 常规的多层喷淋 FGD 技术

多层喷淋技术即采用喷淋层简单的叠加方式是目前超低排放脱硫改造工程经常采用的基本方法，其原理是增大液气比，从而提高脱硫率。喷淋层叠加改造一般是提升吸收塔高度，

增加循环泵和相应的喷淋管、喷嘴。图 3-5 和图 3-6 是某 600MW 机组超低排放改造前后 FGD 烟气系统运行画面，比较可见改造前在满负荷 3 层循环泵全开、入口 SO_2 浓度为 1979mg/m^3 时，脱硫率不到 90%，而改造后在满负荷 5 层循环泵全开、入口 SO_2 浓度为 2141mg/m^3 时，脱硫率达 98.74%，烟囱中 SO_2 浓度仅为 25.2mg/m^3，达到了超低排放的改造目的。原设计在入口 SO_2 浓度 1310mg/m^3 时，脱硫率 90%；超低改造设计在入口 SO_2 浓度 2200mg/m^3 时，脱硫率 98.7%。

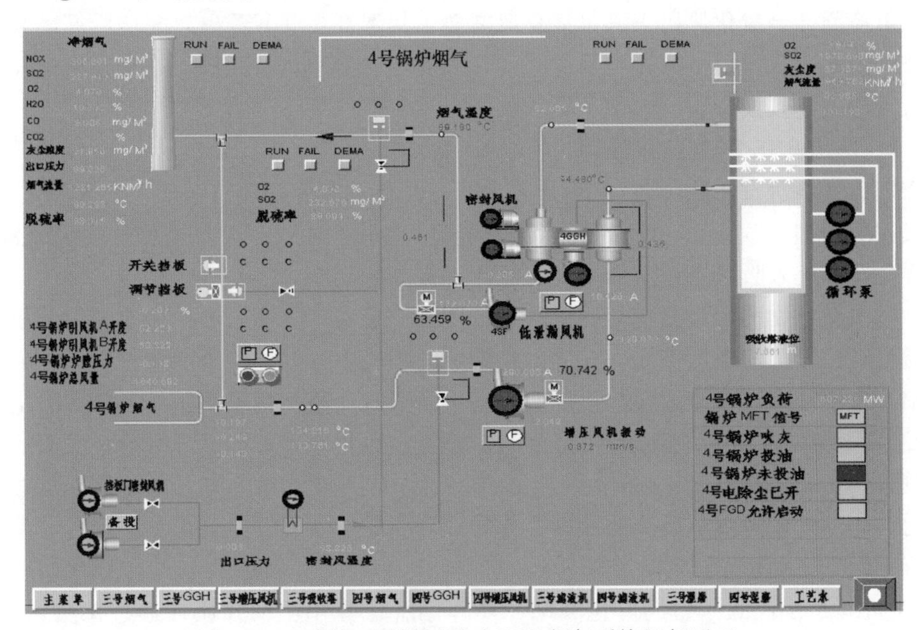

图 3-5 改造前 3 层循环泵时 FGD 烟气系统运行画面

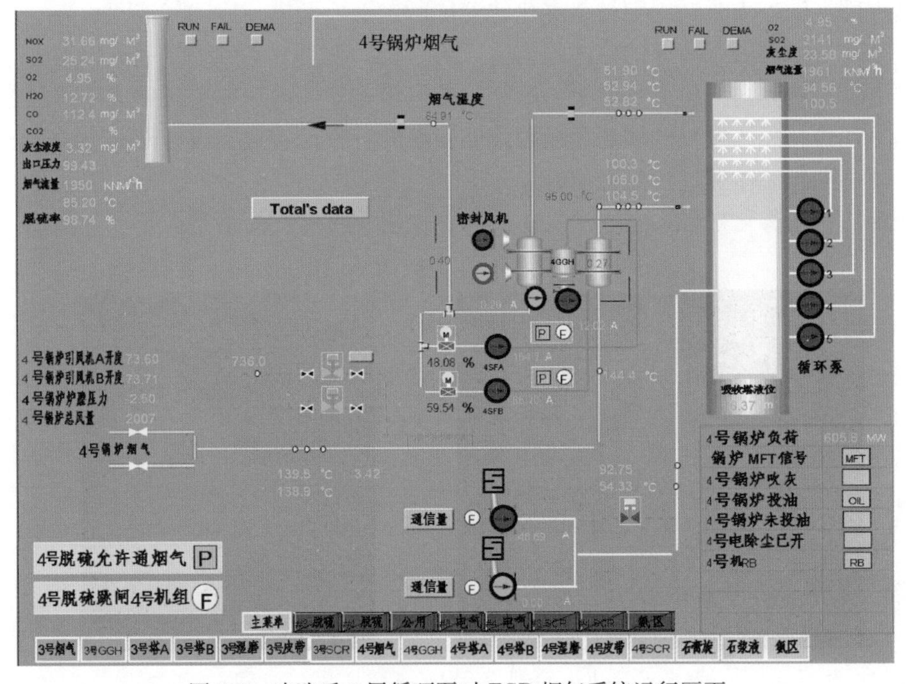

图 3-6 改造后 5 层循环泵时 FGD 烟气系统运行画面

吸收塔改造主要内容为：

（1）吸收塔浆池加大到3126m³（原有浆池1471m³），液位由8m增加到17m，吸收塔高度由27.4m加高至41m。吸收塔在最上层喷淋层与除雾器之间增加2层喷淋层。更换全部两级屋脊式除雾器，增加一级管式除雾器。

（2）原有3台浆液循环泵保留下面两台，更换一台浆液循环泵，新增2台浆液循环泵，每台机组共5台浆液循环泵。

（3）更换原2台氧化风机来满足氧化风需要。从图3-6也可看出，改造后循环泵扬程增加、系统阻力增大，风机出口压力从原来的2.05kPa升高到3.42kPa，这样风机电耗增加较大，运行费用高，且投资大、改造工期较长。

3.2.2 旋流雾化FGD技术原理

华南理工大学研发团队历时10年开发出第三代高效深度脱硫技术即“旋流雾化”技术，无须在吸收塔内加装喷淋层（包括喷淋管、喷嘴），而是通过在吸收塔侧面安装浆液喷嘴，用蒸汽雾化切向进入吸收塔，从而增大液气比，提高脱硫率。

喷淋塔中最常见的螺旋喷嘴雾化机理是带压力的浆液从喷嘴中心的中空通道流出，到达与中空通道末端相切的螺旋体时，在周围大气压的环境中，浆液向外膨胀扩散，在膨胀扩散的过程中，浆液冲刷螺旋体致使其形成同心的锥面液膜，并从螺旋喷头的空隙中喷出，液膜与空气发生剪切作用，进一步破碎生成液滴。该方法雾化效果如图3-7所示，形成的液滴粒径通常较大，实验测得其雾化粒径可达1500～3000μm，而且雾化均匀性较差，浆液喷淋覆盖不均匀。此外，浆液对螺旋体的冲刷容易导致喷嘴损坏。

旋流雾化FGD技术采用两相流喷嘴（雾化效果如图3-8所示，实物照片如图3-9所示），雾化机理是在较低压力的雾化驱动介质作用下，雾化驱动介质在通过拉法尔喷管时，其压力能转换为动能，使雾化驱动介质加速，并可达到当地声速或更高的流速。雾化驱动介质由喷嘴内部气管喷出时，周围被待雾化的液体所包围，形成高速的气液两相流。在两相流喷嘴出口处，一方面由于高速的流体喷射进入大气中，流体由喷嘴内部小空间进入大空间，环境压力下降，液体内部包裹气流对外膨胀，使包裹在外部的液体爆破形成液体颗粒；另一方面，高速气体与液体颗粒碰撞还会撕裂液体表面的液膜，实现大粒径液滴进一步破碎成细小液滴。使用两相流喷嘴进行浆液雾化，不仅可实现更细的雾化粒径（实测达50μm），还可获得较为均匀的雾化效果，且由于气体的冲刷作用，喷嘴不易堵塞。

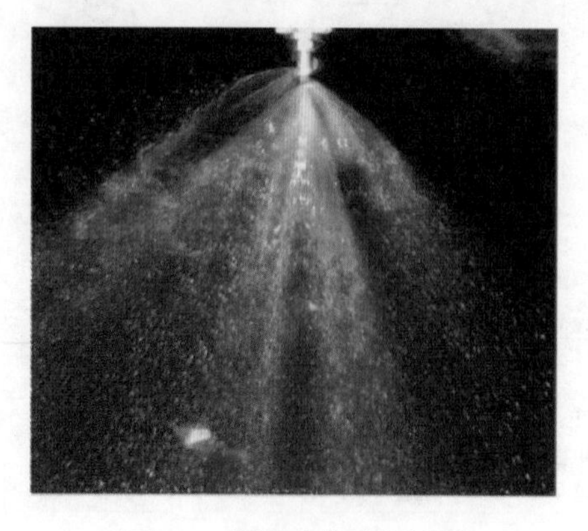

图3-7　螺旋喷嘴雾化效果

图3-8　旋流雾化喷嘴雾化效果

由两相流的雾化机理可得出，使用两相流喷嘴可实现浆液超细颗粒的雾化，而且浆液雾化后以高速喷进吸收塔内，高速喷射效果为浆液旋流场的布置提供了基础。

图 3-9　旋流雾化喷嘴

旋流雾化法 FGD 技术通过设计使浆液在塔内形成多切圆流场，烟气进入旋流吸收区后，浆液对烟气的作用力在水平方向的投影与浆液切圆运动方向相同，上浆液流场对烟气流场的卷吸带动作用，促使烟气形成旋流场。烟气流速有一定增加，加大了烟气的湍流度，浆液与烟气混合更均匀，因而可促进气液之间传质。烟气在脱硫塔内为螺旋爬升流动，流动行程增长，烟气与浆液的接触时间增加。计算机 CFD 模拟 3 层常规喷淋及 3 层旋流喷淋时脱硫塔内部烟气流线如图 3-10 所示。可知，浆液旋流喷淋与常规喷淋相比，烟气在塔内流动距离增加约 35%。

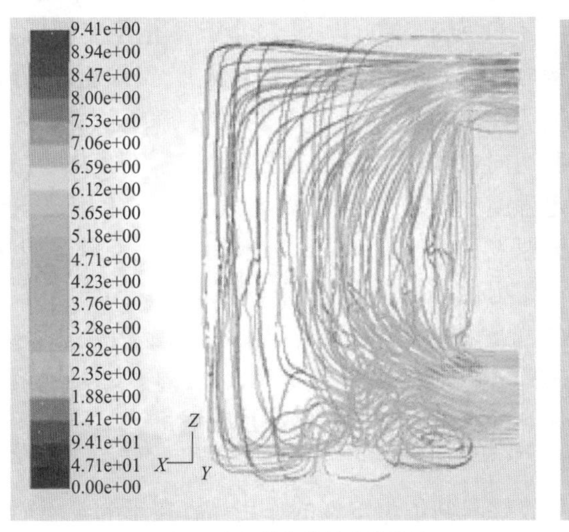

（a）3层常规喷淋时烟气流线模拟

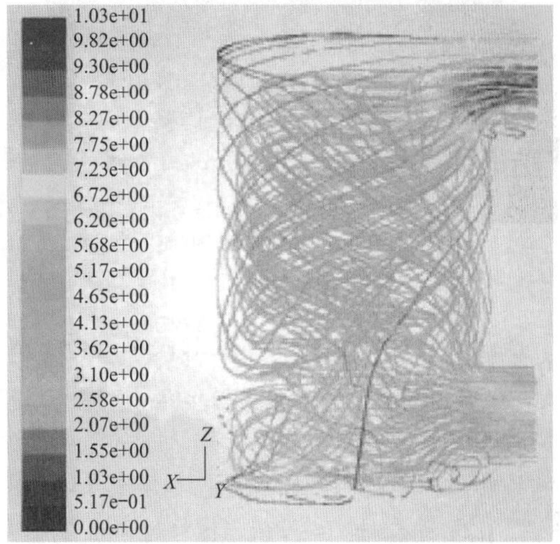

（b）3层旋流喷淋时烟气流线模拟

图 3-10　螺旋喷嘴和旋流雾化烟气流线对比

综上所述，旋流雾化 FGD 技术主要是将现有的喷淋塔改为喷雾塔，采用超声波雾化技术，使吸收剂粒径由传统的 1500～3000μm 降至 50～110μm，形成云雾状，大大提高脱硫浆液比表面积，使脱硫吸收反应速度加快。采用旋流雾化切圆布置的专利技术，构造脱硫塔内喷雾旋流场，烟气与脱硫剂充分传质混合，加大烟气中 SO_2 与脱硫剂反应概率，实现了流场再造，延长了烟气在塔内的停留时间，实现了小液气比情况下的高湍流传质吸收反应，从而达到提高脱硫率的目的。

该技术浆液旋流雾化喷射层的喷嘴个数根据待处理的原烟气量及入口 SO_2 浓度等因素确定，形成的浆液切圆根据脱硫塔直径等因素确定。该技术改造简单，效果良好，可降低 FGD 系统能耗；同时可实现在线维护，可对雾化器核心部件在脱硫塔运行状况下在线检修更换。

3.2.3 旋流雾化FGD技术的工程应用

广州电厂现有5台220t/h锅炉，均采用石灰石/石膏湿法FGD技术，其中1～3号炉共用1号脱硫喷淋塔，4、5号炉共用2号脱硫喷淋塔。2号FGD吸收塔处理烟气量为464 000m^3/h，脱硫塔为喷淋塔，吸收区直径7.7m，从上到下原有A、B、C三层喷淋，对应浆液循环泵电机功率分别为250、200、200kW，循环泵流量为2290m^3/h，相邻喷淋层间隔2m，每层喷淋层装有32只螺旋喷嘴。原烟气由引风机增压后直接进入脱硫塔，净烟气经蒸汽-烟气加热器升温后通入烟囱。因地处广州市区，电厂对燃煤硫分控制较严，通常控制S_{ar}在0.7%以下。2013年12月，电厂采用华南理工大学喷嘴雾化技术对2号吸收塔进行改造以满足重点地区环保要求，改造后于2014年1月重新投入运行，这是旋流雾化技术的首次应用。

图3-11 旋流雾化喷嘴的布置

旋流雾化喷嘴改造是在2号吸收塔原有3层喷淋层的最下层下部约2m处新设8只雾化喷嘴，此8只雾化喷嘴沿吸收塔筒壁切向布置，如图3-11所示，新装一台90kW雾化浆液循环泵，构成1层浆液旋流雾化喷射层D。蒸汽通过雾化喷嘴产生超声波，进入雾化喷嘴的浆液被雾化后切向进入吸收塔。通过调整蒸汽压力可在一定程度上调节喷嘴的雾化效果，雾化用蒸汽压力原设计为0.49MPa，经调试，运行中雾化蒸汽压力通常控制在0.15～0.16MPa。

改造后对旋流雾化喷嘴层的效果进行了测试。测试过程中吸收塔入口烟气量为（460 000±20 000）m^3/h，入口烟气SO_2浓度（1550±50）mg/m^3，烟气温度（145±5）℃，控制浆液pH值（5.5±0.1），液位高度（5.7±0.2）m。在稳定工况下采集运行数据。

1. 雾化驱动介质压力对脱硫率的影响

雾化驱动介质（蒸汽）压力对喷嘴的雾化效果起到了决定性的作用，直接影响浆液喷射效果，从而影响到浆液对烟气的吸收效果。为了确定最佳雾化驱动介质压力，对0.10～0.26MPa压力范围进行细化测试，结果如图3-12所示。可见：①A、B、C、D层投运时，雾化驱动介质压力在0.16～0.18MPa时，系统脱硫率达到最高，为97.5%；雾化驱动介质压力超过0.18MPa时，随着压力增加，脱硫率下降明显；②A、B、D层投运时，雾化驱动介质压力在0.16MPa时系统脱硫率值达到最高，为92%。由试验可知，在雾化驱动介质压力为0.17MPa左右时，雾化喷嘴的雾化效果良好，可实现对烟气中SO_2的高效吸收。

2. 喷淋层投运方式对脱硫率的影响

将雾化驱动介质压力控制在0.17MPa，其他运行参数不变，切换不同的喷淋层，测得脱硫率如图3-13所示。图中A、B、C、D层不同组合分别代表投运相应喷淋层。

可见原有脱硫塔A、B、C层运行时，脱硫率只有90.5%左右。改造后，A、B、C、D层同时投运时，脱硫率最高可达97.5%；A、B、D层投运时，脱硫率为92%左右；A、C、D层投运时，脱硫率也可达到91%以上。与原有系统相比，加入了D层后，脱硫率可提高约6%，脱硫率提高明显，脱硫塔出口SO_2浓度降至20mg/m^3。只停运B层或只停运C层时，脱硫率也能保持不低于 91%。由此可得：新增的旋流雾化喷射层所起到的脱硫效果与一层原有喷淋层 B 层或 C 层相当，但雾化喷嘴层循环泵电机功率却不到原有循环泵电机的一半。

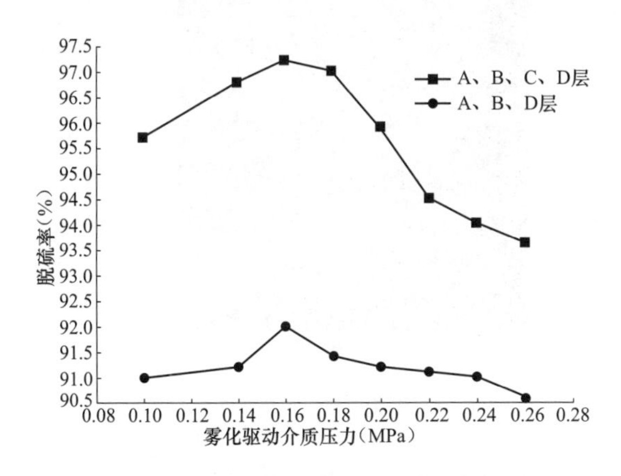

图 3-12 雾化驱动介质压力对脱硫率的影响

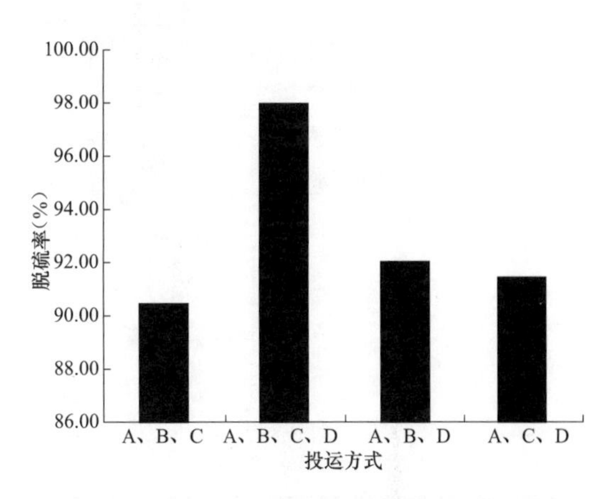

图 3-13 喷淋层投运方式对脱硫率的影响

3.3 FGDplus 技术

3.3.1 FGDplus 技术原理

FGDplus 技术是奥地利能源与环境公司（AE&E）为高硫分烟气与低浓度排放开发的新型脱硫技术。该技术是通过运用“导向传质（tracked mass transfer）”原理，在吸收塔内部进行改进，FGDplus 模块位于入口与第一层喷淋层之间，是一层特殊的“喷淋层”，由两列错列布置的管子组成，如图 3-14 所示，它使入口烟气均流，减少 SO_2 逃逸；同时喷淋浆液沿 Plus 管壁下流，与烟气接触，使气流通过后产生剧烈的紊流，将饱和液滴撕裂，以减少气液传质阻力和能量消耗，使浆液能够吸收更多的 SO_2 并发生反应，大大提高了脱硫率。

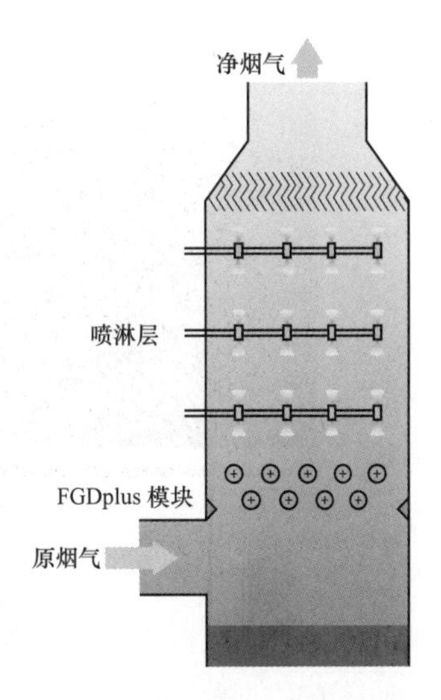

图 3-14 FGDplus 吸收塔示意

此技术最早在 2009 年 3 月 AE&E 公司与奥地利安德里茨能源与环境（Andritz Energy & Environment GmbH）公司联合于德国 Niederaussem 电厂建立了一个试验装置，如图 3-15 所示，塔直径 1.8m，总高 25m，处理烟气量 30 000m^3/h，脱硫率达到 99.7%，同时配备了湿式静电除尘器研究重金属、SO_3、粉尘的脱除率。吸收塔内部俯视图如图 3-16 所示。

事实上，该技术类似于美国 DUCON 公司的文丘里棒（Ventri-Rod）吸收塔技术，后者在吸收塔的烟气入口上方设置 2～3 层文丘里棒层，每层棒层间有一定的距离，各排棒层设不同的间距，如图 3-17 所示，在广东湛江电厂 4×300MW 机组、甘肃靖远电厂 3×300MW 机组、唐山电厂 2×300MW 机组上得到应用。

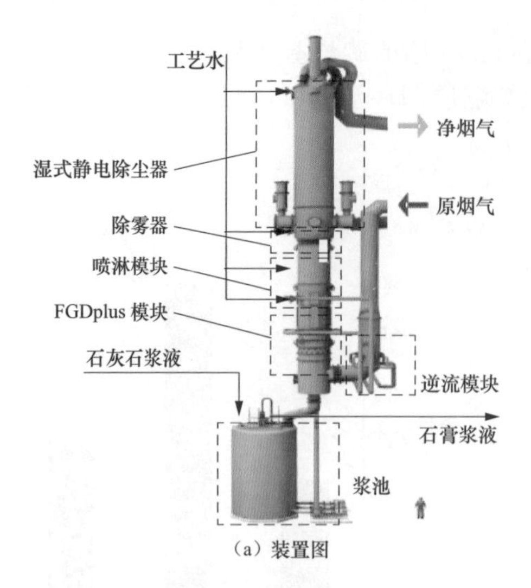

（a）装置图

（b）现场图

图 3-15　Niederaussem 电厂 FGDplus 中试装置示意和现场图

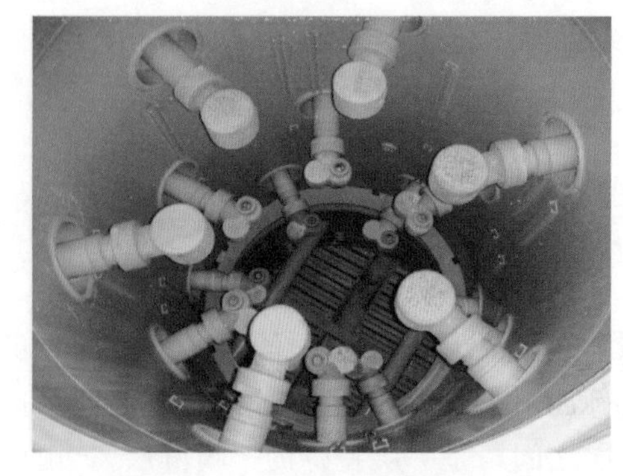

图 3-16　FGDplus 吸收塔内部图

3.3.2　FGDplus 技术的工程应用

1. 国外的首次应用

在德国 Niederaussem 电厂中试的基础上，2013 年底 FGDplus 技术首次应用在 Niederaussem 电厂 660MW 燃褐煤的 G1 机组 FGD 系统改造上。原 FGD 系统一炉两塔，塔尺寸 ϕ18.0m×40m 高，20 世纪 80 年代初投运，设计满足 400mg/m^3 的 SO_2 环保排放要求，而在 2016 年后需满足 200mg/m^3 的排放要求，同时对煤的适应性要求更广，为此在原 4 层喷淋层（单台循环泵流量 6000m^3/h）的基础上加装了一套 FGDplus 模块，如图 3-18 和图 3-19 所示。

（a）仰视图

（b）俯视图

图 3-17　FGD 吸收塔文丘里棒

该电厂于 2014 年 10 月进行了性能验收试验，10 月 20 日～28 日期间 FGD 系统的进出口 SO_2 浓度的平均值如图 3-20 所示，图中还比较了未加 FGDplus 模块的相同容量的 G2 机组 FGD 系统运行情况，可见加了一层 FGDplus 模块后，FGD 系统性能大为提高。

图 3-18 德国 660MW 机组吸收塔 FGDplus（俯视）

图 3-19 德国 660MW 机组吸收塔 FGDplus（仰视）

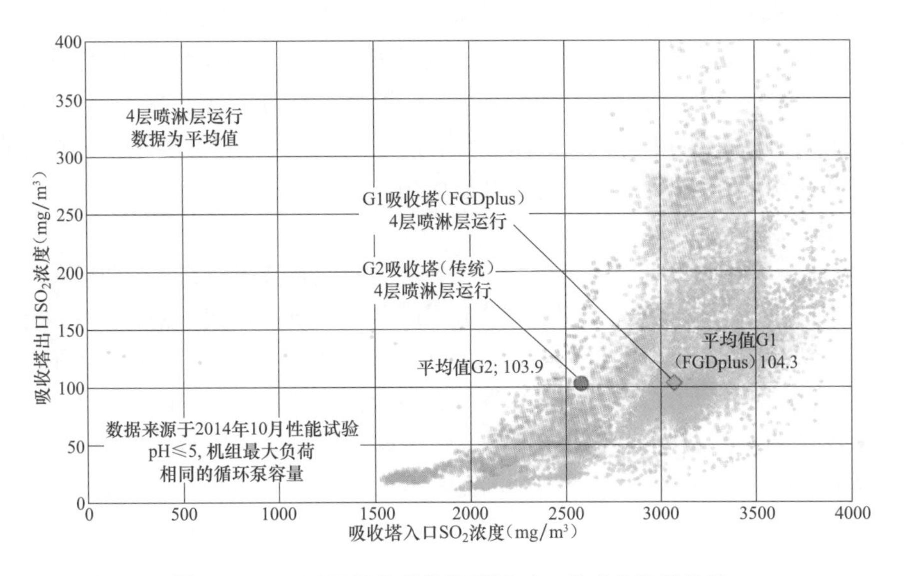

图 3-20 660MW 机组吸收塔 FGDplus 技术的性能比较

2. 国内的首次应用

FGDplus 技术在国内首次应用在太原第二热电厂七期 12 号 330MW 空冷供热机组 FGD 系统，2014 年 12 月 3 日 22：30，随主机完成 168h 试运行，环保指标在线监测数据显示，FGD 系统入口烟气 SO_2 为 4848.27mg/m^3，出口烟气 SO_2 为 14.06mg/m^3，脱硫率达 99.71%，超过设计值，12 月 28 日 12：00，13 号机组也完成了 168h 满负荷试运行。

FGD 项目按设计煤种含硫量 2.3%（入口 SO_2 浓度 5716mg/m^3）、排放浓度不大于 50mg/m^3、脱硫率大于 99.15%进行设计。项目设计开始为大唐集团内首个 SO_2 超低排放项目，最后采用安德里茨环保工程（上海）有限公司提供的单塔单循环 FGDplus 石灰石/石膏湿法技术：一是在吸收塔入口设置一套 FGDplus 装置，并在单塔单循环方案基础上减少一层喷淋层（FGDplus 加 5 层喷淋层）；二是吸收塔最上层喷淋层喷嘴采用单向喷嘴外，其余四层喷淋层喷嘴均采用双向喷嘴。FGD 系统引增合一，不设旁路烟道。

3.3.3 节能型湍流管栅高效脱硫技术

在消化吸收引进技术的基础上，大唐环保公司开发了类似 FGDplus 技术的“节能型湍流管栅高效脱硫技术”，并在 2015 年初首次应用于大唐国际潮州发电公司 2 号 600MW 机组 FGD 提效改造上。电厂 2 号机组原采用石灰石/石膏湿法 FGD 工艺，配置 3 台浆液循环泵，实际液气比仅为 7.6，存在液气比较低、脱硫浆液供给量不足、烟气流场较差等问题。改造前，运行 3 台浆液循环泵时，原烟气入口 SO_2 浓度为 850mg/m^3，出口 SO_2 浓度为 55mg/m^3，脱硫率仅为 93.5%。

电厂决定利用 2015 年初停炉检修时间对 2 号 FGD 系统进行提效改造。经过全面论证和综合分析，采用了大唐环保公司自主研发的高效湍流管栅技术，在吸收塔其他系统不做任何改动的情况下，在塔内加装一套高效湍流管栅装置（如图 3-21 所示）。由于采用了模块化工艺，仅用 2 天时间便完成了高效湍流管栅装置的全部安装，大大缩短了脱硫系统改造周期和改造成本。加装高效湍流管栅装置后，吸收塔内的流场更加均匀，并通过湍流管栅装置上部持液区形成的强烈湍流扰动形成强化脱硫效果，提高了喷淋层的脱硫率。

测试结果表明，2 号机组满负荷条件下，最高脱硫率超过 97.8%，可实现出口 SO_2 浓度低于 30mg/m^3 排放水平，此外该脱硫塔内颗粒物脱除能力提高了 30%。实际运行表明，改造后的 FGD 系统在仅投用 2 台浆液泵的条件下，可达到超低排放要求。该技术在三门峡电厂 1000MW 机组新建 FGD 项目上也已开始应用。

3.3.4 增效层 FGD 技术

浙江蓝天求是环保股份有限公司研发了增效层高效脱硫技术，它在吸收塔传质液相控制区增加了错列布置的可转动管子增效传质层，如图 3-22 所示，使气液紊流效果更加显著，从而达到降低气液相传质阻力的目的，以提高脱硫率。2015 年 4 月蓝天求是环保股份有限公司利用该技术与神华国华广投（柳州）发电有限责任公司签订了广西鹿寨上大压小热电联产 2×300MW 级机组工程烟气脱硫工程总承包合同。项目设计脱硫效率为 99.07%，FGD 入口 SO_2 浓度为 2025mg/m^3，出口 SO_2 浓度不大于 18.84mg/m^3；FGD 入口粉尘浓度 22mg/m^3，出口粉尘浓度不大于 10mg/m^3；吸收塔后设置湿式静电除尘器，保证湿电出口粉尘浓度不大于 5mg/m^3。

图 3-21 湍流管栅

图 3-22 可转动管式增效层

类似的技术还有浙江德创环保科技股份有限公司的 PEL 增效层，增效层位于吸收塔入口烟道与第一层喷淋层之间，由多个 PEL 模块组装而成，PEL 模块由方形管道并排布置组成，如图 3-23 所示。

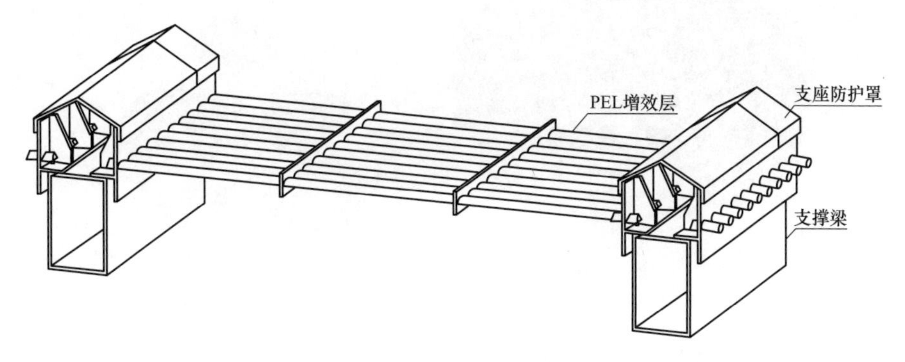

图 3-23 方形管式增效层

3.4 SPC-3D 单塔一体化技术

3.4.1 SPC-3D 单塔一体化技术原理

SPC-3D 单塔一体化脱硫除尘深度净化技术由清新环境自主研发，它在一个塔内实现了以较低能耗完成燃煤烟气 SO_2 和粉尘的超低排放。该一体化技术耦合了旋汇耦合技术、高效喷淋技术和管束式除尘除雾技术，对于脱硫和除尘的脱除效果是相互耦合和叠加的，优化的设计组合保证了最终污染物的超低排放。图 3-24 是 SPC-3D 单塔一体化技术集成示意。

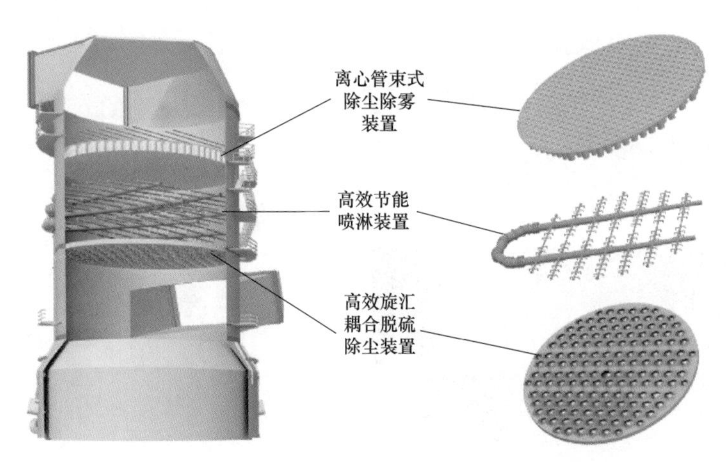

图 3-24 SPC-3D 单塔一体化技术集成系统

1. 高效旋汇耦合技术

烟气进入吸收塔，经过高效旋汇耦合装置，如图 3-25 所示，利用流体动力学原理，与浆液产生强大的可控湍流空间，使气液固三相充分接触从而提高传质效率，提高了气液固三相的传质速率，液气比要比同类技术低，实现了第一步的高效脱硫和除尘，同时实现了快速降温及流场均布。

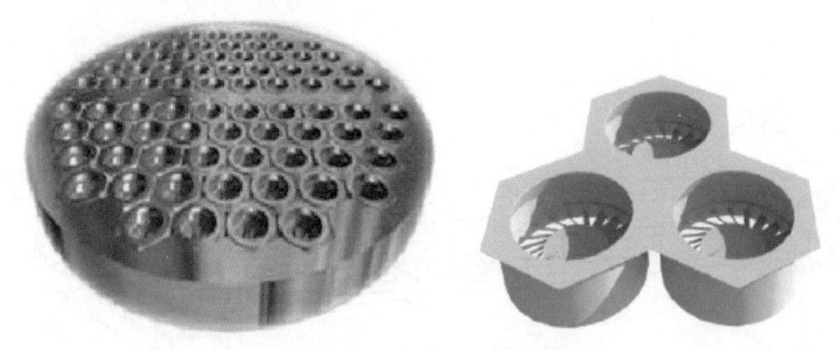

图 3-25　高效旋汇耦合装置

2. 高效喷淋技术

通过优化喷淋布置方式，与自主开发的高效喷嘴组合，如图 3-26 所示，在提升自身雾化效果的同时提高了二次碰撞的效果，提高单层浆液覆盖率达到 300%以上，增大化学吸收反应所需表面积，完成第二步的洗涤，同时设计了防壁流装置，避免气液短路。烟气继续经过高效喷淋系统，实现 SO_2 的深度脱除及粉尘的二次脱除。

3. 离心管束式除尘除雾技术

离心管束式除尘装置由分离器、增速器、导流环、汇流环及管束等构成，如图 3-27 所示。管束筒体内筒壁面光洁，筒体垂直，断面圆滑，无偏心，内部各部件作用如下：

（1）汇流环：控制液膜厚度，维持合适的气流分布状态。

（2）导流环：控制气流出口状态，防止捕获液滴被二次夹带。

（3）增速器：确保以最小的阻力条件提升气流的旋转运动速度。

（4）分离器：实现不同粒径的雾滴在烟气中分离。

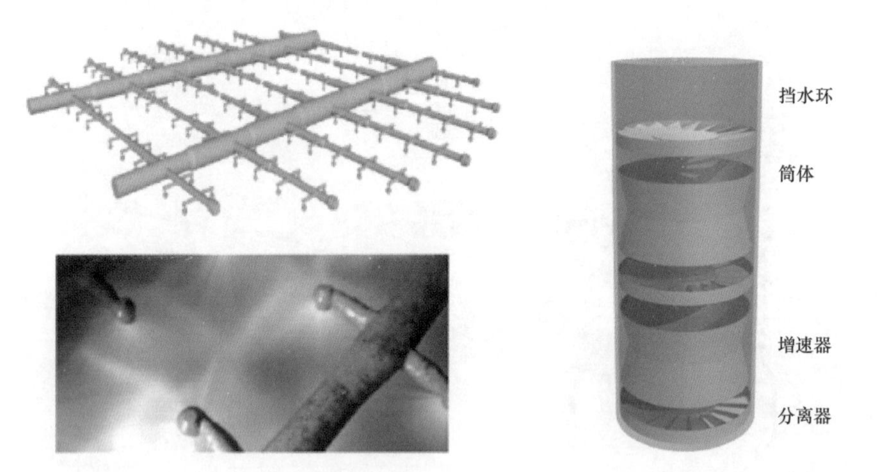

图 3-26　高效喷淋技术　　图 3-27　离心管束式除尘器

管束式除尘装置的使用环境是含有大量液滴的 50℃左右的饱和净烟气，特点是雾滴量大，雾滴粒径分布范围广，由浆液液滴、凝结液滴和尘颗粒组成；除尘主要是脱除浆液液滴和尘颗粒。

经高效脱硫及初步除尘后的烟气向上经离心管束式除尘装置进一步完成高效除尘除雾过程。烟气在一级分离器作用下使气流高速旋转，液滴在壁面形成一定厚度的动态液膜，烟气携带的细颗粒灰尘及液滴持续被液膜捕获吸收；连续旋转上升的烟气经增速器调整后再经二级分离器去除微细颗粒物及液滴。同时在增速器和分离器叶片表面形成较厚的液膜，会在高速气流的作用下发生“散水”现象，大量的大液滴从叶片表面被抛洒出来，穿过液滴层的细小液滴被捕获，小液滴变大后被筒壁液膜捕获吸收，实现对细小雾滴的脱除，最后经过汇流环排出，实现烟尘低于 5mg/m^3 超低脱除。

通过实践和运行效果表明，SPC-3D 技术具有如下特点：

（1）均气效果好。塔内烟气和浆液分布不均容易造成烟气短路形成盲区，这也是造成脱硫效率低和运行成本高的重要原因。安装旋汇耦合装置的脱硫塔，CFD 模拟显示均气效果比一般空塔提高 15%～30%，FGD 装置能在比较经济、稳定的状态下运行。

（2）传质效率高。传质速率是决定脱硫率的关键指标，而旋汇耦合装置改变进塔气体的流动状态（由层流变成湍流态），降低了气液膜阻力，增加液气接触面积，从而提高气液传质速率。

（3）降温速度快。从湍流器端面进入的烟气，与浆液通过旋流和汇流的耦合、旋转、翻覆形成湍流度很大的气液传质体系，烟气温度迅速下降，有利于塔内气液的充分反应。

（4）适应性强。适用于不同的工艺和工况，由于良好的均气效果，受气量大小影响较小，系统稳定性强；受进塔烟气 SO_2 浓度变化影响小，脱硫率高，适用于不同煤种，对于高硫煤优势更明显。对粉尘的适应性广，在进口粉尘浓度低于 50mg/m^3 时，可使出口浓度小于 10mg/m^3；进口粉尘浓度小于 30mg/m^3，出口浓度可小于 5mg/m^3。

（5）能耗低。增加液气比能提高脱硫率，但液气比增加的同时也使浆液循环泵电耗相应增加。采用旋汇耦合专利技术的湍流塔在低液气比时能保证较高的脱硫率，尽管湍流器和管式除尘装置会增加一部分阻力，但整个系统能耗会降低，据统计，比同类技术节约电能 8%～10%。考虑到除尘，与采用湿式电除尘器技术的技术路线相比，电耗会降低 20%以上。

该技术首次成功应用于云冈电厂 3 号机组（300MW，山西省首个单塔一体化超低排放项目，并通过山西省环保厅超低排放验收）；目前已应用于内蒙古托克托电厂 1 号机组（600MW）、河南孟津电厂 2 号 630MW 机组（河南省首台实现超低排放的大型燃煤机组）、安徽安庆电厂 2×1000MW 机组（4 号机组为安徽省首台实现超低排放的百万千瓦机组）、神华重庆万州电厂 2×1050MW 等近百套机组，均达到甚至低于超低排放标准。

2014 年 12 月 20 日，中国电力企业联合会在北京组织召开了对该技术单塔一体化脱硫除尘深度净化技术（SPC-3D）专家评审会。与会专家一致认为：区别于现有的技术工艺，SPC-3D 技术创新性强，具有单塔高效、能耗低、适应性强、工期短、不额外增加场地、操作简便等特点，适用于燃煤烟气 SO_2 和烟尘的深度净化。

3.4.2 SPC-3D 单塔一体化技术的应用

1. 山西云冈电厂的应用

（1）改造前脱硫设施情况。山西大唐国际云冈热电有限责任公司（简称“云冈电厂”）位于山西省大同市城区，距市中心 7.5km，总装机容量为 104 万 kW，一期为 2×220MW 空冷供热机组于 2003 年底投产；二期 2×300MW 空冷供热机组于 2009 年 2 月投产，2014 年 6 月将二期扩容至 2×320MW。配套湿法石灰石/石膏 FGD 系统为北京国电清新环保技术有限公司特许经营项目，每台炉设一座吸收塔，吸收塔尺寸为 ϕ13.6m×34.5m，浆液池体积 1055m^3；无 GGH，设计烟气进口 SO_2 浓度 3000mg/m^3，脱硫率不小于 95%，Ca/S≤1.03。除尘器为双室五电场静电除尘器，除尘器出口粉尘浓度大于 50mg/m^3。2014 年 8 月，采用了“单塔一体化技术”对 3 号机组 FGD 系统进行改造，工程于 10 月完成改造投入运行，该项目是国内首个采用 SPC-3D 单塔一体化脱硫除尘技术路线进行超低排放改造的项目。

（2）FGD系统和除尘改造方案，改造内容如下：

1）拆除原有3层喷淋层和喷嘴，并更换新的4层高效喷淋层和喷嘴，其中喷嘴采用小流量空心锥形式，增加浆液覆盖率；原喷嘴覆盖率为150%，改造后为300%；原最上层的喷淋层标高不变，第二层喷淋层上移200mm，第三层喷淋层上移400mm，距湍流层的距离1600mm，新增一层喷淋层，同时增加一台流量5600m^3/h、扬程20m的浆液循环泵，变频控制，原有三台循环泵分别对应上面三层喷淋层，新增的循环泵对应最低的喷淋层。

2）将原有的旋汇耦合器更换为第二代高效脱硫旋汇耦合器。

3）在吸收塔内拆除原有的除雾器装置，更换为北京国电清新环保技术有限公司自主研发的高效管束式除尘除雾装置。原除雾器为两级平板式除雾器，材质为抗燃型聚丙烯，3层冲洗水，冲洗频率为每次2h（1轮）；现管束式除尘器一级布置，桶内分三级湍流子，一层冲洗水，冲洗频次每次约4h。吸收塔内部分设备如图3-28所示。

4）电除尘的改造采用低低温静电除尘技术与电源技术组合方式。在电除尘器的前端烟道上布置低低温省煤器，将进口烟温从140℃左右下降到95℃。对原除尘器内部进行全面检修，使其达到最佳工作状态。进行烟气均流分布改造，使进入电除尘器内部的烟气均匀，利于收尘。将一、二电场工频电源改造为三相电源；三、四、五电场工频电源升级，改造总共用时45天。改造前、后脱硫除尘设计参数对比见表3-2。

表3-2　云冈电厂3号机组改造前、后脱硫除尘设计参数对比

项目	改造前设计参数	改造后设计参数
机组负荷（MW）	300	320
烟气量（m^3/h）	1 080 000	1 160 000
入口SO_2（mg/m^3）	3000	3000
出口SO_2（mg/m^3）	200	35
入口烟尘（mg/m^3）	50	30
出口烟尘（mg/m^3）	20	<5
SCR入口NO_x（mg/m^3）	400	400
SCR出口NO_x（mg/m^3）	80	50

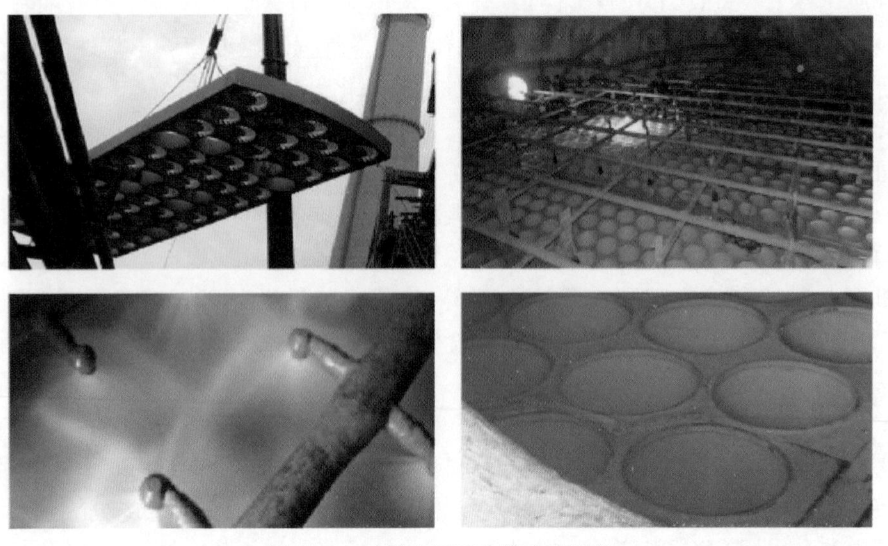

图3-28　云冈电厂吸收塔改造设备

（3）改造后 FGD 系统实际运行情况。2015 年初由南京国电环境保护研究院对 3 号 FGD 系统性能进行了现场实测和评估，实测结果列于表 3-3 中。机组满负荷时，3 台循环泵运行，出口烟尘质量浓度平均值为 3.24mg/m³，除尘率平均值为 85%；75%负荷运行时，3 台循环泵运行，出口烟尘质量浓度平均值为 3.14mg/m³，除尘率平均值为 84.4%；50%负荷运行时，2 台循环泵运行，出口烟尘质量浓度为 2.76mg/m³，除尘率为 87.1%。除尘率介于 82.5%～87.6%之间，平均除尘率为 85.5%，除尘率与机组运行负荷基本无关。SPC-3D 一体化 FGD 系统满负荷运行时，出口 SO_2 质量浓度平均值为 17.5mg/m³，脱硫率平均值为 99.3%；75%负荷运行时，出口 SO_2 质量浓度平均值为 16.4mg/m³，脱硫率平均值为 99.3%；50%负荷运行时，出口 SO_2 浓度均值 17.7mg/m³，脱硫率平均值为 99.1%，均达到了很高的脱硫率。图 3-29 为吸收塔入口和出口的 SO_2 浓度实际 6 天的运行曲线，运行半年后的管束式除尘器检修如图 3-30 所示，基本干净。

在进行超低排放改造的前提下也进行相关系统的节能改造，包括循环泵变频运行、氧化风机和真空泵的节能运行方式优化，改造后按原有标准运行耗电率为 0.86%，超低排放运行时耗电率为 1.01%，依然低于改造前的耗电量 1.19%。

表 3-3　云冈电厂 3 号机组 SPC-3D 脱硫除尘系统主要性能

负荷（MW，未投运泵）	位置	粉尘浓度（mg/m³）	除尘率（%）	SO_2 浓度（mg/m³）	SO_2 去除率（%）	$PM_{2.5}$浓度（mg/m³）	$PM_{2.5}$去除率（%）	液滴含量（mg/m³）
300 4 号泵	进口	22.8	82.5	2414.3	99.3	6.21	70.6	19.6
	出口	3.98		16.4		1.82		
300 4 号泵	进口	20.1	87.6	2379.3	99.2	5.67	74.4	19.8
	出口	2.50		18.5		1.45		
225 4 号泵	进口	20.3	85.1	2245.0	99.4	4.84	48.5	19.0
	出口	3.01		14.0		2.49		
225 1 号泵	进口	20.1	83.7	2181.2	99.1	6.89	63.5	17.9
	出口	3.28		18.9		2.51		
150 1/4 号泵	进口	21.4	87.1	2062.0	99.1	5.69	58.8	21.3
	出口	2.76		17.7		2.34		

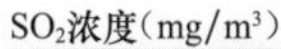

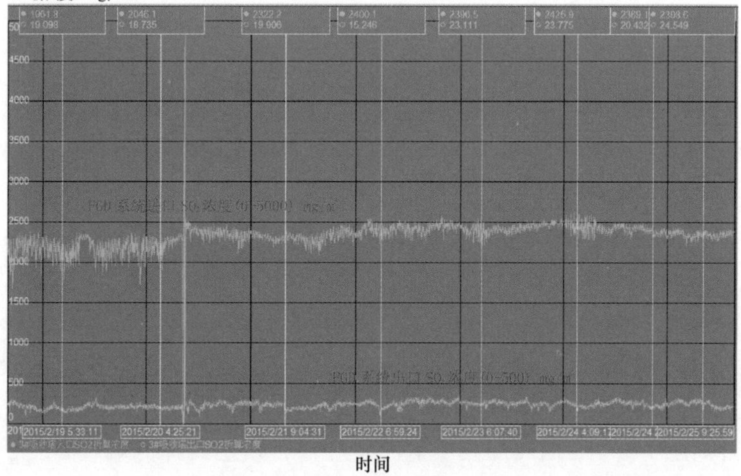

图 3-29　FGD 系统进出口 SO_2 浓度实际 6 天的运行曲线

2. SPC-3D 技术在 600MW 机组上的运用

（1）内蒙古托克托电厂。内蒙古托克托电厂现有装机容量为 8×600MW，如图 3-31 所示，FGD 系统均采用石灰石/石膏湿法脱硫工艺，一炉一塔。其中 1 号机组 FGD 系统设 3 层喷淋，浆液循环泵配置情况为：1 号泵流量 9800m^3/h，电机功率 1120kW；2 号泵流量 9800m^3/h，电机功率 1100kW；3 号泵流量 6500m^3/h，电机功率 569kW。该系统原设计含硫量 S_{ar} 为 0.75%，配有增压风机和旁路挡板，无 GGH。为提高脱硫设施可靠性以满足火电厂大气污染物排放新标准（GB 13223—2011）的要求，同时为了适应煤质的变化，在 2013 年对脱硫系统进行了增容改造，包括：①取消增压风机，拆除旁路挡板；②吸收塔内加装第二代高效低阻的旋汇耦合装置；③浆液喷淋系统喷嘴进行调整及更换，保证喷淋系统的均匀性；④为了应对入炉煤硫含量较高保证浆池反应所需耗氧量，新增 1 路氧化风管路。

图 3-30　运行半年后的管束式除尘器内部

图 3-31　内蒙古托克托电厂 8 台机组 FGD 装置

内蒙古托克托电厂工作人员于 2014 年年底考虑到超低排放，又将原有的除雾器更换为新型的管束式除尘除雾装置。改造后由华北电力科学研究院进行了性能试验，数据表明入口 SO_2 在 2100mg/m^3 时，开启两台泵能够保证出口 SO_2 为 50mg/m^3，三台泵运行时，排放能小于 35mg/m^3；入口尘在 30.2mg/m^3 时，出口尘为 3.25mg/m^3。为了应对将来更高硫的运行工况，准备通过增加一层喷淋层实现脱硫的超低排放。

（2）河南华润电力首阳山有限公司 630MW 机组的应用。

1）改造前系统概述。华润电力首阳山一期建设 2×630MW 超临界燃煤锅炉，分别于 2006 年 5 月和 10 月投产，同期配套建设两套烟 FGD 装置，采用由德国鲁奇-比晓芙公司提供的高效脱除 SO_2 的石灰石/石膏湿法工艺，一炉一塔，设计处理烟气量 1 985 300m^3/h，无 GGH，取消了旁路；设计燃煤含硫量 S_{ar} 为 1.0%，在 BMCR 工况、100%的烟气量时，脱硫率不小于 95%，由山东三融环保工程有限公司采用 EPC 总承包方式建造。

1、2 号机组每台炉原配套 2 台兰州电力修造厂生产的双室四电场静电除尘器，型号为 KFH472.32-4×4-2，设计除尘率为 99.65%。后为满足新的火电厂烟尘排放标准要求，在 2013 年利用两台机组大修的机会，进行了提效改造，第四电场采用杭州天明环保工程有限公司的移动极板技术进行改造，最终形成 3+1（3 个常规电场+1 个移动极板电场）的除尘方式，同时对一、二电场进行了高频电源改造。为进一步提高电除尘器效率，2013 年的改造中还同时在电除尘器入口烟道内加装了低温省煤器，以达到降低烟气温度、降低粉尘比电阻的目的。2013 年除尘提效改造完成后，在低温省煤器投入的情况下实测电除尘出口粉尘浓度基本在 35mg/m³ 左右，电除尘效率可达 99.899%；经脱硫后烟囱入口粉尘浓度一般可保持在 20mg/m³ 以下。

脱硫吸收塔原设计采用空塔喷淋技术，塔身直径 15m，配置 4 台浆液循环泵，单台流量 6100m³/h，两级屋脊式除雾器，吸收塔下部浆池装有专利技术的池分离器及脉冲悬浮系统。无 GGH，原有烟气旁路及增压风机已于 2013 年机组大修及脱硝技改时拆除。机组满负荷时烟囱入口 SO_2 浓度一般不超过 70～80mg/m³，满足现行环保标准要求。

为满足超低排放要求，2015 年完成了 1 号机组的改造。脱硫除尘提效改造按“提高液气比＋旋汇耦合＋管束式除尘”方案进行。

2）FGD 吸收塔改造方案。FGD 吸收塔改造内容如下：

a. 拆除原有两级屋脊式除雾器，原除雾器大梁降低高度重新利旧安装，安装离心管束式除尘除雾器。

b. 原有四层喷淋层全部拆除（含原喷淋层母管），更换重新设计的高效节能喷淋层。因除雾器下表面高度降低，四层喷淋层高度全部重新调整。

c. 为提高液气比，更换 A、C 层浆液循环泵，单台流量由 6100m³/h 增加到 8800m³/h，B、D 泵保持不变。

d. 在最下层喷淋层下部加装第二代旋汇耦合装置。

e. 为适应增大的液气比，吸收塔入口烟道抬升 1.3m 以加大浆池容积。

f. 由于原吸收塔塔身烟气入口至最下层喷淋层间高度差接近 6m，因此烟道抬升及增加旋汇耦合装置均可利用这段空间，吸收塔塔身不需切割抬升，有利于缩短停机时间。

图 3-32 是改造的管束式除尘除雾器和旋汇耦合装置。

图 3-32 改造的管束式除尘除雾器和旋汇耦合装置

3）一体化改造后的效果和问题。1 号机组脱硫除尘一体化超洁净改造于 2015 年 4 月 26 日开工，至 2015 年 6 月 3 日封塔具备运行条件，改造总工期 39 天。目前烟囱处烟气污染物排放实测值 SO_2 基本在 25mg/m³ 以下，烟尘基本在 3mg/m³ 以下，达到了改造目标。

1 号机组改造完成后运行中发现吸收塔阻力超出改前预计，6 月 30 日机组调峰停机发现管束式除尘器冲洗水管芯有部分脱落。

a. 旋汇耦合装置阻力问题。旋汇耦合装置类似于塔内托盘结构，在吸收塔运行中阻力较大。改造前按照 1000Pa 阻力进行核算，但实际运行中发现旋汇耦合装置阻力随浆液循环泵投运台数不同会发生变化。在机组高负荷、4 台浆液循环泵全投时，根据塔内各压力测点数据估算旋汇耦合装置阻力已达 1400Pa 左右，额外的阻力给引风机带来了较大的影响。

在6月30日机组调峰停机后，根据运行中的阻力情况，在保证脱硫、除尘效果不发生明显变化的前提下，清新环境设计部门给出了在旋汇耦合装置封板部位开孔的处理方案，共开约1000个50mm孔，机组启动后估算吸收塔阻力约下降了150～200Pa。

对其他新建或改造项目的建议：脱硫吸收塔如选择类似清新环境的旋汇耦合、武汉凯迪的托盘等结构，应充分考虑托盘结构的阻力并非固定值，尤其是在高负荷时，随浆液循环泵投入数量的增加，托盘阻力也会增加。尤其是改造项目对此更应注意，进行引风机核算时应考虑充分裕量，以免发生利旧引风机投运后因压头不足影响负荷的问题。

b. 管束式除尘器冲洗管脱落问题。每根除尘器管中插有一根冲洗水管芯，设置两级喷嘴对管内壁进行冲洗，管芯安装是依靠上部的一个托帽支撑在除尘器管内。停机后对管束式除尘器检查发现，部分冲洗水管芯托帽脱落，管芯由除尘器管下部脱出，除尘器管失去冲洗。主要原因是托帽与管芯间完全靠自紧及摩擦力固定，无任何锁定结构，冲洗水带来的震动造成托帽逐渐向上滑动脱出。

处理方案：停机期间将除尘器原冲洗管大部分更换为新的带防退槽的冲洗管，还有部分留用的老冲洗管将托帽与管进行了焊接。

3. SPC-3D技术在1000MW机组上的运用

神华重庆万州电厂一期工程建设2×1050MW超超临界燃煤发电机组，同步配套建设2套石灰石/石膏湿法FGD装置及公用系统。新建工程在设计时FGD系统按锅炉校核煤种（含硫量S_{ar}为0.8%，FGD装置入口SO_2浓度为1894mg/m^3）作为脱硫设计煤种进行设计，设计脱硫率不小于96%，SO_2排放浓度不大于76mg/m^3。实施过程中考虑燃煤含硫量的变化，S_{ar}又按1.2%（SO_2浓度为2833mg/m^3）进行扩容设计，设计脱硫率不小于96.5%，SO_2排放浓度不大于100mg/m^3。最终考虑到超低排放，在锅炉含硫量S_{ar}为0.53%（SO_2浓度为1170mg/m^3）对FGD系统进行提效改造，设计烟气量3 103 000m^3/h、烟温85℃/127℃（低温省煤器投运/退出）、入口烟尘15mg/m^3，烟囱SO_2排放不大于35mg/m^3，粉尘排放不大于5mg/m^3，FGD装置效率不小于97.1%。

原有的烟气系统、SO_2吸收系统、浆液制备系统、石膏脱水系统、工艺水系统、排空系统及废水处理系统完全满足提效后系统出力要求，不需改造，仅对原吸收塔内部湍流器及除雾器进行改造，原除雾器冲洗水量及冲洗水泵参数不变。改造范围如下：①将一代湍流器换成二代湍流器，提高脱硫率；②吸收塔除雾器改造，取消原吸收塔内的三级除雾器（2层屋脊式+1级管式），改造为管束式除尘装置及相应的冲洗水系统。

经过改造后，1号机组于2015年2月完成168h试运行并开始商业化运行，168h期间（2015年2月3日～9日）现场运行数据显示，满负荷下，SO_2进口浓度在771～1023mg/m^{3}时，SO_2出口为2.3～19.0mg/m^3；入口粉尘浓度为11.7～21.2mg/m^{3}时，出口粉尘浓度为1.8～4.2mg/m^3，达到了设计要求和污染物的超低排放。2015年9月18日15：00，2号机组FGD系统也顺利通过168h试运行。

类似的技术有北京中电联环保股份有限公司的双气旋气液耦合器，它布置在吸收塔第一层喷淋层下，基于气液掺混强制扰动的强传质机理，利用气体动力学原理，通过气液耦合装置产生气液旋转扰流空间，气液两相充分接触，降低了气液膜传质阻力，提高传质速率和对尘的捕获效率，迅速完成传质和吸收、脱除，从而达到提高脱硫率的目的。

3.5 合金托盘 FGD 技术

3.5.1 合金托盘 FGD 技术原理

FGD 合金托盘吸收塔源于美国 B&W（Babcock&Wilcox）公司，如图 3-33 所示，目前国内外许多环保公司开发了类似技术，如美国 Amec Foster Wheeler 公司的双向流托盘（Dual Flow Tray，DFT，如图 3-34 所示）、均流增效板等。该技术是在吸收塔内、喷淋层下方，布置一层多孔合金托盘（图 3-35），托盘开孔率为 30%～50%，它使塔内烟气分布均匀，并在托盘上方形成湍液，与液滴充分接触，大大提高传质效果，可获得很高的脱硫率；激烈的冲刷使托盘不会结垢，还可作为检修平台。

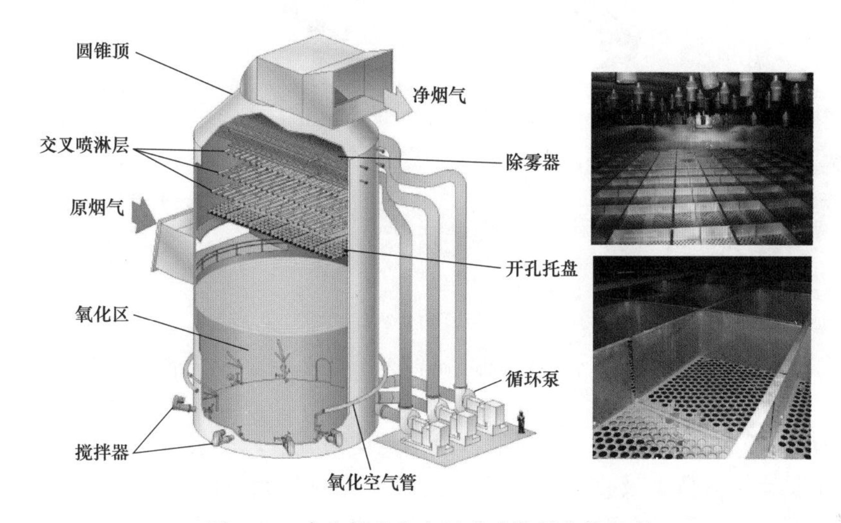

图 3-33 合金托盘和交互式喷淋吸收塔示意

吸收塔合金托盘有如下作用：

（1）气流均布。烟气由吸收塔入口进入，形成一个涡流区。烟气由下至上通过合金托盘后流速降低，并均匀通过吸收塔喷淋区。喷淋塔直径越大，利用机械手段维持均匀分布就越重要，不采用这种托盘，就会造成吸收塔的各区域烟气不均，即有些区域吸收剂不足，而有些区域吸收剂又太多的现象，这对大型机组的脱硫尤为重要。图 3-36 是加装合金托盘前后吸收塔截面烟气流速分布的比较，图 3-36（a）为空塔中烟气进入吸收塔后达到喷淋层时的流场分布，可见偏流很严重；图 3-36（b）为托盘塔中烟气进入吸收塔后达到喷淋层时的流场分布，烟气经过托盘后得到了强制均布，能较好地与喷淋层浆液分布匹配。

图 3-34 Amec Foster Wheeler 公司的双向流托盘

图 3-35　某 670MW 机组 FGD 吸收塔内合金托盘

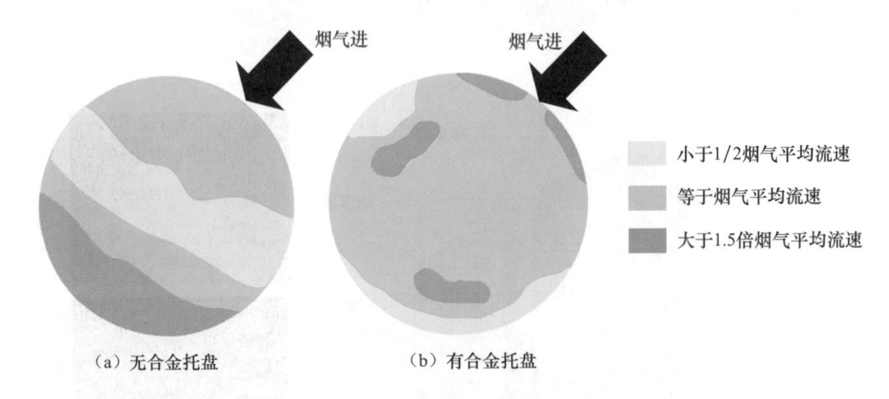

图 3-36　加装合金托盘前后吸收塔截面烟气流速分布的比较

(2) 浆液均布。托盘上保持一层浆液，沿小孔均匀流下，使浆液均匀分布。

(3) 强化脱硫，提高了吸收剂利用率。托盘小孔的节流喷射作用，提高了烟气中 SO_2 向浆液滴的传质速度；托盘上形成的一定高度的泡沫层，也延长了浆液停留时间，增大了气液接触面积。当气体通过时，气液接触，可起到吸收部分污染物成分的作用，从而有效降低液气比，提高了吸收剂的利用率，降低了循环浆液泵的流量和功耗。研究表明，单层托盘可提高约 50％的传质效果，降低 15％～30％的液气比。

图 3-37　在吸收塔安装时托盘可以作为阶段性的平台

(4) 低吸收塔。良好的吸收效果可减少液气比和喷淋层，使吸收塔的高度降低。低吸收塔使其防腐面积小、质量轻，整个吸收系统投资减少，运行和维修保养费用低。

(5) 不结垢。该托盘由合金钢制成，较坚固，同时具有自清洗和泡沫效应强的特点，可进一步除去固体颗粒，激烈的浆液冲刷使托盘不会结垢。

(6) 检修方便。托盘在吸收塔安装阶段即可作为临时安装平台，如图 3-37 所示，投运后可作为喷淋层和除雾器的检修平台，无须排空塔内浆液，无须脚手架就可直接检修，省时省力。

(7) 节能。多孔托盘除具有上述特点外，最大的优点是节省厂用电。较低液气比和较低吸收塔高度，使循环泵功率大为减少，其节能效果可抵消因托盘阻力导致的风机功率的增加，这可从表 3-4 中看出。

表 3-4　　500MW 机组 DFT 塔的设计比较

项目	无 DFT 吸收塔	1 层 DFT 吸收塔
吸收塔直径（m）	15.0	15.0
浆液循环停留时间（min）	5.0	5.0
浆液池高度（m）	10.1	7.4
循环泵数量（台）	3+1	2+1
循环泵流量（m^3/h）	6100	6670
吸收塔总高（m）	30.3	26.1
吸收塔总电耗（kW）	1800	1310
吸收塔压降（kPa）	1.0	1.4

吸收塔内托盘不仅可用合金材料如 1.443 5 等制作，而且还可用聚丙烯 PP（Polypropylene）材料制作。图 3-38 为德国 Babcock Noell GmbH 公司使用的 PP 托盘。

图 3-38　PP 材料制作的吸收塔托盘

B&W 公司的另一项技术是交叉喷淋，如图 3-39 所示。在维持原吸收塔喷淋区域高度

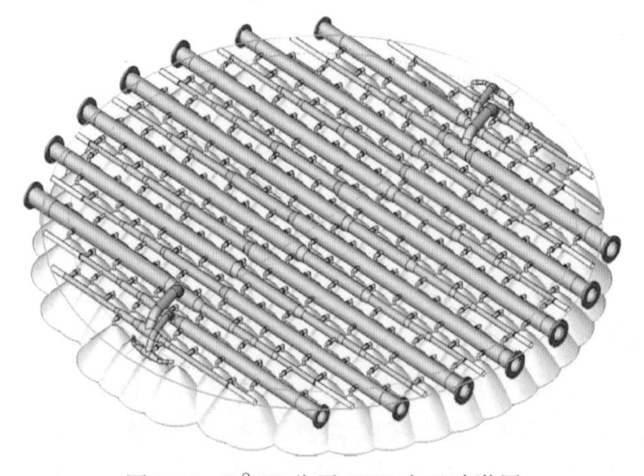

图 3-39　B&W 公司 FGD 交叉喷淋层

的情况下，通过增加喷淋密度的交叉喷淋方式，增加脱硫效率，降低消耗，极大缩短改造时间，比较适合在脱硫增容改造项目中使用。

3.5.2 高效脱硫除尘托盘塔技术

湿法 FGD 系统的烟气偏流是导致粉尘排放浓度高的重要因素之一。一方面，由于我国燃煤电厂污染物治理起步较晚，在燃煤电厂建设中未给污染治理设备预留充足的空间，导致新建或改造的湿法脱硫设备烟道布置不合理，烟道布置难以满足流场设计基本要求，烟气经过烟道进入吸收塔前偏流严重。另一方面，湿法脱硫装置普遍采用单侧入口进气方式，该方式会造成烟气沿塔截面的流场不均，在入口对侧形成高速烟气流场，致使烟气到达首层喷淋层入口处流场分布偏流严重：远离吸收塔入口区域的液气比较低，而靠近吸收塔入口区域的液气比较高，这是引起近塔壁烟气逃逸，脱除率偏离设计值的原因之一。超低排放对 SO_2、烟尘等主要污染物的排放浓度要求极低，烟气偏流的影响更是不可忽视。为适应超低排放要求，在总结已承接的 200 多套湿法 FGD 装置运行经验的基础上，武汉凯迪电力环保有限公司通过自主研发，建立了高效除尘和深度脱硫的理论模型，结合数值模拟、半工业化实验和已有产品实测数据开发了湿法脱硫关键设备及部件，优化了系统流程，创立了精细化工程实施过程管理体系，形成了具有特色的Ⅱ代高效除尘深度脱硫托盘塔技术。主要特点如下。

1. 优化烟气流场，强化气液传质

根据进入塔内截面烟气流速分布，设置非均匀开孔托盘：异形托盘，精细化调整进入喷淋层的烟气流场，确保喷淋区域液气比均衡从而保证污染物脱除率。

图 3-40 为空塔对烟尘粒径的分级去除效率可知，空塔喷淋对于 1～2.5μm 的粉尘，分级除尘率较小，粉尘去除率变化不明显；对于 3～5μm 的粉尘，分级除尘率较大，粉尘去除率变化明显；对于大于 5μm 的粉尘，分级除尘率区趋于稳定接近 100%。

图 3-41 为托盘对烟尘粒径的分级去除率可知，托盘对不小于 2μm 的粉尘具有较高的捕集效率。对于 0.1～1μm 的粉尘，有 10%～30%的捕集效率；对于 1～2μm 的粉尘，有 30%～40%的捕集效率。在一定条件下，在同一粒径分布区间，托盘的分级除尘率比空塔喷淋高 20%以上。因此，托盘塔技术对 $PM_{2.5}$ 的粉尘具有较为显著的脱除性能。

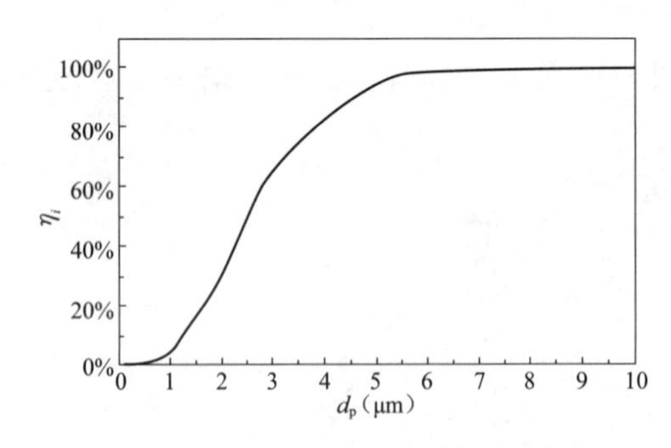

图 3-40 空塔对烟尘粒径 d_p 的分级与去除率 η_i 关系

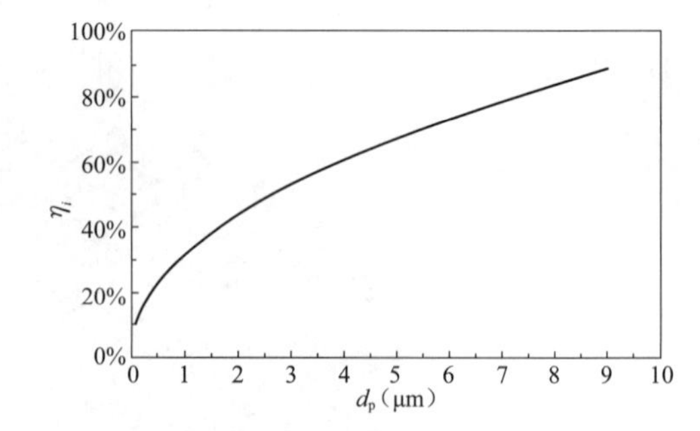

图 3-41 托盘对烟尘粒径 d_p 的分级与去除率 η_i 关系

2. 高效吸收塔内件技术，采用双头喷嘴（双向或同向）和增效环技术

喷淋层是吸收塔的核心部件，其中喷嘴选型与脱除性能紧密相关。双头喷嘴是一个喷嘴有两个出口，喷嘴如图 3-42 所示。喷嘴喷出的液滴直径越小，雾滴与粉尘接触的可能性越

大，除尘率越高。因此，采用雾滴直径小的喷嘴，有利于提高除尘率。提高喷嘴压力，雾滴直径减小，但运行能耗增大。如果采用双头喷嘴，同等能耗下就能获得更小的雾滴直径。相对传统喷嘴，采用双头喷嘴不仅可提高单个喷嘴的雾化效果，明显获得密集的二次雾化效果，而且烟气均匀分布，从而实现在提高脱硫率的同时达到节省浆液循环量、减少喷淋层数量、节能降耗的目的。

图 3-42 双头双向（左）/单向喷嘴（右）

同时，双头喷嘴与其他标准喷嘴的最大区别是两个喷射锥体的切向旋转方向相反，不同的旋向不仅使相邻的锥体碰撞速度提高，确保了二次雾化的效果，更主要的是避免了塔内烟气同向旋转后烟气富集在塔壁的分布不均问题。

相对于中部喷嘴覆盖密度，吸收塔周边喷嘴覆盖密度要小，导致塔周边阻力小，烟气大量从周边上升，烟气和浆液分布不均，脱硫和除尘率下降。高效脱硫除尘托盘塔技术在塔周边采用实心锥喷嘴，浆液能更好地覆盖吸收塔壁部分，将烟气有效地驱赶至塔中部，增加烟气与雾滴的接触，提高脱硫率和除尘率，同时还在喷淋层之间增设气液传质增效环，将靠近塔壁的烟气驱赶到吸收塔中间区域，使各个区域的液气比尽可能接近平均液气比，彻底解决边壁效应，从而增加烟气与液滴的接触，提高脱硫和除尘率。

3. 高性能除雾技术

针对石膏雨现象，对除雾器的理论模型、结构等做全面的研究，确定了合理的除雾器选型原则，并且可精确量化通过除雾器携带出的颗粒物含量。研究认为除雾器排放的液滴中的含固量与石膏浆液池中的含固量不一样，即除雾器中排放的液滴含固量小于吸收塔中浆液含固量，与除雾器排放的液滴粒径分布有关。高效脱硫除尘托盘塔技术采用高性能屋脊式除雾器，使液滴携带量在 $20mg/m^3$ 以下。

4. 全烟气流场仿真技术

全烟气流场仿真技术是指借助流场计算软件将湿法 FGD 超低排放装置进行计算机流场数值模拟（CFD 数值模拟），通过增设导流装置、调整塔内件布置、优化吸收塔关键结构，调校吸收塔内流场分析，并辅以冷态物理模型予以流场验证，使吸收塔流场达到理想状态以实现设计值。

高效脱硫除尘托盘塔技术在浙江长兴电厂 1 号 660MW 机组、玉环电厂 1 号 1000MW 机组的实际应用结果表明该技术可实现燃煤机组的“超低排放”，见表 3-5。另外，该技术在华能邯峰电厂 2×660MW 机组、华能上安电厂 5 号机组（600MW）、神华国能鸳鸯湖电厂 2×660MW 等十几家电厂先后应用。

表 3-5　　高效脱硫除尘托盘塔技术的应用实例

项目	长兴电厂	玉环电厂
机组容量（MW）	660	1000
超低排放技术路线	低低温电除尘器＋高效脱硫除尘托盘塔	
原烟气 SO_2 浓度（mg/m^3）	2692	1969
净烟气 SO_2 浓度（mg/m^3）	20	20
脱硫率（%）	99.26	98.98
原烟气烟尘浓度（mg/m^3）	15	20
净烟气烟尘浓度（mg/m^3）	3	3
除尘率（%）	80	85
投运时间	2014 年 12 月	2015 年 1 月

3.5.3 高效渐变分级复合脱硫塔技术

2015 年 12 月 30 日，山西华能左权电厂适用于高灰高硫煤的超低排放改造工程成功投运，采用了武汉凯迪电力环保有限公司和华能集团联合开发的具有完全自主产权的高效渐变分级复合脱硫塔技术。

左权电厂位于山西省晋中市左权县河南坪村的西北侧，与县城直线距离约 1.5km。规划建设 4×600MW，一期建设 2×660MW 国产超超临界空冷低热值变压直流煤粉炉发电机组，同步安装烟气除尘、脱硫、脱硝装置。机组分别于 2011 年 12 月和 2012 年初投入商业运行。FGD 系统由北京国电龙源环保工程有限公司设计和供货，采用石灰石/石膏湿法 FGD 工艺，一炉一塔布置，在设计煤种、锅炉最大工况（BMCR）、处理 100%烟气量 2 100 865m^3/h 条件下脱硫率保证值大于 95%。烟囱为 ϕ6.6m×240m 双钢内筒钢筋混凝土套筒式，钢内筒材料采用爆炸轧制钛-钢复合板。

左权电厂 1、2 号 FGD 装置在 2013 年进行了脱硫率测试，结果为脱硫率 94.6%，出口 SO_2 浓度为 281mg/m^3，测试结果表明，FGD 装置经过 2 年时间运行，性能已有所降低，脱硫率降低了 0.4%，出口 SO_2 浓度升高了 20.41mg/m^3，达不到设计能力。根据 2015 年 1 月的运行数据，FGD 装置运行 4 年以来，脱硫率整体下降了 2.8%，与超低排放要求相去甚远，无法满足国家及地方环保政策要求 SO_2 浓度达到 30mg/m^3 和粉尘 3mg/m^3 的排放限值要求，因此需对 FGD 装置进行改造。脱硫率持续下降的原因是由于浆液循环泵的连续运行，叶轮发生磨损，循环泵实际流量和扬程低于原设计参数。

原有 FGD 装置并未专门考虑吸收塔的除尘功能，所以在改造时，须考虑提高吸收塔的除尘能力。改造采用了高效渐变分级复合脱硫塔技术，该工艺将化工领域的板式塔技术与渐变分级吸收理论相结合，在气液接触的末端研发了全新的薄膜持液层核心塔内件，采用单独循环的石灰石浆液作为吸收剂，利用其较高的 pH 值，实现深度脱硫。吸收塔采用单回路喷淋塔设计，内设一层托盘，四层喷淋层，一层薄膜持液层。优化托盘设计使塔内烟气分布更均匀；研制新型喷嘴、改进除雾器性能，以拦截更多含固液滴及粒径增长后的烟尘颗粒。按照烟气协同治理的工艺路线，左权电厂还进行了低低温电除尘器改造。

本次改造设计煤种煤质 FGD 入口 SO_2 浓度按 5440mg/m^3 考虑。2015 年 12 月 30 日，完成了 2 号机组超低排放的改造任务，机组顺利投运。在燃煤含硫量 S_{ar} 为 1.5%～2.4%的情况下，实现了单塔脱硫率大于 99%。2016 年 1 月 12～24 日，国电环境保护研究院太原分院完成了 2 号炉环保性能试验，初步结果表明，FGD 系统达到了超低排放要求。

3.5.4　双托盘技术

双托盘技术是在原有单层托盘的基础上新增一层合金托盘（如果原来没有设计托盘，则需安装 2 层托盘），如图 3-43、图 3-44 所示，从而起到脱硫增效的作用，双托盘喷淋塔可实现单塔脱硫率超过 98.7%。

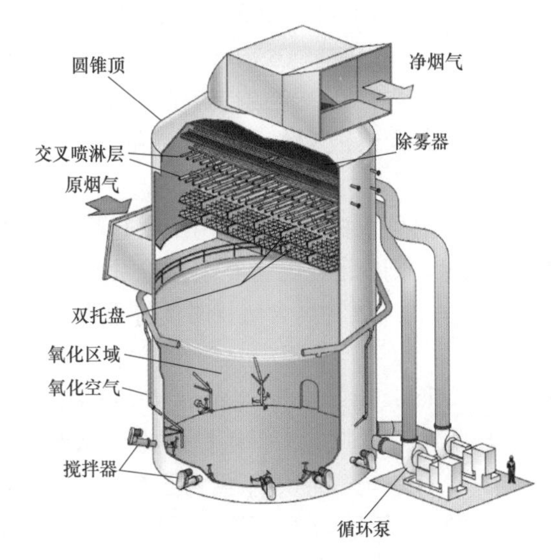

图 3-43　双托盘 FGD 吸收塔示意

图 3-44　吸收塔内双托盘

在空喷淋塔中，喷雾液滴的表面积和烟气与液滴的接触是脱除 SO_2 的主要手段，这要靠调节泵的流量作为主要参数来达到所要求的性能；还可通过提供更多的液滴表面积（较高的喷嘴压力降）来增加接触面。采用一些强化接触设备可大大提高气体和浆液的接触及脱硫率，B&W 公司等采用了多孔托盘，托盘提供气体和浆液间最紧密的接触，由托盘提供的接触面，比喷射的浆液液滴能更有效地脱硫。

托盘产生的阻力造成气体流量均匀地分布在塔截面，即烟气整流。在气体和浆液刚接触时形成了这种阻力使浆液均布，并惠及吸收区。因此，浆液和烟气的接触在整个吸收区域都被优化。在无托盘的喷淋空塔，烟气靠每次穿过喷雾层整流。但是当烟气被连续的喷淋浆液阻力重新分布的时候，烟气已经过大部分吸收区，这就没有充分利用所提供的 L/G。不均衡的气体分布导致在吸收塔截面上高或低的 L/G。在 L/G 比设计值高的区域，脱除 SO_2 的效率也高于设计，反之亦然。当设计要达到 98%的脱硫率时，较低的 L/G 区域不能太大，否则将严重限制整体的脱除 SO_2 效率。

除气体和浆液接触外，需要足够的碱性物质来中和吸收 SO_2 后浆液的酸性，这种碱物质是石灰石中的 $CaCO_3$。在线测量吸收塔浆液的 pH 值反映了 $CaCO_3$ 的溶解。pH 值增加，表示溶解的碱度增加，脱 SO_2 的能力也在增加（其他参数相同的条件下）。虽然 pH 值只是一种对反应浆池溶液或喷射到烟气的循环浆液碱性测量的手段，这种溶解的碱度不足以中和吸收区吸收的 SO_2，在吸收区也应有石灰石的溶解。所以如果增加石灰石溶解，将提高脱硫率。石灰石在吸收区溶解的量取决于浆液在吸收区停留的时间。当采用托盘时，烟气和浆液接触时间将增加，该时间也取决于托盘的压降。因此，托盘能增加烟气脱硫率主要是因为比 L/G 更有效地接触浆液，而且在吸收区提供了更多的碱性溶解机会。对中高硫煤机组，要求脱硫率98%以上，采用双托盘，浆液在双托盘上保留3.5s，托盘上浆液的pH值低于反应浆池的值。如果吸收塔浆池的pH是5.5，在托盘上可能是4.0。石灰石溶解率和浆液中氢离子浓度 H^+ 成正比。在pH为4.0时，H^+ 浓度比pH为5.5时高出31倍，因此，石灰石溶解速度比吸收塔浆池快31倍。在托盘保留3.5s相当于在吸收塔浆池保留1.9min。浆液在吸收塔浆池的保留时间一般是5min。因此，石灰石溶解过程中有30%是在双托盘上完成的。

另外，双托盘增强吸收塔去除烟尘能力。由于托盘内存在一定的持液量，烟气穿越托盘时，气液扰动剧烈，托盘呈现出类似“沸腾”的状态，浆液对烟尘的洗涤捕集作用非常明显。

双托盘技术效果可靠但最大的劣势是阻力太大，另外双托盘一般是用于原有单托盘吸收塔的升级改造，如果对没有托盘的吸收塔改造双托盘，则喷淋层甚至整个辅机系统可能都要重新设计，成本会大大提高。该技术在脱硫率高于98%或煤种高含硫量时优势更为明显。

1. 双托盘在国外的首次应用

美国密歇根中南电力工程部的恩迪科特电厂（Michigan South Central Power Agency's Endicott Generating Station）1号机组是巴威（B&W）公司在1981年提供的55MW机组，配套一个静电除尘器（ESP）和湿法石灰石/石膏FGD系统，1983年投入运行。该FGD系统采用巴威公司的直径为6.86m的单托盘塔，设计脱硫率为90%。FGD系统是强制氧化设计，由一个吸收塔、一套吸收剂制备系统、二级石膏脱水系统组成。吸收塔入口上方的材料是317L，入口有C276雨篷和侧面防护，以防止吸收塔入口处浆液中固体堆积。在托盘上有2层喷淋管，无备用喷淋管，安装了3个吸收塔循环泵，2用1备。吸收塔喷淋区塔壁上贴了瓷砖以避免其受到喷雾冲击。塔上部装了两级除雾器，并在第一级的上方和下方及第二级的下方装有自动喷雾的冲洗管和喷嘴；在第二级除雾器上部安装了冲洗管和喷嘴，由手动操作冲洗阀门。浆池内安装了网格式氧化空气喷管系统。

使用的石灰石粉由单台100%出力的立式研磨机磨碎。吸收塔排出泵排浆液到单台100%出力的浓缩机进行初级脱水，浓缩机的底流送到浓缩机底流箱，然后批量进入转鼓真空脱水机，设置两个真空脱水机，一运一备。从真空脱水机出来的石膏饼副产品目前用于填地。

后来锅炉燃烧高含硫量的东部烟煤，其原烟气 SO_2 浓度达9680mg/m^3。在增加新的第二托盘之前，吸收塔性能较差，在煤含硫量高和负荷高时（6.5lb/MBtu，60MW），单托盘的脱硫平均效率约为83%。一个原因是石灰石浆液供给密度在13%左右，使得塔内石灰石浆液出现盲区和石灰石浆液供应不足，pH值在4.6～4.8之间。为了提高脱硫率，B&W公司在双托盘试验的基础上于2003年10月在吸收塔内增加了第二个托盘，这是双托盘技术的第一次正式应用。由于引风机出力的限制，该新托盘压力降比旧托盘的小。脱硫率从83%提高到89%左右，脱硫率有所改善，但是还没达到预期的效果，其原因是存在亚硫酸盐盲区。当含硫量和脱硫率增加时，氧化空气供应量也应增加，但事实并非如此。此外，由于锅炉运行不正常使压降提高，加上引风机出力的限制造成了吸收塔入口固体沉积物堵塞，每年至少要清理吸收塔入口两次。

2005 年，为了提高系统可靠性并使第二托盘更有效，对系统做了更多的改进。在工厂停运期间，清理了 C276 入口雨篷间隙中多年积累的硬垢。清洗后发现雨篷被严重腐蚀，需要更换。新的雨篷解决了入口的堵塞问题。然后，用一些橡胶塞堵在第二吸收托盘开孔中，使得托盘压降增加，与第一个托盘压降相当。还在吸收塔壁底部位置又安装了 4 个空气分配管以提供额外的空气量，以改善浆池的氧化和亚硫酸盐致盲。这些综合改进，使 FGD 系统能充分发挥其性能。

从 2003 年 9 月到 2005 年 11 月，对 SO_2、烟气流量、吸收塔压降和其他重要的性能参数进行了多次现场测试。测试期间，还对吸收塔浆液和石灰石浆液采样并进行化学分析。双托盘改造前后的测试数据列于表 3-6 中，可看出每次对吸收塔脱硫改进的效果。1998～2003 年，单托盘数据的差异是由于供给吸收塔的石灰石浆液量低，主要原因是石灰石浆液密度低（约为 13%～15%），使无足够的石灰石浆液进入塔内。在 2003 年安装第二托盘后，脱硫率从 83%提高到 89%，但该系统仍然局限于低的石灰石浆液供给密度和部分亚硫酸盐盲区。2005 年，石灰石浆液密度增加到 24%，并且更多的空气添加到吸收塔底部以消除亚硫酸盐盲区。这些改造，加上第二托盘的压降提高，使 SO_2 脱除率达 95%以上。2005 年对双托盘的使用又做了测试，达到了最大的脱硫率。这包括提高 pH 值和运行备用循环泵，测试到吸收塔能达到的最大脱硫率是 98%，这仅是为了测试吸收塔能力而已，电厂当时并不需要如此高的效率。

上述电厂实践表明，采用双托盘能二次强化气液接触，这比喷射的浆液液滴能更有效地脱硫，同时双托盘也提供了更多的石灰石溶解机会。脱硫率从 90%增加到最大值 98%（高 pH 值情况下），电厂可在燃烧高含硫燃料（入口烟气 SO_2 含量达 8373～9680mg/m^3）时仍能满足 SO_2 的排放要求。当然，采用双托盘时吸收塔的压降将有所增加。至今 B&W 公司已建造了至少 25 个双托盘塔 FGD 系统。

表 3-6　　Endicott 电厂双托盘改造前后的测试数据

项目	试验年份					
	1998 年	2003 年	2003 年	2005 年	2005 年	2005 年
托盘数量（个）	1	1	2	2	2	2
脱硫率（%）	90	83	89	95	98	97
入口 SO_2 浓度（mg/m^3）	6864	5434	6864	8866	8294	9152
pH 值	5.6	4.6～5.0	5.0	5.8	6.1	5.9
Ca/S	1.06	1.06	1.05	1.03	1.05	1.02
L/G（L/m^3，塔入口实际烟量）	11.4	12.4	11.6	12.8	11.6	14.3
吸收塔气速（m/s）	2.65	2.44	2.59	2.32	2.53	2.35
吸收塔压降（Pa）	900	925	1325	1900	2225	2225

2. 双托盘在国内的首次应用

（1）概述。华能珞璜电厂位于重庆市区 35km 处的江津珞璜镇，电厂总装机容量 2640MW，一期工程 2×360MW 分别于 1991 年 9 月 11 日和 1992 年 2 月 14 日投产；二期工程 2×360MW 分别于 1998 年 12 月 17 日和 27 日投产，三期工程 2×600MW 国产机组也分别于 2006 年 12 月 8 日和 2007 年 1 月 26 日全部投运。

一期 2×360MW 机组引进了日本三菱重工的格栅填料塔 FGD 装置，是我国大型火电厂

图 3-45 我国第一套大型火电厂（珞璜电厂）FGD 装置

第一套脱硫装置，如图 3-45 所示，该装置为我国火电厂 FGD 技术的发展做出了重要贡献。但随着时间的推移，机组运行工况不断变化，而且国家环保标准进一步严格，原 FGD 装置已难以满足新的排放要求，必须进行改造。2012 年，该 FGD 装置由格栅填料塔改造为双托盘喷淋塔，改造要求脱硫率超过 97.2%。

原吸收塔采用格栅填料塔，塔内负压运行（增压风机后置），设计燃煤含硫量 S_{ar} 为 4.02%，ECR 工况下处理烟气量 1 087 200m^3/h，脱硫率不小于 95%，SO_2 排放浓度为 500mg/m^3。改造前 FGD 装置主要存在的问题表现为：

1）格栅填料塔结垢堵塞。

2）机组实际烟气量高于设计值，这使增压风机的出力不够，无法接受机组 ECR 工况下 100%的烟气量。

3）原煤含硫量超过 4.02%的设计值，甚至接近 5%，原烟气 SO_2 含量接近 13 000mg/m^3。为此电厂采取了原吸收塔拆除、新建双托盘喷淋塔的方式来进行 FGD 系统的增容改造。

（2）FGD 装置的改造。FGD 装置的改造内容主要为：

1）烟气系统：将原有烟气系统全部拆除，新增 2 台动叶可调轴流风机、烟道及其配套设备等。

2）吸收塔系统：原吸收塔系统全部拆除。吸收塔采用带双层多孔托盘的喷淋塔，吸收塔上部设置 3 层交叉喷淋层，顶部设置 2 级屋脊式除雾器。原有浆液循环泵的 4 台利旧，另外 8 台由于扬程不满足要求而进行转速改造；新增氧化风机、吸收塔搅拌器及吸收塔排出泵。

3）石膏脱水系统：更换原有 2 台石膏旋流器，部分管道进行改造。

4）石灰石浆液制备系统：更换原石灰石浆池搅拌器、石灰石浆液供给泵。

5）工艺水系统：新增工艺水箱、除雾器冲洗水泵、脱水机工艺水增压泵。

6）压缩空气系统：新增 1 台空气压缩机。

7）废水处理系统：新增废水旋流器。

烟气以一定的向下倾角进入吸收塔，烟气与低温浆液接触而冷却饱和，然后烟气向上运动穿过 2 层多孔托盘后与喷淋层喷出的浆液雾滴接触反应，吸收 SO_2。由于托盘内存在一定的持液量，并且对烟气具有整流效果，因此，在吸收塔各个横截面上烟气与浆液接触反应非常充分有效，完全杜绝了“短路”逃逸现象。

吸收塔总高度 48.15m，浆池直径 ϕ15.39m，喷淋区直径 ϕ13.1m，采用玻璃鳞片树脂防腐。两个托盘的安装间距 2.5m，采用 UNS S32205 材质，开孔直径 ϕ35mm，开孔率 39.3%。吸收塔上部安装的 3 层交叉喷淋装置，安装间距 1.8m，采用 FRP 材质管道，每层交叉喷淋装置上布置 152 个空心锥喷嘴（碳化硅），单个喷嘴流量为 61.4m^3/h，喷嘴进口压头为 82.74kPa。在三层交叉喷淋层的上方预留一层喷淋层的安装位置，包括连接管口（接口用盲板封堵），预留喷淋层用于满足出口 SO_2 浓度更低时的排放要求。本工程特别采用交叉喷淋方式，每 2 台循环泵对应一层喷淋层，改造前的 7 台浆液循环泵流量为 4670m^3/h，其中的 2 台完全利旧，分别对应吸收塔第一层交叉喷淋层；将 2 台扬程由 22m 改造为 24.2m，分别对应吸收塔第二层交叉喷淋层；将 2 台扬程由 22m 改造为 26.2m，分别对应吸收塔第三层交叉喷淋层；同时预留一台备用泵的基础。

氧化空气系统采用 FRP 管网式，设计氧硫比为 4.0，管网没入深度为 7.7m，可将氧化空气均匀分布在吸收塔浆池内，提高强制氧化效果。在喷淋层上部布置有两级屋脊式除雾器，设计出口烟气雾滴浓度不大于 75mg/m^3。净烟气通过除雾器后，流出吸收塔，经出口烟道排入烟囱。

(3) 改造后吸收塔的优化调整和改造效果。改造后吸收塔进行了优化调整，主要是：

1) 降低托盘开孔率。改造后试运行期间，发现两层托盘持液量过低，造成烟气接触洗涤不充分，同时上层托盘对石灰石浆液溶解速率的提升不明显，对脱硫率造成不良影响。通过均匀堵孔的方式将托盘开孔数量由 55 024 个降低至 47 525 个，开孔率降低至 33.92%。当然在特殊情况下，可根据烟气流场数值模拟情况，对托盘采取不均匀堵孔来进一步改善烟气流场均匀性，提高脱硫率。

2) 修正吸收塔运行液位。吸收塔设计运行液位 19.5m，浆池容积 3400m^3；塔溢流管安装高度 21.07m，塔入口烟道底部标高 21.35m。试运行期间，吸收塔溢流管频繁出现溢流现象。分析认为，溢流原因在于设计方提供的液位计算公式未考虑氧化空气泡引起的虚高液位的影响。经过美国 B&W 公司模拟计算，在额定氧化空气流量、额定液位 19.5m 虚高的液位差最高可达 2.06m。为保证设备安全运行，将吸收塔运行液位调整至 18.1m。

改造完成后，2013 年 12 月完成了 1、2 号机组性能试验，试验结果表明，1 号机组在脱硫入口烟气量为 1 213 328m^3/h、SO_2 浓度为 13 615mg/m^3 情况下，脱硫率达到了 97.4%，净烟气 SO_2 浓度为 354mg/m^3。2 号机组的脱硫率达到了 97.36%，净烟气 SO_2 浓度为 347mg/m^3，均达到了设计脱硫率 97.2%的预期效果，同时满足了《火电厂大气污染排放标准》(GB 13223—2011) 的要求，另外吸收塔内还预留了一层喷淋层的位置，为脱硫率的提高留有改造空间。2015 年底，为满足超低排放要求，电厂又对 1、2 号机组进行了脱硫协同除尘改造，吸收塔进行升塔改造，塔内安装两层除雾器、三级屋脊式除雾器，改造按照脱硫入口粉尘浓度不高于 40mg/m^3 设计，改造后脱硫出口净烟气雾滴含量低于 20mg/m^3，脱硫出口粉尘浓度（指飞灰、石膏、各种盐分，以及惰性物质等所有含固物）小于 10mg/m^3。

3. 双托盘在 1000MW 机组上的首次应用

(1) 概述。浙江嘉兴电厂现共有 8 台燃煤发电机组，总装机容量 5000MW。一期装机容量为 2×300MW，1995 年 12 月投产发电。二期工程装机容量为 4×600MW，2005 年 10 月全部投产发电。三期 7、8 号装机容量为 2×1000MW 超超临界燃煤机组，分别于 2011 年 6、10 月建成投运，同步配套建有 SCR 脱硝装置、干式静电除尘器及石灰石/石膏湿法 FGD 系统。为满足超低排放要求，2014 年 6 月 12 日、5 月 30 日完成了 7、8 号机组的改造，改造后烟囱出口 NO_x 排放浓度不大于 50mg/m^3；SO_2 排放浓度不大于 35mg/m^3；烟尘排放浓度不大于 5mg/m^3。改造采用的技术路线为脱硝采用"超低 NO_x 燃烧器+增加预留层新型改性催化剂"；湿法 FGD 系统改为 3+1 台浆液泵，增加一层托盘变为双托盘脱硫塔，除雾器改为一级管式除雾器+两层屋脊式除雾器；除尘采用低低温除尘器+湿式电除尘技术，增加管式 GGH 烟气加热器，设计入口烟气温度 48℃，出口烟气温度不小于 80℃。图 3-46 显示了嘉兴电厂 1000MW 机组超低排放系统流程。

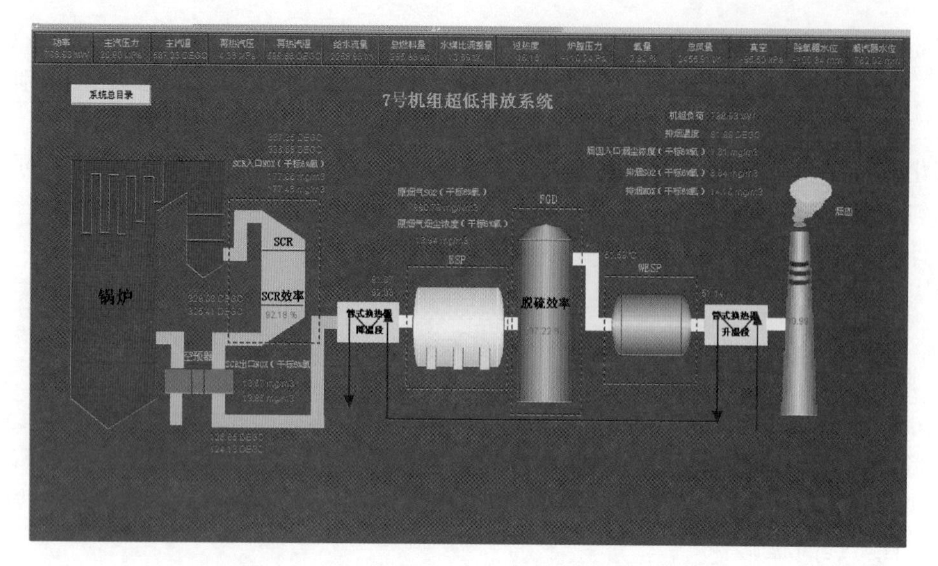

图 3-46　嘉兴电厂 1000MW 机组超低排放系统流程

(2) FGD 系统改造。原石灰石/石膏湿法 FGD 吸收塔采用带托盘的逆向喷淋塔，设计有 3 台循环泵及 3 层标准型喷淋层，一层托盘。设计煤种含硫量 S_{ar} 为 0.99%，脱硫率 95%，烟囱出口 SO_2 浓度为 108mg/m^3。FGD 系统无旁路、无 GGH，有 2 台增压风机并联运行。改造目标是在设计入口 SO_2 浓度为 1745mg/m^3 时，脱硫率 98%，保证烟囱出口 SO_2 浓度不大于 35mg/m^3。改造由浙江天地环保工程有限公司总承包完成，主要内容如下。

1) 吸收塔本体改造：拆除原有的三层喷淋母管及支撑梁，将第二、三层标准型喷淋母管及喷嘴改为交互式喷淋系统；原第一层循环泵增加扬程后与原第二层循环泵构成第一层交互式喷淋系统；同时增加一台备用循环泵，与原第三层循环泵构成第二层交互式喷淋系统。

2) 在第一层喷淋母管拆除后留下的空间新增设一层合金托盘（均流增效板）及支撑梁，与原有的一层托盘构成双托盘系统，并将托盘开孔率由 30%减小到 28%；同时为提高塔内气流均布，增设了专利的塔内增效环。这是双托盘技术在国内 1000MW 机组上的首次应用。

3) 循环泵改造：在现有浆池容积条件下，尽可能增大循环泵流量，提高液气比。原有的三层循环泵流量由 11 000m^3/h 增大至 11 400m^3/h。为此更换原有循环泵叶轮，第一层循环泵电机功率不能满足要求，需由 1120kW 改为 1250kW，原第二、三层循环泵电机满足要求不更换。同时每台机组增加一台备用循环泵。改造后，FGD 装置在锅炉燃用设计煤种时开三台循环泵（三用一备）可满足要求。

4) 由于改造后 FGD 系统阻力增加，因此相应对增压风机进行了改造（更换叶轮、电机等）。

FGD 系统改造前、后数据对比见表 3-7，图 3-47 为嘉兴电厂交互式喷淋双托盘吸收塔现场。

表 3-7　　1000MW 机组 FGD 系统改造前、后数据对比

项目	改造前	改造后
原烟气 SO_2 浓度（mg/m^3）	2160	1745
脱硫率（%）	95	98
出口 SO_2 浓度（mg/m^3）	108	35
液/气比（L/m^3）	10.3	10.7

续表

项目	改造前	改造后
循环泵	3 台（无备用）	4 台（3 用 1 备）
喷淋管	3 层标准型	2 层交互式
托盘开孔率（%）	30	28
吸收塔阻力（Pa）	1705	2418
吸收塔尺寸（m×m）	ϕ19.5×42.64	ϕ19.5×42.64

（3）FGD 系统改造后的效果。改造完成后，浙能集团委托中国环境监测总站、西安热工院、浙江省环境监测中心、国电环境保护研究院等多家国内权威监测机构，分别对 7、8 号机组不同工况、不同煤种进行了系统的环保性能测试，结果表明 SO_2 等主要污染物排放水平均达到了超低排放标准，达到国际领先水平。图 3-48 是 7 号 FGD 系统实际运行画面，在 798MW 负荷、入口 SO_2 浓度 987mg/m^3 时，烟囱 SO_2 浓度仅为 18.7mg/m^3。

图 3-47 嘉兴电厂交互式喷淋双托盘吸收塔现场

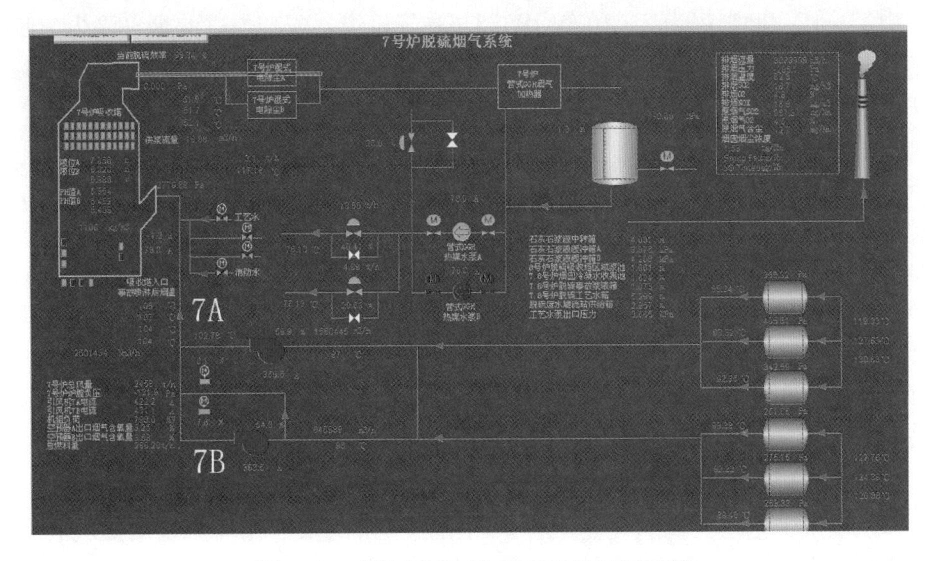

图 3-48 嘉兴电厂 FGD 烟气系统运行画面

3.6 双相整流器 FGD 技术

3.6.1 双相整流器 FGD 技术原理

中电投远达环保工程有限公司（简称“远达环保”）通过自主研发和引进、消化吸收、再创新，开发出具有自主知识产权核心的双相整流技术脱硫效率及阻力计算软件程序，并在

图 3-49 双相整流器工程实物

135MW 脱硫吸收塔中试验，验证并修正了计算软件。该技术利用在脱硫吸收塔入口与第一层喷淋层间安装的多孔薄片状设备（双相整流器，也称为多孔板或筛板），如图 3-49 所示，使进入吸收塔的烟气经过该设备后流场分布更均匀，同时烟气与在该设备上形成的浆液液膜撞击，促进气液两相介质发生反应，达到脱除一部分 SO_2 的目的。由于当烟气上升通过双相整流器冲击浆液时，会产生沸腾式泡沫（气泡），因此这一技术也叫沸腾式泡沫脱硫除尘一体化技术。该技术将喷淋塔和鼓泡塔技术相结合，对提高脱硫率、减少浆液循环量有显著效果，特别适用于脱硫达标改造项目，这与合金托盘技术类似。

3.6.2 双相整流器 FGD 技术应用

2012 年底，双相整流技术首次在陕西渭河发电有限公司 3 号 300MW 脱硫吸收塔成功应用。目前这项技术已在重庆合川电厂 660MW、上海漕泾电厂 1000MW、华能金陵电厂 2×1030MW 机组等项目得到应用，经第三方测试，均达到了超低排放要求。

1. 上海漕泾电厂 1000MW 机组的应用

上海漕泾电厂一期工程为 2×1000MW 超超临界机组，配套先进的烟气除尘、脱硫、脱硝等设施。其中，除尘设备采用三室四电场方式，设计效率 99.8%；脱硫设备采用石灰石/石膏湿法，设计效率 95%；脱硝设备采用 SCR 法（三层催化剂），设计效率 85%；两台机组已分别于 2010 年 1 月和 4 月投产。2 号机组作为 2014 年国家能源局首批 13 个煤电机组环保改造示范项目之一，以及上海市、中电投集团公司首个洁净排放工程，项目立足于多污染物协同集成治理技术，在原有环保设施基础上，通过加装湿式电除尘、MGGH 及脱硫增容改造等举措，进一步提升减排水平，实现超低排放。2014 年 6 月项目正式开工，2014 年 12 月 7 日，该烟气洁净排放示范工程顺利通过 168h 试运行，正式投运。改造相关措施可概括为：①脱硫后增设板式湿式电除尘器和 MGGH；②采用高效脱硫技术（效率不低于 98%）；③采用低氮燃烧优化技术；④SCR 加装备用层，并对脱硝系统进行运行综合优化。

高效双相整流器 FGD 技术的主要特点为：

（1）吸收塔内置双相整流托盘，同时在喷淋层之间增设了 2 层增效环。

（2）多层喷淋工艺＋提高氧化空气。采用增加喷淋层浆液循环量来增加吸收塔的液气比，浆液循环泵出力从原来的 9400m^3/h 扩容到 13 800m^3/h；增大氧化空气供给量和提高氧化空气分布效率，以此完成浆液中的 $CaSO_3$ 氧化成 $CaSO_4$ 并结晶，并稳定塔内 pH 值，保证脱硫率。

（3）塔外浆池。采用在原有吸收塔旁边增加塔外浆液箱的方案，在停机前实施塔外浆液箱，缩短吸收塔停机改造时间，充分保障改造工期。塔外浆箱和原有浆池采用联络管道连接，将一台循环泵入口接至塔外浆液箱，通过浆液循环泵，将原有浆池和塔外浆液箱浆液充分混合，从而保障了整个吸收系统浆液停留时间。同时通过石灰石供浆系统的分配，可改变吸收塔浆池和塔外浆液箱的 pH 值，有利于提高脱硫率。

（4）三级除雾器。原有二层除雾器上移至连接烟道处，并增加一层除雾器，降低出口液滴浓度。三层除雾器再加上湿式电除尘器和水媒 MGGH 的辅助作用，消除了原石膏雨现象。

改造后设计煤种（S_{ar}为 0.48%）下脱硫率不小于 98.2%，烟囱出口的 SO_2 排放浓度不超过 20mg/m³，均优于超低排放要求。实际运行数据显示，吸收塔入口 SO_2 浓度为 1019mg/m³ 时，烟囱中 SO_2 浓度为 12.23mg/m³，脱硫率 98.8%；吸收塔入口烟尘为 23.96mg/m³；烟囱排放烟尘为 3.04mg/m³，系统除尘率为 87.3%。

2. 华能金陵电厂 1030MW 机组的应用

华能金陵电厂 1 号 1030MW 机组也是 2014 年国家能源局及华能集团首批二氧化硫及烟尘超洁净排放示范工程项目之一，2009 年投产，2 号机组 2010 年投产，原 FGD 装置设计煤种含硫量 S_{ar}为 1.0%，在 FGD 设计处理烟气量为 3 232 440m³/h（标态，湿基，实际 O_2），FGD 入口 SO_2 浓度为 2142mg/m³ 时，设计脱硫率不低于 95%；设置有 GGH，并有 100% 烟气旁路。改造项目采用远达环保的高效脱硫除尘一体化技术，改造主要是增加喷淋层、增加双相整流装置及增加除雾器，项目于 2014 年 10 月 11 日开始实施，12 月 31 日 21：00 通过 168h 试运行，具体内容如下。

（1）增加喷淋层。原吸收塔尺寸 ϕ18.4m×35.7m，改造在原最上层的第 4 喷淋层和除雾器之间切割并抬高 4m，在此区域上部预留一层喷淋层位置，在下部空间增加 1 层喷淋层，喷淋量 11 000m³/h，在喷嘴选型上，考虑尽量减少小粒径的液滴，减少进入除雾器携带量，布置单向空心喷嘴 220 个，新增循环泵扬程 26.9m。原 4 台泵扬程：19.7/21.5/23.3/25.1m，体积流量 11 000m³/h；介质含固量 15%，改造后 5 层喷淋总量为 55 000m³/h，液气比为 14.5L/m³（标态，湿基，吸收塔后）。

（2）在吸收塔入口上沿 0.7m 处与第一层喷淋层之间增设一套 2205 双向不锈钢材质的双相整流装置。

（3）除雾器改造。将原二级除雾器更换为德国 Munters 原装进口的三级屋脊式除雾器，使液滴含量在 15mg/m³ 以下，并在吸收塔出口烟道增设一道板式除雾器。为了让除雾器除雾效果更佳，在喷淋区后的吸收塔将设计一个变径段，将吸收塔尺寸扩大，变径段的长度约 3～5m。变径后，除雾器区域烟气流速由原喷淋区烟气流速 3.5m/s 降至约 3.1m/s。同时增大除雾器的安装高度与最高层喷淋层间距，这有利于增强除雾器的除雾效果。

（4）无泄漏 GGH 改造。为进一步提高脱硫设备的可靠性，彻底消除回转式 GGH 的泄漏，配合低低温电除尘器的改造，将原 GGH 更换为水媒介管式 GGH。

（5）将原三室四电场 ESP 改造为低低温电除尘器（入口烟温 90℃）。4 个电场均采用三相电源，并对第四电场结构、本体进行改造，材料更换为 304 不锈钢，确保除尘器出口粉尘浓度低于 20mg/m³。

改造设计在 FGD 入口 SO_2 浓度为 2142mg/m³ 时，FGD 系统出口 SO_2 浓度不大于 35mg/m³，脱硫率不小于 98.4%；在 FGD 入口烟尘浓度小于 20mg/m³ 的情况下，保证 FGD 系统后烟尘排放小于 5mg/m³。2015 年 1 月 18 日，江苏省环保厅、南京市环保局联合对 1 号机组超低排放环保改造工程进行了现场验收。验收组一致认为，经过超低排放改造后，金陵电厂 1 号机组的烟气排放指标满足《省物价局关于明确燃煤发电机组超低排放环保电价的通知》（苏价工〔2014〕356 号）的要求，各项参数经过比对全部合格，同意金陵电厂1号机组通过超低排放改造环保验收。这是国内首台不采用湿式电除尘器达到超净排放的百万千瓦机组。

3.7 单塔多区高效脱硫除尘技术

3.7.1 单塔双区高效脱硫除尘技术的理论及应用

1. 单塔双区理论

上海龙净环保科技工程有限公司通过多年的研究和实践，研发出以“单塔双区”为核心的高效脱硫除尘新技术，并经过多个项目的工程应用，结果表明采用该技术可实现99.3%以上的高脱硫率。在入口 SO_2 浓度为5000mg/m^3 的情况下，可采用以单塔双区为核心的高效脱硫除尘技术保证出口浓度不大于35mg/m^3 的超低排放。

双区是对石灰石/石膏湿法脱硫过程中吸收区和氧化区的统称。吸收区完成对烟气中 SO_2 的吸收，而氧化区中则通过对 SO_3^{2-} 或 HSO_3^- 的氧化并最终结晶，生成 $CaSO_4 \cdot 2H_2O$（石膏）。采用双区是由于吸收和氧化过程所需的不同浆液酸碱性而决定的。吸收区中需要浆液与 SO_2、HCl等酸性气体充分反应，因此浆液pH值应较高（7～8）；氧化区中发生的氧化结晶反应需要较强的酸性环境，浆液pH值应较低（4～5）。由于不同的pH值要求，在早期FGD装置中这两个区域是独立的，其显著特点是采用“1塔+1罐”的方式，吸收区（塔）排出的浆液再进入氧化区（罐）反应，最终生成石膏外排。吸收区和氧化区应分别有浆液调碱性和调酸性的环节，调碱一般通过吸收剂（如石灰石、氨水等）的加入实现，而调酸则通过对烟气的单独洗涤或加入酸性物质实现。

目前普遍采用的石灰石/石膏湿法FGD装置均是单塔单区方式，主要特点是将早期的“塔+罐”形式合并为单个塔，将原吸收塔和氧化罐浆液部分合并为塔下部的浆池，浆池内既要考虑碱性也要考虑酸性的要求。采用石灰石作为吸收剂，其基本呈中性或微弱碱性的特点，可控制浆液在具有吸收能力的同时不至于呈现强碱性，使得“单塔单区”能够实现。但单塔单区存在着明显的问题：

（1）为兼顾吸收和氧化的效果，浆液pH值只能采用5.0～5.5的折中值，这种结果虽能一定程度上兼顾酸碱度要求，但均离最佳值较远。

（2）从吸收角度而言，牺牲了吸收能力，脱硫率受限，更高的脱硫率难以实现。

（3）从氧化角度来看，则是牺牲掉一部分石膏纯度和粒径，降低了石膏结晶效果，石膏副产物长大受阻，易产生石膏纯度低与脱水困难等问题。

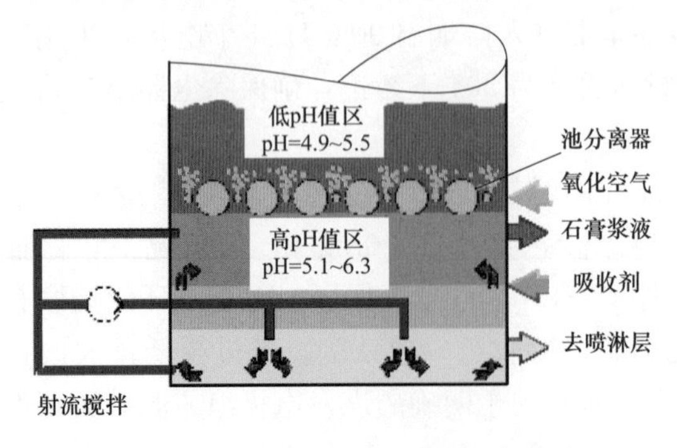

图3-50 单塔双区吸收塔浆池示意

龙净环保公司在借鉴单塔单区和引进技术的基础上，对吸收塔浆池部分进行变革，成功实现在单塔浆池中维持上下2种不同pH值环境的区域，分别满足氧化和吸收所需，即实现“单塔双区”，如图3-50所示。它将原本独立的吸收区和氧化区，也就是“塔+罐”通过增设双区自动调节装置，简化为一个塔。它在吸收塔浆池部分布置有pH调节器和射流搅拌，通过两者的相互配合，使得浆液区pH调节器上部分 pH 值可维持在 4.9～5.5，而下部分 pH 可维持在 5.1～6.3，这样不同的酸碱性形成的分区效果，就可实现“双区”的运行目的。

单塔双区设计将吸收塔浆液池分隔成上下两层（上层低 pH 值区和下层高 pH 值区），上层主要负责氧化，下层主要负责吸收，通过功能分区可明显提高脱硫率，该技术源于德国比晓芙公司的池分离器技术，如图 3-51 所示，具有如下优点：①适合高含硫或高效率场合，效率可达 99.3%；②浆池 pH 分区，氧化区 4.9～5.5 生成高纯石膏，吸收区 5.1～6.3 高效脱除 SO_2；③浆池小，停留时间可为 3min，并且无塔外循环吸收装置；④配套专有射流搅拌措施，塔内无转动搅拌设施，检修维护方便；⑤吸收剂的利用率高、石膏纯度高；⑥烟气阻力小。

除浆液分区外，该技术通过 CFD 模拟技术实现对塔内流动均布的要求；借鉴化工领域“筛板塔”的特点，在塔内采用多孔分布器专利产品，浆液在分布器表面形成一定高度的持液层，烟气流经持液层时可产生类似“鼓泡”的效果，对烟气的洗涤吸收能力进一步增强。另外还安装提效环、喷淋层加层、双头喷嘴及合理选择塔内烟气流速等措施进一步提高脱硫效果；该技术采用多级高效机械除雾器，包括采用多级除雾器、管式除雾器、烟道除雾器的组合式除雾器，并在原烟道处设置喷雾除尘系统以提高除尘效果，对粉尘、SO_3、HCl、HF、汞等具有一定的协同脱除能力。

2. 单塔双区 FGD 技术的应用

以单塔双区为核心的高效脱硫除尘技术已有众多的应用，例如：

（1）张家港沙洲电力公司 2×630MW 机组 FGD 吸收塔设计有 5 台循环泵，在入口 SO_2 浓度为 2850mg/m^3 时，保证脱硫率不小于 98.3%，实际运行参数为入口 SO_2 浓度 2288mg/m^3，出口 SO_2 浓度 22mg/m^3，脱硫率 99.04%（579MW）。

（2）大唐清苑电厂 2×300MW 机组湿法 FGD 吸收塔设计有 5 台循环泵，保证脱硫率不小于 98.42%，实际运行参数为入口 SO_2 浓度 5038mg/m^3，出口 SO_2 浓度 18.2mg/m^3，脱硫率 99.64%（BMCR 工况）。

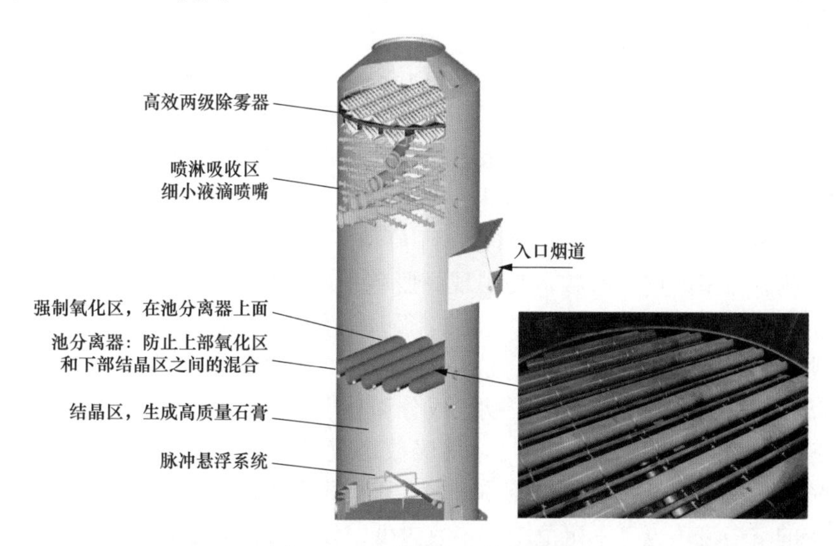

图 3-51　池分离器吸收塔系统

（3）河北沙河电厂 2×600MW 机组湿法 FGD 吸收塔设计有 5 台循环泵，在 3 台泵运行、入口 SO_2 浓度为 3679.4mg/m^3 时，出口 SO_2 浓度 50.5mg/m^3，脱硫率 98.6%（BMCR

工况）。这里以某电厂 9 号 300MW 亚临界供热机组石灰石/石膏湿法 FGD 系统改造为例来详细说明单塔双区 FGD 技术的应用情况。

1）FGD 系统简介。原石灰石/石膏湿法 FGD 系统采用增引合一方式，无 GGH，吸收塔采用典型空塔技术，使用变径喷淋空塔，直径为 11.5m/13.5m，浆池容积 1611m^3。设置 4 台侧进式搅拌器、2 台罗茨式氧化风机（流量 9815m^3/h，压力 90kPa）、4 层喷淋层及 4 台循环泵（流量 5520m^3/h）、两级屋脊式除雾器（菱形布置）。此外，与 10 号机组共用制浆、脱水及工艺水等系统。

由于原设计出口 SO_2 浓度不大于 200mg/m^3，不符合环保趋势和要求，因此该电厂决定进行增容提效改造。改造要求：仍然采用石灰石/石膏湿法 FGD 工艺，设计燃煤硫分 S_{ar} 按 2.0%考虑，对应原烟气 SO_2 浓度为 4925mg/m^3，要求出口 SO_2 浓度不大于 50mg/m^3，脱硫率不小于 99%。

针对实际情况，发现原 FGD 系统存在以下问题：①原系统浆池区采用对流搅拌方式，氧化管网上下浆液 pH 趋于一致，为 5.0～5.5，离浆液氧化和吸收的最佳 pH 值都较远，使脱硫率和石膏品质受限；②浆液循环总量不足，无法达到高脱硫率；③喷淋层与喷嘴选型配置不当，导致烟气与喷淋液接触不够充分，降低脱硫效果；④无防止烟气“短路”措施；⑤塔内流场不佳。

2）增效改造技术方案。改造采用单塔双区湿法高效脱硫技术，系统主要设计参数为：①脱硫入口烟气量 1 134 640m^3/h（标态、湿基、实际 O_2），入口烟气温度 133℃；②入口 SO_2 浓度 4925mg/m^3、出口 SO_2 浓度 50mg/m^3、脱硫率不小于 99%；③吸收区直径 11.5m，空塔流速 3.86m/s；吸收塔浆池容积 2389m^3，浆池直径 13.5m，浆池正常液位高度 16.7m；④每塔设置 5 层喷淋层，共 5 台循环泵，每台循环泵流量为 6850m^3/h，每塔设置 2 台氧化风机，一运一备，每台氧化风机流量为 11 550m^3/h，压头 87kPa；⑤机械除雾器采用两级屋脊式除雾器＋管式除雾器，保证出口液滴含量不大于 50mg/m^3。

核心改造技术如下：

a. 单塔双区技术。项目改造的一项重要内容就是将吸收塔改造为“单塔双区”结构，即设置分区隔离器及采用射流搅拌系统。将工程原有吸收塔浆池部分增高 6.6m，一是扩大浆池容积，满足浆液停留时间要求；二是增设分区调节器和射流搅拌系统。

b. 循环浆液总量和烟气流速优化技术。吸收塔内 SO_2 的去除率主要是由吸收塔内循环浆液量同烟气流量的比值（液气比）、浆液 pH 值和原烟气 SO_2 的浓度等决定的。其中，浆液循环量是影响脱硫率的重要参数，是实现高脱硫率的基础。该工程需达到 99%的高效脱硫，经循环量计算后，共需设置 5 层喷淋层，循环总量达到 34 250m^3/h，系统安全裕量在 60%左右，明显高于常规 40%的水平，这是高脱硫率的直接保证与前提。

在其他条件如烟气量、烟气温度、烟气成分和吸收塔内喷淋层布置均不变的条件下，烟气中的 SO_2 吸收时间与空塔流速成反比，即吸收塔直径越大，空塔流速越低，SO_2 吸收时间越长，脱硫效果越好，但吸收塔直径的增加会直接导致造价升高、占地加大，此外机械除雾器厂家要求的空塔流速也有一定范围，不宜过低。该工程是在原有吸收塔的基础上进行利旧改造，经计算空塔流速为 3.86m/s，基本满足高效脱硫的流速要求。

c. 塔内喷淋区域优化配置设计技术。单塔要实现高脱硫率，塔内喷淋区域的浆液覆盖率和雾滴粒径是关键因素。工程对喷淋层数量、喷嘴选型和浆液覆盖率等进行了优化配置设计，采取了一系列优化措施：

a）喷淋层数量优化。采用 5 层喷淋层，通过 5 层喷淋覆盖叠加，每层喷淋覆盖率达到 250%以上。

b）喷嘴流量及覆盖率优化。在单层循环流量（$6850m^3/h$）确定的情况下，适当降低单个喷嘴流量至 $67.15m^3/h$，提升整体覆盖率 11.7%，满足工程高效脱硫的要求。

c）喷嘴背压、浆液喷淋粒径优化。在合理范围内，适当提高喷嘴背压，喷淋雾化粒径降低 7%以上，提高气体和粉尘的捕集及脱除效果，以较小的能耗增加为代价换取更好的效果。

d）喷嘴布置优化。根据气流流动规律，设置吸收塔中心区域喷嘴布置密度高于外围，从中心向四周呈现逐渐降低趋势，以保证喷淋效果和流场均匀。

e）喷嘴选型优化。根据各个区域气流和喷淋浆液相互作用机理的不同，以及对喷淋效果要求的区别，喷嘴型可采用大角度中空锥形、常规角中空锥形、常规角实心锥形、单向或双向等不同类型喷嘴的组合。工程中针对顶层喷淋层、喷淋中心区域和塔壁四周不同气体和喷淋液相互作用机理的不同，分别选取了大角度中空锥形、常规角中空锥形、常规角实心锥形、单向或双向等不同类型喷嘴的组合，增强覆盖效果、减轻塔壁冲刷，提高塔壁处浆液利用率 30%以上。

d. 烟气分布功能环和流场优化技术。为防止烟气在塔壁处“短路”进而降低脱硫率，在喷淋层之间适当位置（位置根据流场分析结果设置）设置提效环，防止烟气短路，使其向中心区域流动，实现了流场的优化，有效防止脱硫率无谓降低，保证高脱硫率。同时，通过 CFD 模拟技术对脱硫吸收塔进行模拟分析，以实现吸收塔内流场均布的效果。通过模拟，项目采用了以下措施实现流场均布优化：

a）调整喷淋层数量，新增一层喷淋层，利用多层喷淋层覆盖来保证流场均布。

b）优化喷淋层喷嘴布置，根据流场分析情况，采用非均布来布置喷嘴。

c）增加吸收区高度 2m，提高浆液烟气接触时间。

d）除雾器前增加 1.5m 直段长度，提高除雾器前流场均布性。

e）设置防止烟气短路的提效环。

e. 除雾器与氧化风机改造优化技术。将原有两级屋脊式除雾器拆除，吸收塔抬高 1.5m，重新安装两级屋脊式和一级管式除雾器，保证脱硫塔出口烟气带浆量不大于 $50mg/m^3$。原有氧化风机无法满足脱硫增效改造的需要，为提升能力并节能降噪，改用 2 台大流量离心式氧化风机。

3）改造效果。改造后的 FGD 装置效率测试的主要结果为脱硫入口烟气量 $1\ 055\ 800m^3/h$（标态、湿基、实际 O_2）、入口烟气温度 138.8℃、入口 SO_2 浓度 $4886.3mg/m^3$ 时，出口 SO_2 浓度 $13.2mg/m^3$，脱硫率高达 99.7%；粉尘浓度由入口的 $20mg/m^3$ 降到 $11.9mg/m^3$；除雾器出口液滴含量为 $48.5mg/m^3$，小于保证的 $50mg/m^3$。从测试期间的运行情况来看，该项目投运以来仅需投运 3 台循环泵，在接近设计值的条件下，脱硫率就可稳定达到 99.3%以上。在测试达到 99.7%～99.76%的效果时，多数工况下烟气出口 SO_2 含量不大于 $35mg/m^3$。同时，由于循环泵投运数量降低，项目不仅满足排放要求，还明显降低了设计能耗，实现了节能环保。

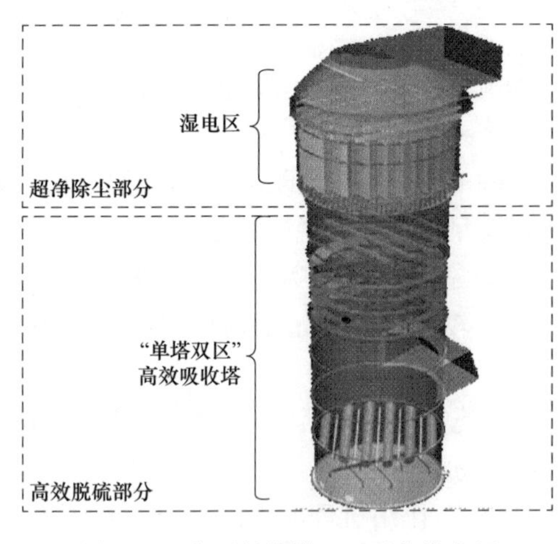

图 3-52 典型的单塔三区吸收塔布置

3.7.2 单塔三区除尘脱硫技术

1. 单塔三区技术概述

在单塔双区高效脱硫之后，龙净环保公司又研发了“单塔三区”超低排放烟气治理技术。“单塔三区”技术是在“单塔双区”的基础上再加一区从而形成“三区”，但这新加的一区是湿式电除尘器。典型的单塔三区吸收塔布置方案如图 3-52 所示。

通常为了达到超低排放，多数电厂选择在 FGD 系统后端再加一套湿式电除尘器，以起到最后把关收尘的效果。原因是湿法 FGD 吸收塔虽然对粉尘具有一定的洗涤脱除效果，但外排烟气不可避免地会携带一定数量的浆液，其中所含的固体和盐类又会最终形成新污染物，使粉尘抑制效果大打折扣。同时运行中形成的 SO_3 气溶胶无法有效脱除，排放后成为 $PM_{2.5}$ 颗粒的重要组成，而广泛采用的 SCR 脱硝装置又进一步加剧了烟气中 SO_3 的含量。这些烟气治理的新难题使烟气最终无法满足超低排放要求。龙净环保公司将湿式除尘器加到脱硫塔上端，成“单塔三区”技术，其定位是一座超净“协同塔”，其技术核心是将湿法脱硫后的烟尘深度洁净处理技术与常规湿法 FGD 装置有机结合，进一步丰富传统脱硫塔的内涵，将其升级为集脱硫、除尘、除雾、脱除 SO_3 及 $PM_{2.5}$ 颗粒为一体的综合治理装置。

至于将湿式除尘器加装在脱硫塔顶端的做法，则是“向空中要空间”。将湿式电除尘器布置于吸收塔后，虽然对原有吸收塔的改动较少，但明显增加了占地面积，而流场分布的需要更是对湿电前后烟道的连接提出了严格的长度要求。事实上，很多已建成电厂无法在脱硫区域内提供足够的场地，造成塔外湿电装置无法安装或是需牺牲流场要求来压缩占地，对湿电的合理应用带来困难。

采用垂直流的方式布置湿式电除尘器不仅解决了场地难题，而且这种一体式的结构，也有利于降低系统压损、维持用水平衡，长期运行节能效果明显。

当然，差别并非仅表现在结构布置上，单塔三区技术所采用的湿电具有不同于现有其他湿电装置的多项独特之处。如在选材方面，单塔三区采用的湿电在国内首创采用高等级的双相不锈钢 2205 材料作为阳极板，其承受电场放电、耐受局部高温、保持结构刚性等方面明显优于非金属材料，而其防腐性能也特别适用于湿法脱硫后的腐蚀烟气环境之中。2205 材料在极板上的成功应用，使传统依靠大量水和碱液而维持的极板防腐方式退伍，让冲洗水恢复本质用途，用量相比普通金属材质可降至五分之一，甚至更低，也无需采用循环水后处理流程。阴极线采用螺栓连接，避免焊接或缠绕方式，保证连接质量和防腐张紧效果。一体式的布置还可最大程度减少连接烟道、支撑结构和导流设施的用量，进一步实现控制造价的目的，达到最佳性价比。

2. 单塔三区技术的应用

(1) 项目简介。河北邢台国泰电厂 11 号 300MW 机组配套石灰石/石膏湿法 FGD 系统，机组原有静电除尘器烟尘排放浓度约为 70mg/m^3，脱硫后烟尘排放浓度为 30～50mg/m^3，不满足《火电厂大气污染物排放标准》(GB 13223—2011) 的要求，为了保证烟尘达标排放，需要对电除尘器进行提效改造。改造采用“单塔三区”超洁净烟气治理技术，按照设计、采购、建设（EPC）总承包方式建设。2014 年 8～11 月，结合原 FGD 系统改造，新建一套湿式电除尘器，同时对原有电除尘器进行提效检修。

湿式电除尘器布置于吸收塔顶部，入口烟气即为 FGD 装置后的烟气，湿式电除尘器改造主要设计参数如下：入口烟气 159 万 m^3/h（最大工况），入口温度 50℃、最大 140℃（短时），入口烟尘 $50mg/m^3$、出口烟尘小于 $10mg/m^3$，烟气流速 2.5m/s，比收尘极面积 $19m^2/(m^3/s)$。

（2）改造方案。

1）在吸收塔塔顶机械除雾器上部进行扩径，塔径由原来的 ϕ12.6m 扩径到 ϕ15m，扩径段设置一级湿式电除尘器，塔高约增加 15.3m，湿电采用吸收塔体自支撑方式。湿式电除尘段的电场高度为 8m，阳极板、阴极线、极板悬吊板、阴极框架等电场内构件均采用高强度、高抗腐蚀性 2205 材料制成，同时，阴、阳极内构件均采用螺栓连接，连接内件采用 1.452 9 材质。

2）在湿式电除尘器内设置两层冲洗系统，分别为喷雾冲洗层和喷淋冲洗层，喷雾冲洗层设置于电场烟气入口（即电场底部），采用微细雾化冲洗方式，雾化水滴经烟气携带进入电场并被收集于阳极板上，在阳极板中、底部产生自清洗水流，冲洗水的覆盖率不小于 200%；喷淋冲洗层设置于电场顶部，采用大流量冲洗方式，每一电场分区设置 2 路冲洗水管路，各路冲洗管路间隙交叉开启，洗水的覆盖率不小于 200%，冲洗系统总平均耗水量小于 10t/h。

3）在原机械除雾器和湿式电除尘器间的变径处增设一级烟气均布器，保证进入电除雾器电场通道的烟气均布，同时，在湿式电除尘器出口锥顶增设多道导流环板，保证整个电场内烟气均布，流场相对均方根差 $\sigma<0.2$。

4）设置保温箱热风吹扫系统。保温箱采用热风吹扫保证其干燥绝缘，热风吹扫风机引入干净空气，经电加热器加热后，对保温箱内进行热风吹扫，吹扫的热风最终直接进入吸收塔内与烟气一同排放。

5）湿电采用一室一电场三分区结构，每电场分区配属湿式电除尘器系统高压供电变压器、高压控制柜一套，共三套；低压控制柜一套。

6）吸收塔加固：增设湿式电除尘器后，原吸收塔塔体承重增大，在塔壁增设多道环、竖筋，以进行塔体紧固处理。

（3）改造效果。改造后湿电装置烟尘排放全面满足并优于性能保证值的要求，浓度小于 $5mg/m^3$，效果显著。

3.7.3 单塔四区双循环脱硫技术

2013 年，龙净环保公司进一步研发了单塔四区双循环脱硫工艺。所谓“四区”，除前述双区概念外，还通过在喷淋区域中置多孔分布器，进一步将吸收塔喷淋区域分为一级、二级两个循环喷淋区，如图 3-53 所示。

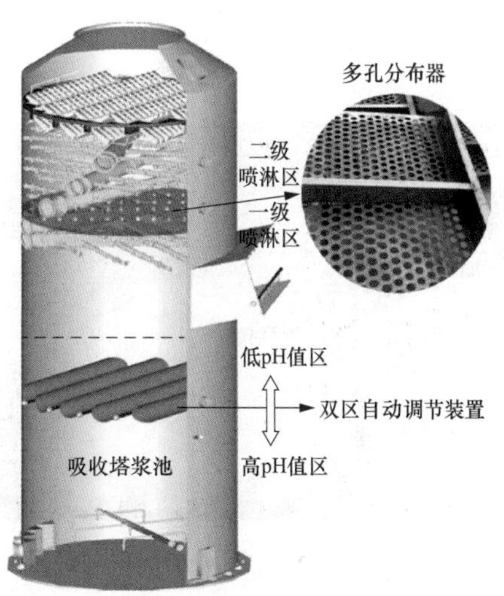

图 3-53 单塔四区双循环脱硫吸收塔

“多孔分布器”中置吸收塔（实际应用中也可将

其布置于最下层）的主要优点：

（1）多孔分布器中置相当于上方喷淋浆液量减少，因此可降低多孔分布器开孔率，提高气液湍流强度，提高脱硫率。

（2）多孔分布器具有积液功能，因此可在单塔内形成两种及以上的喷淋系统，可取代串联塔，降低工程造价。

（3）多孔分布器下方的喷淋层相当于预洗涤层，可去除烟气中易反应的 HCl、HF 和飞灰，有助于提高第二级喷淋的 SO_2 脱除效率。如果下方喷淋层设计 95％的脱硫率，上方喷淋层设计 90％的脱硫率，理论上就能够稳定达到 99.5％的脱硫率。

（4）烟气通过多孔分布器下层的喷淋层及多孔分布器后，塔内烟气流场更加均匀，有利于提高吸收塔二级脱硫率。

（5）多孔分布器下烟气携带的浆液液滴，绝大多数被多孔分布器内浆液吸附去除，因此整个吸收塔内烟气携带的浆液液滴量得到削减，除雾器工作环境得到改善，有助于减小“石膏雨”的生成。

因此将常规一个“大”喷淋层区域分为两个“小”区的好处是：一方面均布吸收塔内烟气流场，使塔内气液反应可以更充分，并防止 SO_2 逃逸；另一方面，可提高塔内气液反应的湍流强度和化学反应比表面积，使单塔结构能够进行“二次烟气洗涤”，达到“双塔（串联）双循环”的脱硫效果。若将湿式电除尘器置于单塔四区吸收塔上部，则成了“单塔五区”吸收塔技术。单塔四区双循环脱硫技术已在山东魏桥铝电长山热电厂 4×330MW 机组、魏桥铝电公司热电厂二期 4×330MW 机组、陕西华电杨凌热电有限公司 2×350MW 机组等 FGD 系统上得到应用。其中，华电杨凌热电厂 FGD 工程采用“烟塔合一”技术，烟气通过 165m 高的自然通风冷却塔排放，如图 3-54 所示，2015 年 11 月 23 日和 12 月 31 日，1、2 号机组分别通过 168h 连续满负荷试运行。该项目采用一炉一塔、引增合一，FGD 吸收塔布置在空冷塔内，无烟囱排放，即“三合一”方案。设计 FGD 入口 SO_2 浓度为 3726mg/m^3 时，出口 SO_2 浓度小于 35mg/m^3，脱硫率高于 99.06％；粉尘浓度由吸收塔入口的 10mg/m^3 降到 5mg/m^3 以下。电厂采用的超低排放主要技术如下：

（1）吸收塔设置 5 层独立喷淋层，5 台浆液循环泵，同时设置多孔分布器，如图 3-55 所示，浆池设 5 台侧进式搅拌器和 2 台氧化风机。

图 3-54　杨凌热电厂冷却塔排烟

图 3-55　杨凌热电厂吸收塔多孔分布器

（2）优化喷嘴布置，在不同喷淋区域、不同喷淋层设置不同参数的喷嘴，以进一步提升吸收塔的除尘、脱硫率。

（3）采用塔壁导流环技术，减少近塔壁区域烟气逃逸现象。

（4）采用三级高效除雾器，一级屋脊式除雾器去除 40～500μm 大液滴，二级屋脊式除雾器去除 22～40μm 液滴，三级采用超细屋脊除雾器，保证出口液滴含量在 20mg/m³ 以下。

（5）采用液滴凝聚技术，在一级和二级除雾器之间增加翅片管式冷凝器；在二级和三级除雾器之间增加雾化系统，如图 3-56 所示。

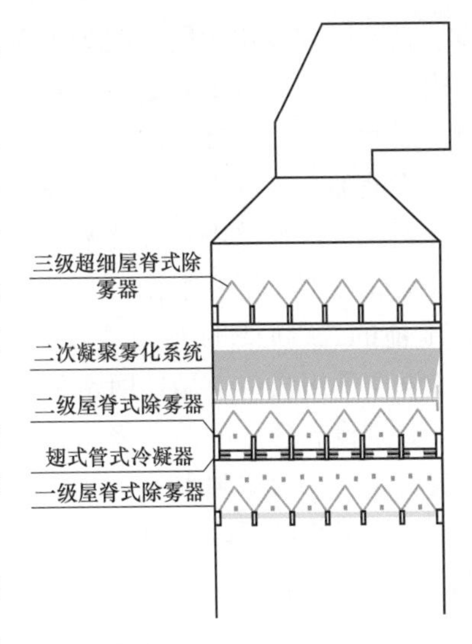

图 3-56　三级高效除雾器及除雾增强系统

（6）除尘系统采取先进的电袋复合式除尘器，在入口粉尘浓度为 31.74g/m³ 时，出口粉尘浓度小于 8mg/m³，除尘效率高于 99.97%。

（7）脱硝系统 SCR 区由“2＋1”改为“3＋1”布置方案，脱硝率由 80%提高到 86%，NO_x 排放浓度小于 50mg/m³。

3.8　单塔双循环 FGD 技术

3.8.1　单塔双循环 FGD 技术原理

单塔双循环 FGD 洗涤技术最先是美国 Research Cottrel（RC）公司 20 世纪 60 年代开发的，德国诺尔-克尔茨（NOELL-KRC）公司进一步发展了该 FGD 技术，成为目前的第三代双循环系统（DLWS，Double-Loop Wet FGD System）。单塔双循环湿法 FGD 系统如图 3-57 所示，其目的是解决单吸收塔湿法脱硫的一个矛盾。湿法脱硫的反应分为两个阶段，

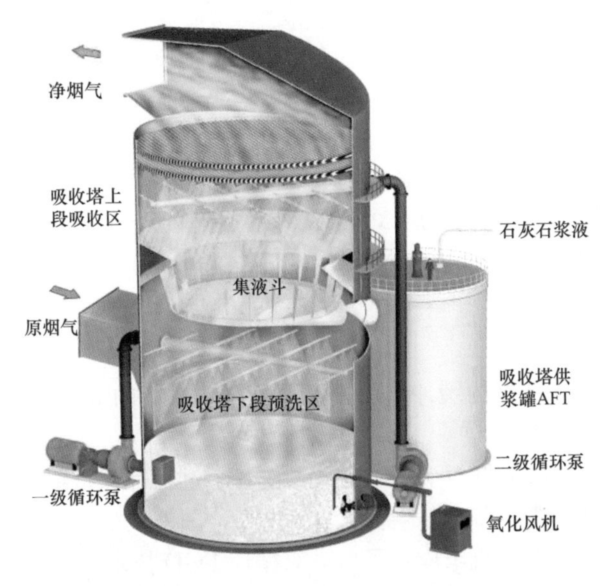

图 3-57　单塔双循环湿法 FGD 系统示意

即吸收阶段和氧化阶段，在 SO_2 吸收阶段，要求 pH 值高些，吸收效果越好；而在 SO_3^{2-} 的氧化阶段，要求 pH 值低些，氧化效果越好。但是在同一个吸收塔浆液池内，无法二者兼顾，因此单塔双循环技术在吸收塔外另设一个供浆罐（AFT，Absorber Feeding Tank），石灰石浆液加入该罐内，再由循环泵打到吸收塔上部，用于 SO_2 的吸收，而吸收塔浆液池则负责氧化，这与单塔双区技术异曲同工。

吸收塔上、下 2 个循环回路由集液斗（锥形收集碗）分开，集液斗的作用是将来自 AFT 池的二级循环喷淋浆液收集后输送回 AFT。下循环回路由塔浆液池、一级循环泵、一级喷淋层等组成；上循环回路由集液斗、吸收塔供浆罐、二级循环泵、上喷淋层组成。两级循环分别设有独立的循环浆池、喷淋层，根据不同的功能，每级循环具有不同的运行参数。石灰石浆液一般单独引入上循环，但也可同时引入上下两个循环。

（1）吸收塔下段（预洗段）。当烟气切向或垂直方向进入塔内时，烟气与下循环液接触，被冷却到饱和温度，同时部分吸收 SO_2。下循环浆液的一部分由上循环液补充，因此含有未反应的石灰石，脱硫时的化学反应如下：

$$SO_2 + CaCO_3 + \frac{1}{2}O_2 + 2H_2O = CaSO_4 \cdot 2H_2O + CO_2$$

$$CaSO_3 \cdot \frac{1}{2}H_2O + \frac{1}{2}O_2 + \frac{3}{2}H_2O = CaSO_4 \cdot 2H_2O$$

同时浆液发生如下反应，形成 pH 值在 4.0～5.0 之间的缓冲液。

$$SO_2 + CaSO_3 \cdot \frac{1}{2}H_2O + \frac{1}{2}H_2O = Ca(HSO_3)_2$$

下循环有如下特点：

1）在循环液 pH=4.0～5.0 操作时，十分有利于浆液中亚硫酸钙的溶解、氧化及石膏的生成，也有利于提高石灰石的利用率。

2）在冷却循环中，烟气中的 HCl 和 HF 几乎全被除去，因此在吸收塔的不同部位可采用不同的防腐材质，从而节省投资。

3）吸收液中形成的亚硫酸钙是非常有效的缓冲液，其 pH 值不随烟气中 SO_2 浓度的波动而变化。

4）在下循环塔段引入空气，氧化溶解的亚硫酸钙，形成高质量的商用石膏产品。

（2）吸收塔上段（吸收段）。烟气在第一级中被石灰石循环浆液冷却，随后烟气进入上部吸收区。上循环浆液的 pH 值约为 6.0 左右，该值有利于 SO_2 的吸收，能保证达到较高的脱硫效率。在上循环中有缓冲反应：

$$SO_2 + 2CaCO_3 + \frac{3}{2}H_2O = Ca(HCO_3)_2 + CaSO_3 \cdot \frac{1}{2}H_2O$$

生成的碳酸氢钙具有良好的缓冲作用，保证了循环浆液的 pH 值在 5.8～6.5 之间，具体数值取决于石灰石的活性。

双循环系统在同一个塔中将两个区域分开，使各个过程都保持最佳的化学条件，这种设计对高硫煤及脱硫效率要求很高的电厂有优势。迄今，国外至少已有 10 个国家超过 40 个电厂、总容量 26 000MW 以上的机组应用了单塔双循环 FGD 技术。在我国国电龙源环保工程有限公司率先引进德国诺尔的单塔双循环技术，并将此技术第一次运用在广州恒运电厂，目前越来越多的电厂开始应用这一技术来达到SO_2超低排放的要求。许多研究者也在对喷淋系统、浆液池、集液斗等部分进行了不断改进，技术日益成熟。例如，江苏某公司对原脱硫塔一级喷淋系统、双循环隔板、二级喷淋系统和塔出口进行了可调节设计的改进，在不同位置设置双回路环隔板，使设备可根据不同的脱硫条件及要求进行相应的优化，使系统节能运行、降低运行成本等。恒运电厂在原有的集液斗设备上设计了导流板，使塔内气体经集液斗整流后，气流分布更均匀，气液接触良好，减少了单循环中常遇到的死角，提高了塔内空间的利用率。山东大学的董勇等人在原有集液斗上添加了两级叶栅，两级叶栅交错布置形成俯视为环形的结构，叶栅根部与集液斗相连，集液斗通过浆液回流管与脱硫塔外浆池相通。此设计简单，阻力损失小，气液流场分布均匀，接触效果好，强化了烟气和浆液之间的气液传质能力，促进了SO_2的吸收，可提高脱硫率。

3.8.2 单塔双循环技术应用

1. 300MW机组FGD系统概述

广州恒运热电厂有限责任公司8、9号2×300MW机组位于广州市经济技术开发区，2007年投入运行，配套采用回流式循环流化床FGD技术、双室三电场一级电除尘器、二级布袋除尘器，出口烟尘浓度小于50mg/m³；设计煤含硫量S_{ar}为1.5%，对应原烟气SO_2浓度为3846mg/m³，烟气量为1 030 662m³/h，设计脱硫率不低于95%，SO_2排放浓度为192.3mg/m³，达到《火电厂大气污染物排放标准》（GB 13223—2003）要求的排放限值400mg/m³。为满足新的《火电厂大气污染物排放标准》（GB 13223—2011）重点地区SO_2排放浓度50mg/m³的要求，电厂采用了单塔双循环石灰石/石膏湿法FGD工艺来进行改造，由北京国电龙源环保工程有限公司总承包。一炉一塔，FGD脱硫率保证值不低于98.7%，净烟气中SO_2含量不大于50mg/m³，FGD系统主要设计参数见表3-8。8号机组改造项目是国内第一台投运的采用单塔双循环FGD工艺的项目，该工程于2012年6月开始施工，2013年5月15日完成8号机组FGD系统168h试运行。

表3-8　恒运电厂300MW单塔双循环FGD主要设计参数

项目	数值	项目	数值
烟气量（m³/h）	1 030 662	净烟气烟尘浓度（mg/m³）	≤20
原烟气温度（℃）	约140，最高180	净烟气SO_2浓度（mg/m³）	≤50
原烟气SO_2含量（mg/m³）	3846	脱硫率（%）	≥98.7
原烟气烟尘浓度（mg/m³）	≤50		

2. 300MW机组单塔双循环FGD系统改造具体内容

该工程实际上是新建一整套湿法FGD系统，包括FGD烟气系统、吸收塔及AFT系统、石灰石浆液制备系统、石膏脱水系统等。

（1）烟气系统。原烟气由引风机引入吸收塔，经过双循环脱硫后的洁净烟气未经加热直接通过烟囱排放。改造时在每个吸收塔顶设置一座钢制烟囱，当主烟囱故障需要维护检修时，烟气直接从脱硫塔顶排放。在吸收塔进口设置两套烟气事故冷却系统，包括事故冷却水箱和喷淋系统。在烟气高温事故状态下，烟气事故喷淋系统启动，将原烟气温度降至85℃以下保护吸收塔本体。

(2) 吸收塔及AFT系统。每炉配置一座吸收塔和一座AFT塔，喷淋层按两级（2+3）设置。原烟气逆向进入吸收塔的一级循环喷淋浆液（低pH值：4.5～5.0），进行SO_2一级吸收反应；接着上升继续与来自塔外AFT的二级喷淋浆液（高pH值：5.5～6.0）接触，进行二级吸收反应，净烟气通过吸收塔上部1级管式除雾器和2级屋脊式除雾器除去烟气中夹带的雾滴排入烟囱。吸收塔设2台浆液循环泵对应一级两层浆液喷淋，喷淋后的浆液返回吸收塔底部，塔外AFT设3台浆液循环泵对应二级三层浆液喷淋，喷淋后的浆液返回AFT塔。在吸收塔中采取强制氧化生成石膏，两座吸收塔共设3台100%容量的高压离心氧化风机（两运一备），石膏浆液通过吸收塔排浆泵排出进入后续的石膏脱水系统。吸收塔和AFT内都设有搅拌装置，以保证浆液混合均匀，防止沉淀。为控制AFT浆液池内的浆液浓度，设置了AFT浆液旋流泵与旋流站系统，其功能是：当AFT浆液池的浓度大时，可启动AFT浆液旋流泵，供旋流站分选，底部粗颗粒浓浆液自流到吸收塔底部浆池，上部稀浆液自流回AFT浆池。

(3) 石灰石浆液制备系统。将细度小于44μm的石灰石粉配制成脱硫所需的石灰石浆液，并输送进入吸收塔内。每台炉设1座石灰石粉仓和石灰石浆液箱，罐车中的石灰石粉直接泵送至粉仓储存，由星形给料机输送至吸收剂浆液箱中加水配制成浓度25%～30%的合格浆液，再用供浆泵送至吸收塔、AFT塔。

(4) 石膏脱水系统。石膏脱水系统为两台机组公用，来自吸收塔的石膏浆液经石膏排浆泵后进入石膏旋流器一级脱水，含固50%的底流浆液再直接进入真空皮带脱水机进行二级脱水，脱水后石膏含水量小于10%直接落入石膏库外运；而石膏旋流器溢流回到溢流浆液箱，通过浆液返回泵送回吸收塔，部分进入废水旋流器，废水旋流器上清液送至脱硫废水处理系统；脱水机滤液水回到滤液地坑，由泵送入吸收塔或AFT作为补充水，或者进入制浆系统。

吸收塔主要设备规范见表3-9，图3-58是现场照片。

表3-9　　吸收塔主要设备规范

序号	设备	规范
1	吸收塔+塔顶烟囱	碳钢衬胶ϕ13.1m×42.5m，总高75m；浆池8m，设计液位7.5m，浆池容积942m^3，塔内集液斗：碳钢衬胶，吊杆材质：1.452 9
2	吸收塔一级循环泵	流量5250m^3/h，扬程17.55m/19.35m，材质：CD4MCuN+Cr30A，襄樊五二五泵业有限公司；电机功率400/450kW，转速743r/min
3	AFT	碳钢涂鳞ϕ8.5m×22m，设计液位19.8m，浆池容积1122m^3
4	二级循环泵	流量5250m^3/h，扬程17.55m/19.35m/21.15m，材质：CD4MCuN+Cr30A，襄樊五二五泵业有限公司；电机功率400/450/500kW，转速743r/min
5	吸收塔喷淋层和喷嘴	（2+3）层，FRP管，母管DN900；SiC喷嘴共540个，流量48.6m^3/h，压力0.07MPa，浙江德创环保科技股份有限公司
6	搅拌器	吸收塔4台，电机功率22kW；AFT上2下3，电机功率22/18.5kW；耐磨合金钢
7	氧化风机	3台离心鼓风机，流量150m^3/min，压力270.23kPa，江苏金通灵流体机械科技股份有限公司；电机功率450kW

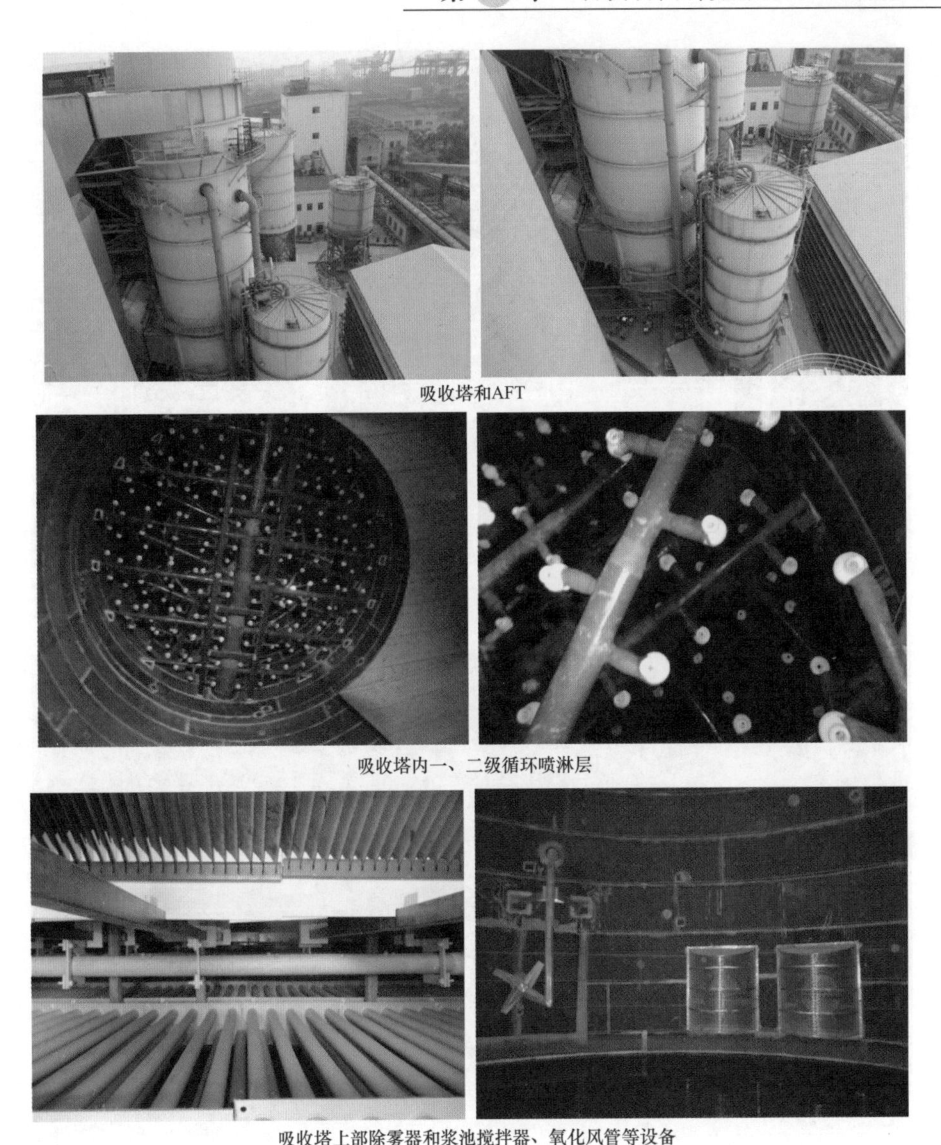

吸收塔和AFT

吸收塔内一、二级循环喷淋层

吸收塔上部除雾器和浆池搅拌器、氧化风管等设备

图 3-58 恒运电厂 300MW 单塔双循环 FGD 设备

3. 300MW 机组单塔双循环 FGD 系统改造效果

8 号机组试运期间脱硫塔入口 SO_2 浓度在 1800～4200mg/m^3，出口 SO_2 浓度始终保持在 50mg/m^3 以下，出口烟尘浓度在 20mg/m^3 以下，脱硫率在 99.0%以上。2013 年 8、9 月，广东环境保护工程职业学院分别对 FGD 系统在 75%及 100%负荷的情况下进行了性能试验，试验证明 FGD 系统性能完全满足总承包合同的要求，脱硫率达到 99.3%。图 3-59、图 3-60 是单塔双循环 FGD 系统实际运行画面，可见，在机组 210MW 负荷，入口 SO_2 浓度 2100mg/m^3，二级循环泵仅运行 1 台的情况下，出口 SO_2 浓度为 21mg/m^3，脱硫率达 99%；在机组 250MW 负荷，入口 SO_2 浓度 2111mg/m^3，二级循环泵仅运行 1 台，出口 SO_2 浓度为 38mg/m^3，脱硫率为 98.2%。

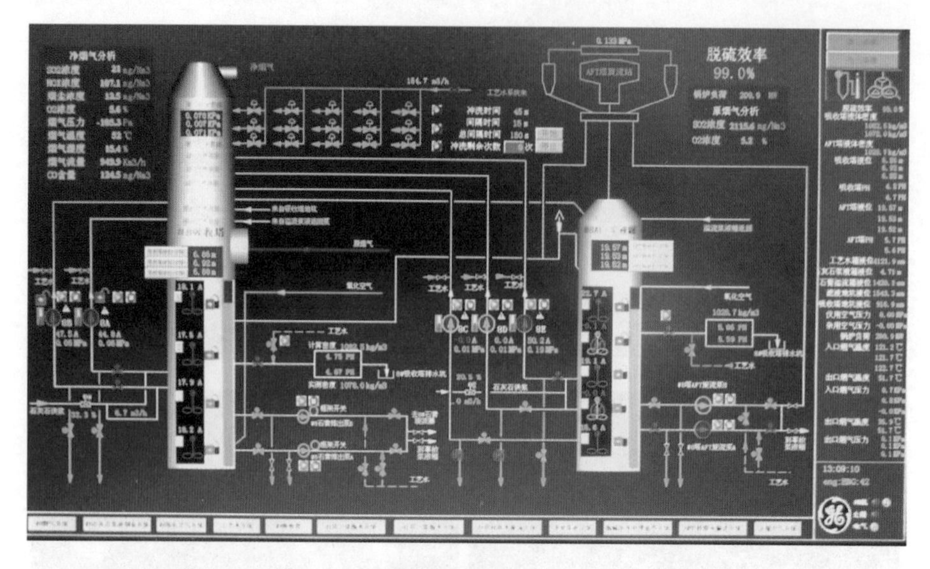

图 3-59　恒运电厂单塔双循环 FGD 运行画面（210MW）

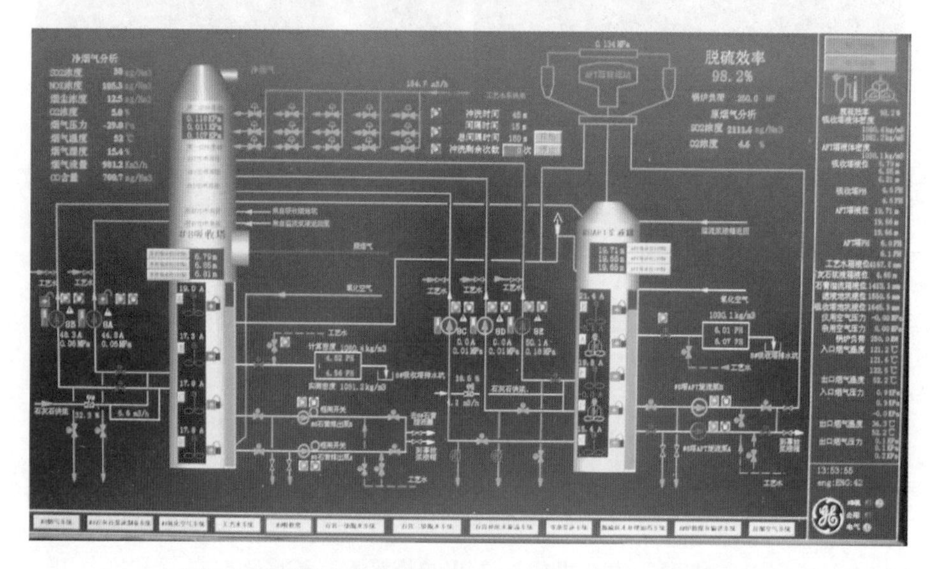

图 3-60　恒运电厂单塔双循环 FGD 运行画面（250MW）

4．1000MW 机组单塔双循环 FGD 系统的改造

2015 年 3 月 20 日和 7 月 17 日，国电浙江北仑电厂 7、6 号 2×1000MW 机组 FGD 系统顺利通过试运行，这是我国首两台 1000MW 机组单塔双循环技改 FGD 系统，如图 3-61 所示。FGD 系统按入口 SO_2 浓度 2310mg/m^3、吸收塔出口 SO_2 排放浓度 23mg/m^3，脱硫率 99%进行设计。试运期间，各项指标良好，系统设备运行稳定可靠。脱硫率达到 99%以上，吸收塔出口 SO_2 浓度平均值为 12mg/m^3，实现了超低排放。

图 3-61　1000MW 单塔双循环技改 FGD 系统

3.9　双塔双循环（串联塔）FGD 技术

3.9.1　概述

双塔双循环（串联塔）技术即采用 2 个独立循环的吸收塔串联，如图 3-62 所示，烟气依次经过，通过两级吸收塔的综合作用，使脱硫和除尘效果进一步增强，脱硫率可超过 99%。对高硫煤机组，为达到 SO_2 超低排放，单塔难以满足脱硫率的要求，串联塔便成了一种选择。严格来讲，可将任何同一类型吸收塔进行串联，也可将不同类型的吸收塔进行串联，但在实际应用上，从设计、供货、运行、备品备件等方面综合考虑，大多数新建串联吸收塔均使用同一类型的吸收塔，而且在工程实践中，也常用结构简单的喷淋塔；但也有一些改造项目会采取利用原有吸收塔，新建一座其他型式的吸收塔，出现串联不同吸收塔型式的情况，这在下面的介绍中会看到。

双塔双循环技术其实是单塔双循环技术的升级，即将 AFT 升级为吸收塔，双塔双循环的一级、二级串联吸收塔分别对应于单塔双循环的下回路和上回路。

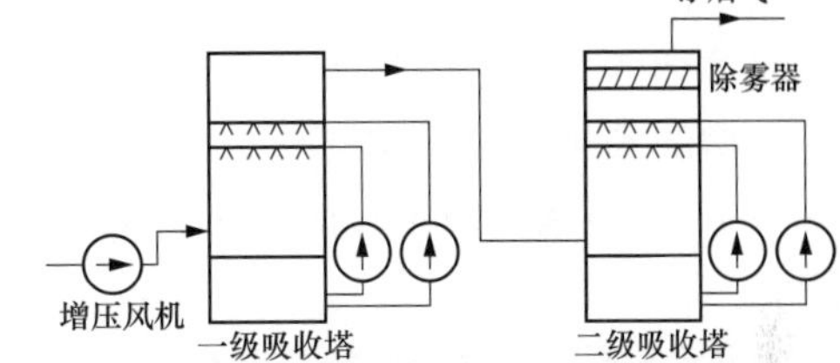

图 3-62　串联塔技术示意

串联塔的优点是：

(1) 总脱硫率高，SO_2 超低排放易于实现。常规石灰石/石膏湿法 FGD 的吸收、中和、氧化和沉淀结晶过程在同一个塔内进行，由于上述 4 个过程的最佳反应条件不同，一个脱硫塔无法同时满足其要求。而串联塔系统每个塔设有独立的浆液池，可独立设定浆液池的 pH 值、密度和容积等参数，使每个塔的功能有所侧重，将烟气脱硫的 4 个过程的综合反应发挥到最佳，共同完成整个 FGD 系统的性能要求。一级塔侧重溶解、氧化、沉淀、结晶反应，其浆液 pH 值可设定较低（4.5～5.0）；二级塔侧重提高脱硫率，其浆液 pH 值可设定较高（5.8～6.5），有利于 SO_2 的吸收。每一级吸收塔的本体工艺都较成熟，塔形结构较为简单，脱硫率要求不是特别高，假设每一级均只有 90%的脱硫率，两级综合脱硫率就可达到 99%，单塔双循环的效果难以达到超低排放的要求时，双塔双循环能够稳定达到。

(2) 对高硫煤和机组运行负荷有很好的适应性。

(3) 改造工作量少，改造期间不影响 FGD 系统的正常运行，烟道接入时仅需要锅炉停运 20～30 天左右即可完成，这样可大大缩短机组停炉时间。

(4) 初投资费用低，原吸收塔所有设备能全部利用且无需做任何改动，吸收塔的地基不需要进行处理。只需新增一座吸收塔及相应的循环泵、喷淋层、氧化空气系统，石膏脱水、制浆系统等相应进行升级改造。

串联塔的缺点是：

(1) 初投资过高，与单塔比较，新增了一座吸收塔和设备及连接烟道。

(2) FGD 系统增加的阻力也很大，风机的运行能耗较高，且辅机增设较多，运营成本高。

(3) 场地占用面积较大，系统复杂，不适合布置比较紧凑的电厂。

随着火电厂超低排放的要求，越来越多的电厂采用了双塔双循环技术，特别是西南地区，其煤种含硫高、含灰高，热值又低，原烟气 SO_2 浓度常常达到 10 000mg/m^3。例如，广西的合山电厂 2×330MW 机组、永福电厂 2×300MW 机组、贵港电厂 2×600MW 机组等 FGD 系统的增容改造，目前国电泰州电厂 1000MW 机组的串联塔也已投运。

3.9.2 双塔双循环技术应用实例

1. 国内首例串联塔

(1) 改造背景。大唐桂冠合山发电有限公司（合山电厂）2×330MW 机组 FGD 系统采用美国 B&W 公司合金托盘技术，于 2005 年 3、4 月投入运行。原设计煤种 S_{ar} 为 2.83%，原烟气 SO_2 含量为 6976mg/m^3，脱硫率不小于 95%。由于煤炭市场供应紧张，煤质变化大，使脱硫率降低，未能满足 SO_2 达标排放。2010 年 5 月，对 FGD 系统进行增容改造。结合 FGD 系统现有场地条件、费用等因素，并进行技术、经济论证后，最终确定采用串联塔增容改造技术。这是国内首例串联塔增容改造工程。

(2) 技术特点。该技术特点是保留原有吸收塔系统不变，增加 1 个 2 层喷淋层的预洗塔，锅炉烟气先经过预洗塔脱除部分 SO_2 后再进入原吸收塔进行脱硫，2 个吸收塔串联运行。新增的预洗塔不设除雾器，增加的 2 台循环泵、喷淋层喷嘴数量与原吸收塔完全相同，整个 FGD 系统新增加的阻力约为 800Pa，原增压风机的压头裕量可满足要求而无需改造。

增容改造后设计 S_{ar} 为 5.0%，校核煤种 S_{ar} 为 5.2%，对应原烟气 SO_2 浓度分别为 14 332mg/m^3 及 15 074mg/m^3，并要求 FGD 系统出口净烟气 SO_2 排放浓度低于 200mg/m^3，这样设计脱硫率应不小于 98.7%。

(3) 烟气系统流程。从锅炉 2 台引风机出来的原烟气经 1 台增压风机升压后，通过 GGH 将原烟气温度由 145℃降至 115.4℃，进入 2 层喷淋层的预洗塔，通过水平烟道进入原吸收塔合金托盘及 4 层喷淋层向上流动，再经两级除雾器后进入 GGH 加热至 82℃排入烟囱。原吸收塔底部的石膏浆液通过吸收塔排出泵泵入预洗塔进一步氧化，最后由预洗塔石膏排出泵排去石膏脱水设备。

原吸收塔吸收区直径 12m，浆池直径 14m，总高 34.16m，塔内有一个托盘（开孔率约 40%），设 4 台离心式循环泵对应 4 层喷淋层，循环泵流量 5448m^3，扬程 19.7/21.2/22.7/24m；每层有 100 个 120°空心锥 SiC 喷嘴，喷淋层上部布置两级平板式除雾器。吸收塔还配设 2 台氧化风机（1 台备用，流量 14 918m^3/h、压力 105.8kPa）、4 台侧进式搅拌器，2 台石膏浆液排出泵，流量 150m^3/h，扬程 45m。

新增预洗塔吸收区直径 12m，浆池直径 16m，总高 31.7m。设 2 台循环泵及对应的 2 层 FRP 喷淋层，离心式循环泵流量 5448m^3，扬程 22.38/24.18m，每层设 120°空心锥 SiC 喷嘴 80 个，喷嘴流量 68.1m^3/h。配设 3 台氧化风机（1 台备用，流量 13 357m^3/h，压力 95kPa），塔内管网式 FRP 氧化空气管、4 台侧进式搅拌器，2 台石膏浆液排出泵，流量 238m^3/h，扬程 40m。

除新增 1 个 2 层喷淋层的吸收塔外，合山电厂还新增 2 套出力为 2×32t/h 的真空皮带机，2 台出力为 35t/h 的石灰石磨机及其配套设备作为 2×330MW 机组 FGD 系统共用。

合山电厂串联塔增容改造工程于 2010 年 4 月开始实施，2010 年 11 月完成第 1 台机组改造，2011 年 4 月 21 日完成第 2 台机组改造，改造时 2 台机组共停运约 42 天。

FGD 系统增容改造后，2 台机组 168h 试运行期间的运行结果见表 3-10，可见 FGD 入

口 SO_2 浓度最高达 15 242mg/m³，脱硫率最高达 99.7%，达到改造预期目的。图 3-63 为串联吸收塔现场总貌，图 3-64 为实际运行画面。

表 3-10　　2 台机组 168h 期间 FGD 系统的运行结果

时间	1 号 FGD 系统						2 号 FGD 系统					
	入口 SO_2 浓度（mg/m³）			脱硫率（%）			入口 SO_2 浓度（mg/m³）			脱硫率（%）		
	最大	最小	平均	最大	最小	平均	最大	最小	平均	最大	最小	平均
第 1 天	12 537	10 835	11 922	99.4	97.5	98.8	14 599	11 235	12 890	97.4	95.7	96.8
第 3 天	14 197	12 229	13 221	99.3	95.7	98.2	12 304	10 893	11 020	98.7	97.2	97.9
第 5 天	14 465	12 007	12 791	99.2	95.4	97.7	15 210	12 090	13 761	99.7	98.3	98.7
第 7 天	15 001	12 211	13 883	99.5	98.2	98.8	15 242	13 121	14 382	99.7	98.5	98.6
平均	14 129	11 852	13 022	99.4	96.9	98.4	14 323	11 647	12 840	98.7	97.3	98.1

广西国电永福发电有限公司 3、4 号机组（2×300MW）配套的石灰石/石膏湿法 FGD 系统吸收塔为 4 台循环泵的液柱吸收塔，一炉一塔设计，入口 SO_2 浓度为 5965mg/m³，在规定的运行条件下脱硫率不低于 95%。为适应燃煤硫含量的变化，借鉴合山电厂 FGD 系统改造的成功经验，2011 年电厂也采用串联塔方式进行增容改造，每套 FGD 系统以串联方式增加一个三层喷淋的吸收塔作为二级循环塔，并预留有一层喷淋层的安装位置，设有旋流站、侧进式搅拌器、除雾器、氧化喷枪等设备。2012 年 4 月完成 2 台机组的改造后，设计燃煤硫含量从原来的 2.63%提高到 4.5%，FGD 入口 SO_2 浓度提高到 11 500mg/m³，脱硫率最高达 98.3%。图 3-65 为改造后的吸收塔系统。

图 3-63　合山电厂 330MW 机组 FGD 串联吸收塔现场总貌

2. 谏壁电厂串联塔

江苏国电谏壁发电厂现有装机容量为 5×330MW（8～12 号机组）和 2×1000MW（13、14 号机组），全电厂总容量为 3650MW，原 7 号机组（330MW）于 2013 年 9 月底关停。8 号机组于 1983 年投产，原有 FGD 装置于 2008 年投运，采用石灰石/石膏湿法脱硫工艺，一炉一塔，设计脱硫率不小于 95%。工艺水系统、石灰石浆液制备系统、压缩空气系统、石膏脱水系统、废水处理系统和排空系统为 7、8 号机组公用。

为满足《火电厂大气污染物排放标准》（GB 13223—2011）重点控制地区 SO_2 排放浓度小于 50mg/m³ 的要求，8 号机组 FGD 系统设计燃煤硫分 S_{ar} 为 1.5%、烟气量为 1 250 000m³/h、FGD 入口 SO_2 浓度为 4000mg/m³，就必须使得脱硫率大于 98.75%，显然原有单塔脱硫工艺不能满足新的排放标准，故进行提效改造。由于该电厂 7 号机组关停，故 8 号 FGD 系统提效改造时可充分利用 7 号机组现有的吸收塔和附属设备。因此，8 号机组 FGD 系统改造最终确定采用双塔双循环工艺，以节约工期和成本。

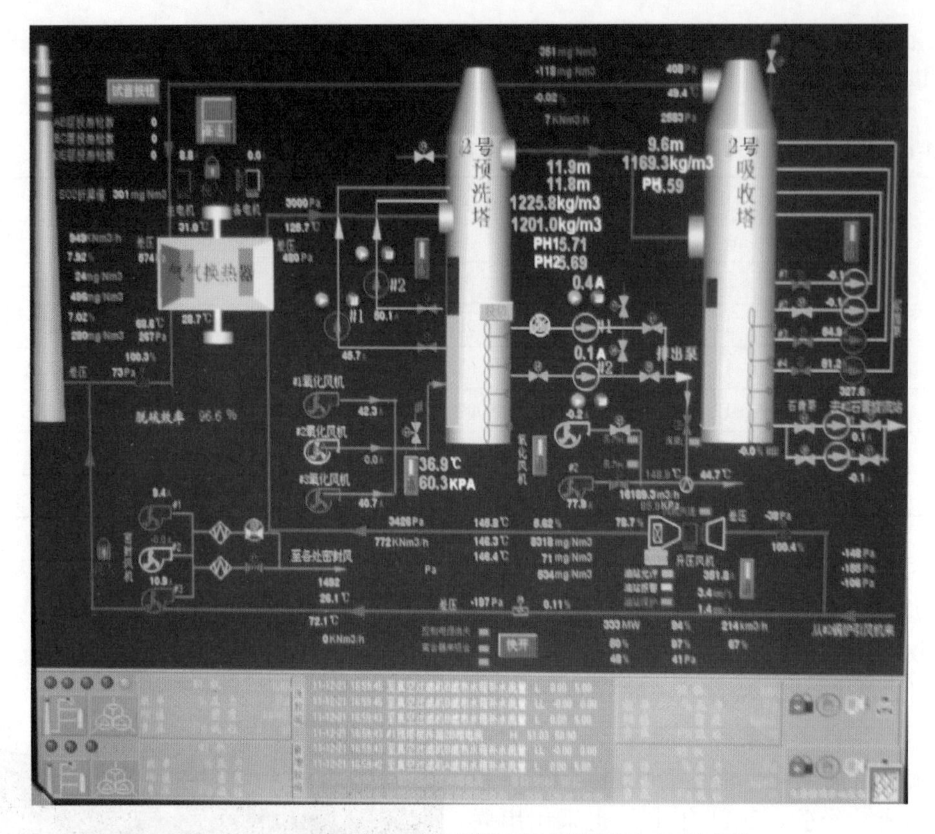

图 3-64　合山电厂 FGD 串联塔实际运行画面（333MW）

图 3-65　永福电厂 300MW 机组液柱塔串联喷淋塔

改造主要内容如下：

（1）烟气系统。对 8 号机组 2 台引风机的出口混合烟道膨胀节后至吸收塔入口烟道进行改造。将 8 号脱硫出口净烟道拆除、烟囱入口封堵；改造 7 号吸收塔的净烟气出口至烟囱的烟道，新增 7、8 号吸收塔之间的连接烟道，并增设烟道冲洗装置；同时，对 7 号吸收塔的入口原烟道进行改造，7 号塔作为二级吸收塔。

（2）吸收塔系统。更换 7、8 号机组吸收塔浆液循环泵泵体及电机，采用直联式循环浆泵 6 台。更换一、二级吸收塔侧进式搅拌器（共 8 台）及事故浆液箱搅拌器（3 台）。保留一级吸收塔氧化风机 3 台，拆除更换二级吸收塔氧化风机 2 台，新增中间石膏旋流器。

（3）吸收剂制备供应系统。采用单元制供浆方式，一、二级吸收塔分别对应 2 台石灰石供浆泵，一运一备。

（4）电控系统。电控系统配合机务设备来进行同步改造。

2014 年 5 月 22 日 08：00 到 5 月 29 日 08：00，8 号“双塔双循环”顺利通过了 168h 试运行，期间各项参数稳定，达到脱硫提效改造的目标要求，在入口 SO_2 浓度为 3352mg/m^3

时，脱硫平均效率达 99.3%以上，出口净烟气 SO_2 平均排放浓度仅为 22.43mg/m³，低于 50mg/m³。整个试运行期间，虽然原烟气 SO_2 浓度较高，但由于一级吸收塔浆液 pH 值控制得低，在 4.5 左右，一级吸收塔内石膏浆液的氧化得到了保证，脱硫石膏品质良好，石膏含水率均在 10%左右，未发生因浆液氧化不足出现烂石膏现象；二级吸收塔浆液 pH 值控制在 6.1 左右，保证了高的脱硫率。此次双塔双循环提效改造能满足高负荷、高硫分条件下的正常运行，有效解决了电厂燃用高硫煤时 SO_2 达标排放的问题。改造方案充分利用 7 号机组原有的脱硫设施，减少了资源的浪费和设备设施的重复建设。

3. 贵州盘南电厂 4×600MW 机组串联塔

贵州盘南电厂 4×600MW 机组配套石灰石/石膏湿法脱硫工艺，原设计每炉 1 个吸收塔，收到基硫 S_{ar} 为 1.6%，校核 2.0%，对应的 FGD 入口 SO_2 浓度分别为 3344.4mg/m³、4588.9mg/m³，FGD 入口烟气量为 2 027 129m³/h，脱硫率不小于 95%，3、4 号设 GGH，1、2 号无 GGH。2007、2008 年投运后，由于实际煤种含硫远远大于设计值，烟气量也有所增加，因此原 FGD 系统必须改造以满足环保要求。改造要求煤收到基硫 S_{ar} 为 4.0%，校核 4.8%，对应的 FGD 系统入口 SO_2 浓度分别为 9320、11 184mg/m³，FGD 入口烟气量 2 283 173m³/h，脱硫率不小于 95%且净烟气 SO_2 浓度不大于 400mg/m³。电厂最终采用了“预洗塔+原吸收塔”的串联塔方案，设计脱硫率分别为 95.8%和 96.5%，并拆除了原 3、4 号 GGH。原吸收塔保留不变，塔直径 17m（1、2 号）、16.5m（3、4 号），总高 36m，设 4 台浆液循环泵，液/气比（L/G）约 14.6，2 级屋脊式除雾器。在原吸收塔前新增一套 SO_2 吸收系统，包括预洗塔、预洗塔浆液循环泵、石膏浆液排出泵、氧化空气及辅助的放空、排空设施等。2010 年底陆续开始改造，图 3-66 是改造后 600MW 串联 FGD 吸收塔运行情况。

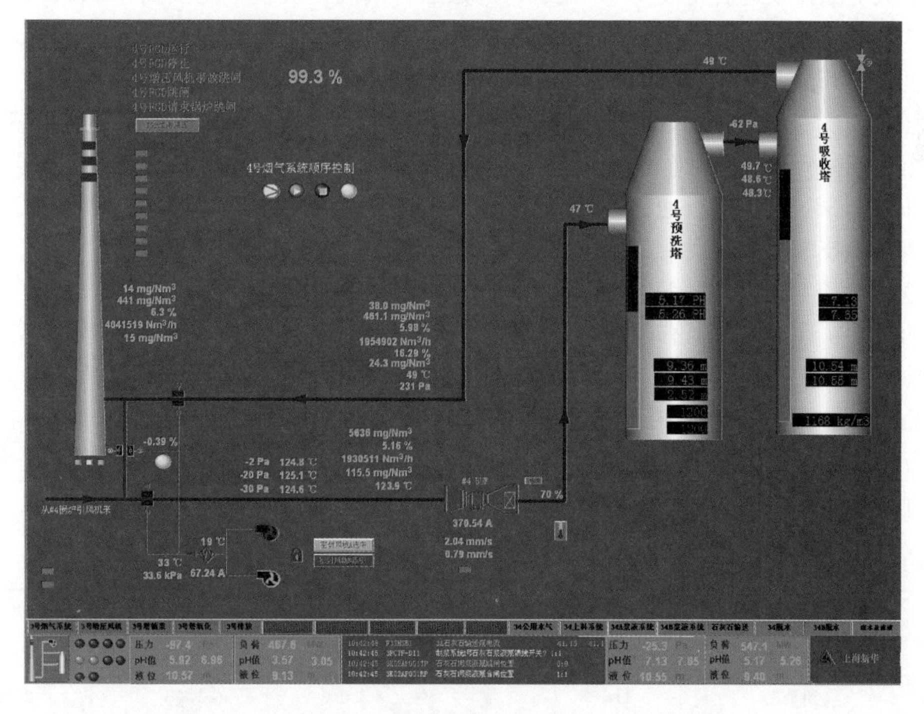

图 3-66 改造后 600MW 串联 FGD 吸收塔烟气系统画面

4. 国内首台1000MW机组串联塔

国电泰州电厂总装机容量为4×1000MW机组，一期1、2号机组在2008年3月全部投产。在2012、2013年分别完成了两台机组低NO_x燃烧器改造、SCR脱硝改造、电除尘加装第五电场改造，并具备了NO_x超低排放条件。2014年11月12日，2号FGD系统改造完成，这是江苏省国电集团公司首台超低排放的1000MW级超超临界燃煤火力发电机组。

图3-67　泰州电厂1000MW串联吸收塔和湿电

FGD改造技术路线是在原石灰石/石膏湿法脱硫工艺基础上，采用双塔双循环工艺，拆除GGH。原吸收塔（改造后为一级吸收塔）后加装二级吸收塔，二级塔出口加装湿式电除尘器，如图3-67所示，同时对烟囱进行玻璃钢防腐改造。改造时充分考虑煤种的适应性并留有充足裕量，原烟气入口SO_2浓度按3517mg/m^{3}设计，一、二级吸收塔各设置4层喷淋层，设计脱硫率98.58%。湿式电除尘器设计除尘率70%、SO_3去除率75%、雾滴去除率75%。2号机组超低排放改造被国家能源局列为2014年煤机环保升级改造示范项目，这是石灰石/石膏双塔双循环湿法FGD工艺首次在1000MW级机组的成功应用。2015年4月6日，1号机组历经43天的扩大性C级检修后顺利并网，所有环保设施（SCR脱硝装置、静电除尘器、双塔双循环FGD装置、湿式电除尘器）随之投入运行，成功实现超低排放改造。4月9～16日，1号机组FGD装置及湿式电除器改造后完成168h试运行。试运行期间，机组平均负荷率87.54%，脱硫率大于99.29%，湿电除尘率大于86%，烟囱净烟气平均SO_2排放浓度16.71mg/m^3、NO_x排放浓度41.16mg/m^3、烟尘排放浓度1.75mg/m^3，均低于超低排放要求。

2015年9月25日投产的3号机组是全球首台1000MW超超临界二次再热燃煤发电机组，机组性能试验表明，机组发电效率高达47.82%，机组发电煤耗256.8g/kWh。2016年1月13日8：58，4号机组通过168h连续满负荷试运行顺利投产，采用单塔双循环脱硫、湿式除尘器等技术同步实现了超低排放。

5. 国内首台循环流化床机组串联塔

山西寿阳明泰国能发电有限公司2×350MW低热值煤发电工程新建2×350MW超临界直接空冷机组，配置2×1230t/h超临界循环流化床锅炉，同步建设除尘（干式+湿式）、脱硫、脱硝装置。FGD系统采用石灰石/石膏湿法、双塔双循环，无GGH，引风机与脱硫增压风机合并设置，不设置烟气旁路，制浆系统采用石灰石湿磨制浆。锅炉煤质资料见表3-11，FGD装置入口烟气参数见表3-12。

表3-11　350MW循环流化床锅炉煤质资料

序号	分析项目	符号	单位	设计煤种	校核煤种Ⅰ	校核煤种Ⅱ
1	收到基碳	C_{ar}	%	32.14	28.59	35.54
2	收到基氢	H_{ar}	%	2.05	1.93	2.09
3	收到基氧	O_{ar}	%	5.02	5.25	4.44

续表

序号	分析项目	符号	单位	设计煤种	校核煤种Ⅰ	校核煤种Ⅱ
4	收到基氮	N_{ar}	%	0.63	0.59	0.66
5	收到基硫	S_{ar}	%	3.0	3.0	3.0
6	收到基灰	A_{ar}	%	52.21	55.48	49.59
7	收到基水	M_{ar}	%	6.7	7.1	6.2
8	干燥基水	M_{ad}	%	0.53	0.61	0.58
9	干燥无灰基挥发分	V_{daf}	%	20.98	23.02	20.27
10	收到基低位发热量	$Q_{net,ar}$	kJ/kg	12 360	11 070	13 660
			kcal/kg	2956	2647	3267

表 3-12　　FGD 装置入口烟气参数

项目	单位	设计煤种	校核煤种Ⅰ	校核煤种Ⅱ
FGD 入口烟气量	m^3/h（标态、干基、实际 O_2）	1 211 136	1 217 962	1 199 535
	m^3/h（标态、湿基、实际 O_2）	1 314 205	1 329 068	1 293 695
	m^3/h（实际）	2 128 700	2 157 779	2 090 607
FGD 入口烟气温度	℃	131.38	132.32	130.44
SO_2	mg/m^3	11 285	12 631	10 260
	mg/m^3	11 105	12 429	10 096
SO_3	mg/m^3	50	50	50
Cl（HCl）	mg/m^3	80	80	80
F（HF）	mg/m^3	25	25	25
引风机出口烟尘浓度	mg/m^3	≤30	≤30	≤30

FGD 装置在锅炉燃用设计煤种、BMCR 工况条件下脱硫率不小于 99.68%；在燃用校核煤种、BMCR 工况条件下脱硫率不小于 99.718%，以保证烟囱 SO_2 排放浓度低于 $35mg/m^3$ 的超低排放要求。

FGD 吸收塔采用“内隔板塔＋喷淋塔”的串联方式，如图 3-68 所示，设计总液气比达 $36.4L/m^3$，总阻力 2600Pa（1 级塔＋2 级塔），除雾器出口液滴含量不大于 $50mg/m^3$，出口烟尘不大于 $20mg/m^3$，电耗（所有连续运行设备轴功率）14 706kW。1 级塔采用了内隔板塔，ϕ15.3m×28.8m，设 3 层喷淋层；2 级塔为普通喷淋空塔，ϕ13.4m×37.5m，设 4 级喷淋层。采用内隔板塔充分利用了其出口烟道布置灵活的优点，可完全避免 2 个喷淋塔串联时连接烟道积浆问题，并可优化 2 级塔进口烟道。

3.9.3 双塔串联运行中的关键技术问题

合山电厂作为国内第一个采用串联塔的 FGD 系统，其设计及运行方式相对不成熟，在运行初期中发现了一些主要问题，最终得到了很好的解决，这对串联塔的运行有很好的借鉴意义。

1. 预洗塔及原吸收塔脱硫率的控制

运行初期，串联塔经常出现预洗塔浆液氧化不好无法脱水、脱硫率降低现象。通过分析，其原因主要是由于预洗塔出口无 SO_2 浓度在线监测装置，无法控制 2 个吸收塔脱硫率的分配，而 2 个吸收塔的氧化空气量是固定的，当预洗塔脱硫率过高，脱除的 SO_2 量过多时，造成预洗塔的氧化空气量不足；过低则会造成总脱硫率不能满足设计要求。根据 2 个吸收塔配置的氧化风机及风量计算，在不同 FGD 入口 SO_2 浓度下，为满足排放 SO_2 浓度小于 400mg/m^3 的要求，2 个吸收塔的脱硫率及总脱硫率情况如图 3-69 所示。

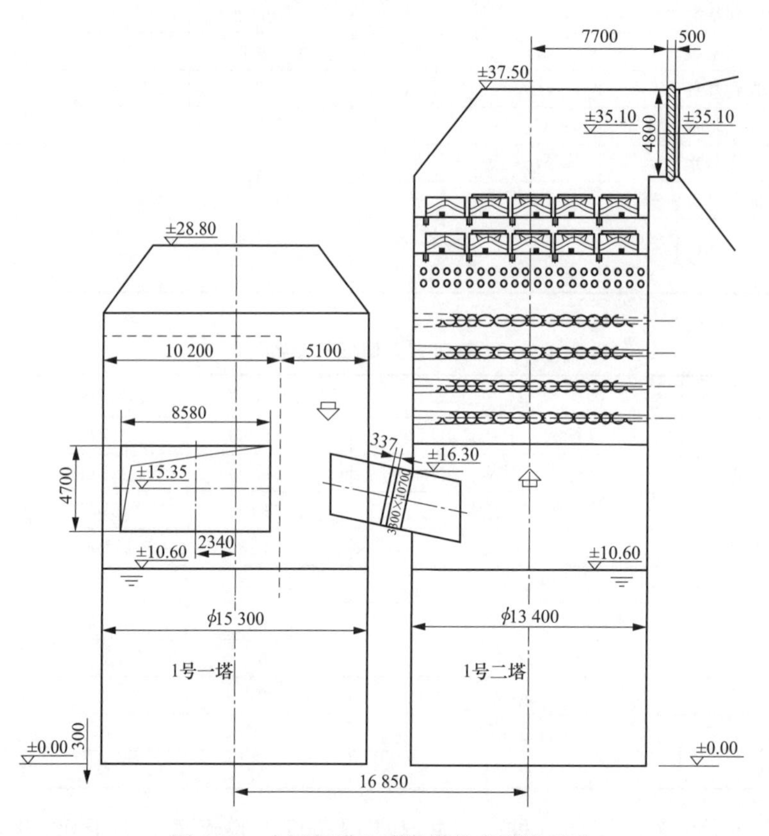

图 3-68　内隔板塔+喷淋塔的串联塔示意

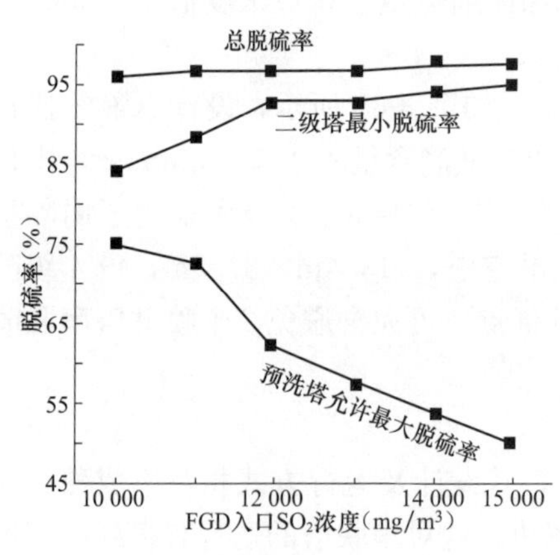

图 3-69　不同入口 SO_2 浓度预洗塔需控制的脱硫率

由图 3-69 可知，FGD 入口 SO_2 浓度不同时，预洗塔需要控制的脱硫率不同。为满足预洗塔浆液氧化需要，入口 SO_2 浓度愈高，预洗塔控制的脱硫率就愈低。如入口 SO_2 浓度为 15 000mg/m^3 时，预洗塔允许最大脱硫率为 50%，为保证脱硫后排放的 SO_2 浓度符合标准要求，原吸收塔最小脱硫率应在 94.67%以上；当入口 SO_2 浓度为11 000mg/m^3 时，预洗塔允许最大脱硫率可达 72.72%，原吸收塔最小脱硫率只需达 88.57%以上。由于预洗塔出口当时没有设计安装 SO_2 浓度监测装置，运行人员无法了解预洗塔的脱硫率，从而无法控制 2 个吸收塔脱硫率。为此，2011 年 7 月在预洗塔出口增加了 SO_2 浓度测点，并根据图 3-69 制定不同 FGD 入口 SO_2 浓度下 2 个吸收塔脱硫率控制运行曲线。改造后，再没出现预洗塔浆液氧化不足无法脱水现象。

2. 吸收塔液位控制

按照原设计，合山电厂串联塔的 2 个吸收塔的石膏均可直接进入石膏脱水系统进行脱水，考虑到预洗塔无除雾器，进入预洗塔烟气温度较高蒸发量大，因而石膏脱水后的滤液水主要考虑补充到预洗塔，以保持其液位平衡。该系统在运行初期中出现两个问题：

（1）吸收塔液位不平衡，表现在预洗塔液位总在下降而原吸收塔液位总在上升。预洗塔石膏脱水时，排出水量较大，而进入预洗塔烟气温度较高蒸发量大，仅依靠石膏脱水后的滤液水补充预洗塔水量根本无法保持其液位平衡，因此其液位一直在下降，被迫大量补充工艺水；相反，进入原吸收塔烟气温度较低（50℃左右），水蒸发量较小，同时原吸收塔设有除雾器，为保持除雾器干净及除雾效果，需要用工艺水对除雾器进行冲洗。如果在一级塔直接用工艺水补水以维持液位的平衡，又将导致用水量较大，整个 FGD 系统水平衡难以维持。

（2）原吸收塔石膏品质差，Ca/S 过高。烟气经过预洗塔脱除 50%以上的 SO_2 后进入原吸收塔，由于此时进入原吸收塔的烟气 SO_2 浓度较低，原吸收塔需要在较高的 pH 值环境下运行才能维持较高脱硫率（90%以上），但这造成了原吸收塔对石灰石利用率较低，Ca/S 过高。在 168h 试运行期间，原吸收塔脱水后石膏中石灰石含量高达 10%以上，Ca/S 最高达到 1.2 以上，石灰石浪费较大。

针对上述两个问题，原吸收塔浆液改由石膏排出泵排入预洗塔而不直接进入石膏脱水系统，这样既可将原吸收塔未反应完全的石灰石在预洗塔再次利用，还可有效解决了两个吸收塔的液位平衡问题，并大大降低了 Ca/S。整个系统只通过预洗塔浆液进行石膏脱水，石膏品质较高，Ca/S 可保持在 1.03 以下。同时，由于脱除 SO_2 量增加较多，系统用水量也增加，而补充的水通过除雾器水泵进行补充，这使除雾器得到充分冲洗，有效消除了除雾器结垢堵塞现象。这一方式要求二级塔石膏排出泵连续运行，增加了运行电耗。

3. 烟道积浆问题

FGD 系统占地较小，受原有系统的限制，一级吸收塔与二级吸收塔之间的连接烟道较长且坡度较小。由于一级吸收塔无除雾器，从一级吸收塔出口的烟气带浆较多，沉积在 2 个吸收塔的连接烟道上。1 号炉 FGD 系统增容改造完成后仅运行 1 个月，烟道积浆厚度达 0.3m。为此，在 2 个吸收塔之间的连接烟道下方每 3m 增设 1 个排液口，并增设冲洗水定期冲洗。

4. 阻力问题

增容改造增加了 1 个二层喷淋的吸收塔及相应烟道，其阻力相应增加较大。根据设计计算，增加的阻力约 1100Pa，系统总阻力约 4550Pa，而增压风机压头仅 4150Pa。为了尽可能地利用原有增压风机，取消原有吸收塔的托盘，由此减少阻力 400Pa 左右，相应系统的总阻力降低到 4150Pa，基本满足运行要求。

5. GGH 漏风问题

增容改造后，FGD 入口 SO_2 浓度提高到 12 000mg/m^3 以上，在高 SO_2 浓度下，GGH 漏风对脱硫率的影响非常大。因此要从根本上降低现有 GGH 的漏风率，必须重视 GGH 的检修，同时确保低泄漏风机高流量、高压头运行及加强 GGH 的运行吹灰工作。

双塔还可以是并联关系，当机组容量大、一个塔难以处理时，可将烟气分流，用两个或多个吸收塔来处理，这在早期 FGD 技术上有应用，如美国 Zimmer 电厂、Gavin 电厂 1300MW 机组，采用了一炉六塔的方式。

3.10 U 型串联吸收塔 FGD 技术

U 型串联吸收塔（简称“U 型塔”）与前节介绍的串联吸收塔不同之处在于：U 型塔的

浆液池是一个，而一级吸收区和二级吸收区则独立分开。典型的塔形就是日本三菱公司（MHI，Mitsubish Heavy Industries，ltd.）的双接触、顺/逆流、组合型液柱塔（DCFS，Double Contact Flow Scrubber），如图 3-70 所示，国内重庆珞璜电厂二期 2×360MW 机组 DCFS 吸收塔早在 1999 年就全部投运，国内上海中芬新能源投资有限公司和中电投远达环保工程有限公司引进了液柱塔技术，并进一步发展。

图 3-70　U 型串联吸收塔（液柱塔）示意

液柱塔是在氧化槽上部安装向上喷射的喷嘴，循环泵将石灰石浆液打到喷管，再由喷管上安装的自清洗喷嘴喷出。烟气和浆液可采用并流、对流和错流多种组合形式，吸收塔可采用单塔式或双塔式。吸收塔从向上的喷嘴喷射高密度浆液，高效率地进行气液接触，大量的液滴向上喷出时液滴与烟气的接触面积很大。液柱顶端速度为零，液滴向下掉落时与向上的液滴碰撞，形成很密的更细的液滴，加大气液接触。由于液体在向上喷出时，形成湍流，因此 SO_2 的吸收速度很快。又由于喷射出的浆液及滞留在空中的浆液与烟尘产生惯性冲击，因而具有极高的除尘性能，液柱喷射形式如图 3-71 所示。有部分负荷时，可停运循环泵来控制液柱高度，从而达到节能效果。

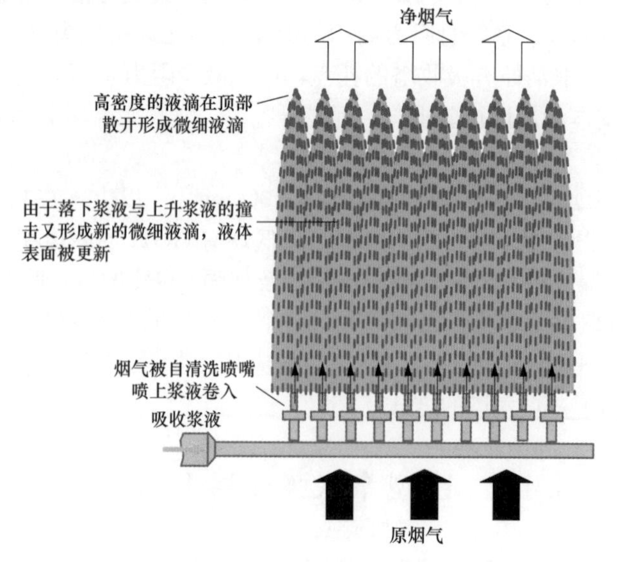

图 3-71　液柱喷射形式

3.10.1 DW 双塔双循环 FGD 工艺

该技术是上海中芬新能源投资有限公司在总结多年工程实际经验和工厂试验基础上发展的一项脱硫技术，旨在提高脱硫率、减小脱硫塔尺寸、提高能效。

1. DW 双塔双循环工艺特点

与其他石灰石/石膏湿法 FGD 技术相比，除吸收塔系统不同外，其他基本一致。原烟气从 DW 塔顶部进入，自上而下经过一级粗效喷淋区域脱硫，然后从二级高效喷淋区域底部自下而上经过喷淋区域脱硫，最后经过除雾器后排出吸收塔完成脱硫。一级粗效喷淋区域和二级高效喷淋区域共用一个浆液池，两塔之间装有烟气加强板，保证从一级脱硫区域过来的烟气稳定均匀地进入二级脱硫区域，提高脱硫率。DW 双塔双循环特点如下：

（1）安装、运行、维护成本低。

1）DW 塔为直通喷嘴，浆液自下而上喷射，无需雾化压力，所以循环泵扬程相对较小，考虑到喷淋塔喷淋层的间距，DW 塔循环泵比喷淋塔最底层循环泵的扬程至少小 1～3m，比喷淋塔最顶层的扬程则小 5～8m，大大降低了循环泵的能耗。

2）塔内烟气阻力损失小。

3）DW 塔喷嘴是垂直朝上安装，减轻了浆液壁流现象，提高了浆液利用率，也使循环泵电耗更省。

4）DW 塔采用大口径直通式的碳化硅喷嘴，可在高浓度浆液情况下稳定运行。

5）可通过调整循环泵的运行台数实现部分负荷运行，在部分负荷运行时塔内烟气阻力也会一起下降，有效地降低了系统整体运行电耗。

6）液柱的形式使向下落的细小液滴和向上喷射的液滴相互碰撞，有效地增加气液接触面，液滴在上升和下降过程中两次与烟气接触，增加了浆液液滴与烟气的接触时间，提高了 SO_2 的去除率，从而降低了 Ca/S，减少了石灰石耗量。

7）采用低位布置喷管和喷嘴，布置整齐规则，检修非常方便。无需复杂的脚手架，只需要几块简单的木板，工作人员就可完成喷浆管的维护、检修。喷嘴通过螺栓与喷管连接，垂直向上安装，所有的喷嘴完全相同，安装及维护时无需调整角度、选配不同形式的喷嘴，维护简单、方便，有效地降低了维护成本。

8）DW 塔采用母管制，使各循环泵规格一致，有效地降低了维护成本。与精密设计的高压喷嘴不同，DW 塔喷淋分配系统低磨损、低腐蚀设计，采用大口径中空轴流喷嘴，喷嘴采用 SiC 耐磨材料，因而维修率低。

9）由于浆液无需雾化，浆液自下而上喷射后再通过撞击回落，在此过程中浆液与烟气接触吸收的过程中，浆液一直处在扰动的洗涤过程，吸收过程中，在保证脱硫率的情况下，不会产生许多细小的石膏浆液小液滴，有效地降低了除雾器的负担，已投运无 GGH 工程中（采用 2 级除雾器）烟囱出口处无石膏雨产生。

（2）可靠性高。

1）DW 塔采用大口径直通式的喷嘴和低位布置，使它有效地避免了喷嘴结垢和堵塞问题。

2）DW 塔喷嘴是垂直朝上安装，喷嘴与塔壁间距为标准的 200mm，使它有效地避免了喷嘴喷出的浆液对塔壁的冲刷，避免了因冲刷造成的防腐层脱落，进而引起堵塞的事故。

（3）适应性强。DW 塔可适应很大的烟气负荷和 SO_2 负荷变化，入口 SO_2 浓度可在 400～

22 000mg/m³ 之间。只需通过调整吸收塔循环泵的运行台数，就可适应锅炉约110%的负荷变化。

（4）优化设计。吸收塔尺寸可根据场地条件灵活的调整，具体塔形可根据场地条件、机组容量等综合考虑，采用圆塔、方塔或下圆上方的结构形式。循环泵台数设置灵活，可根据负荷变化特点设置循环泵台数，且不设备用。塔高度大大低于常规的单向流塔，DW塔合理简洁的喷浆管道和喷嘴布置避免了喷淋塔多层复杂的喷淋层布置，大大降低了吸收塔的总体高度。

2. DW双塔工程实例

目前，DW双塔双循环工艺最大的项目是合山电厂“上大压小”扩建工程2×670MW机组FGD工程，2011年底建成投产。锅炉为超临界变压运行燃煤直流炉、单炉膛、W火焰燃烧器、一次再热、平衡通风、露天布置、全悬吊结构Π形锅炉，设计煤种为贵州无烟煤（85%）和合山本地烟煤（15%）的混合煤。FGD系统 S_{ar} 按最低5.02%、最大5.52%进行设计，当 S_{ar} 为5.02%时，FGD系统入口 SO_2 浓度为11 277mg/m³，脱硫率为98.4%，SO_2 排放浓度不大于180mg/m³；当煤含硫5.52%时（即在设计的5.02%基础上再增加10%，FGD系统入口 SO_2 浓度为12 405mg/m³），要求的脱硫率仍要达到98.4%，SO_2 排放浓度不大于198mg/m³，并按此进行考核。当烟气温度和粉尘浓度分别增加到最高180℃和200mg/m³时，FGD系统应能安全、可靠和连续运行，FGD装置的总阻力不大于2200Pa。这是我国首套完全自主设计的DW双塔双循环FGD装置，系统不设GGH及脱硫增压风机，采用增压风机与引风机合并的方式，主要设计数据见表3-13。

表3-13　合山电厂670MW机组FGD主要设计参数（单套FGD系统）

项目		数据
FGD入口烟气量（标态，湿基，6%O_2）（m³/h）		2 402 796
FGD出口烟气量（标态，干基，6%O_2）（m³/h）		2 252 376
FGD工艺设计入口烟温（最低/最高/故障）（℃）		142
FGD入口处污染物浓度	SO_2（mg/m³）	11 277
	SO_3（mg/m³）	79
	Cl（HCl）（mg/m³）	46
	F（HF）（mg/m³）	13.7
	最大烟尘浓度（mg/m³）	100
FGD出口污染物浓度	SO_x 以 SO_2 表示（mg/m³）	173
	SO_3（mg/m³）	56
	HCl以Cl表示（mg/m³）	28
	HF以F表示（mg/m³）	1
	烟尘（mg/m³）	43
	除雾器出口液滴含量（mg/m³）	<75
SO_2 脱除率（%）		98.4
总压损（含尘运行）（Pa）		2200
吸收塔（包括除雾器）压损（Pa）		1700
Ca/S（mol/mol）		1.028
液气比（L/m³）		25.7
电耗（所有连续运行设备轴功率）（kW）		15 950
石灰石（规定品质）耗量（t/h）		41.71
工艺水（规定水质，35℃）耗量（m³/h）		192

3 号机组是 2009 年扩建，作为新建机组，为避免双塔串联 FGD 系统在运行中出现的问题，在技术论证时就提出采用 U 型塔技术，而不采用当时国内燃高硫煤的新建火电厂常用的 6 层喷淋层的高塔技术和 2 个 3 层喷淋层吸收塔串联技术。在 3 个方案中，6 层喷淋层单塔方案最成熟但用电量最高；2 个 3 层喷淋塔串联方案技术成熟，合山电厂已有成功运行经验，但其布置较 U 型塔方案复杂，并且为了布置 2 个吸收塔的连接烟道，吸收塔需要具备较高的高度；U 型塔方案用电量最小，布置较简单，所增加的投资费用很小，但该技术为国内首创，存在一定的技术风险，虽然该方案吸收塔占地面积较大，但新建机组经过优化系统布置后，对机组及 FGD 系统的设计和布置没有较大影响。为此，合山电厂经过多次技术论证，并考察了陕西韩城电厂 2 号 600MW 三菱重工 MHI 的 DCFS 液柱塔后，认为 U 型液柱塔脱硫率高（拥有 99.9%脱硫率业绩）、处理能力大（拥有单塔 1060MW 的业绩）、除尘效率高（最高可达 87%）等特点，在国内和全球范围内拥有许多成功工程业绩，最终确定采用 U 型吸收塔方案，如图 3-72 所示，U 型塔主要设备参数见表 3-14。

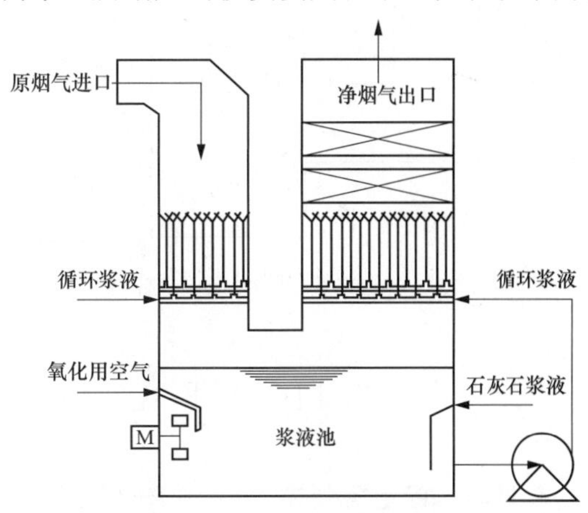

图 3-72　合山电厂 U 型吸收塔方案

表 3-14　合山电厂 U 型塔主要设备参数

序号	名称	规格型号	单位	数量
1	吸收塔本体	顺流塔：19.9m×6.9m；逆流塔：19.9m×11.9m；反应池尺寸：24.3m×19.9m×10.0m（高），总高 42m。浆池含固量 30%	台	1
2	吸收塔喷嘴	直通式碳化硅喷嘴，喷浆管 FRP	套	2
3	循环泵	离心式；流量：12 000m³/h；压头：18.5m；电机功率：900kW	台	6
4	除雾器	2 级屋脊式；材料：阻燃聚丙烯；冲洗水管材质：FRP	台	1
5	氧化风机	流量：14 800m³/h；压头：120kPa；电机功率：600kW	台	4+1
6	搅拌器	螺旋桨；电机功率：45kW	台	16
7	石膏浆液排出泵	离心式；流量：380m³/h；压头：35m；电机功率：90kW	台	1+1

3 号 670MW 机组是国内第一个采用 DW 双塔双循环的机组，实际运行中在 FGD 入口 SO_2 浓度 15 200mg/m³ 时，脱硫率最高达 99.5%，平均 98.8%，并且经过多年的运行，其各项指标满足设计要求。在投资没有增加的前提下，该 U 型塔循环泵和氧化风机每年节约电费高达 671 万元，取得较好的经济效益及环境效益。

3.10.2　其他 U 型塔 FGD 工艺

除上述 U 型液柱塔外，U 型塔还可以是“液柱塔+喷淋塔”或“喷淋塔+喷淋塔”等各种组合，2 个塔共用一个浆液池，如图 3-73 和图 3-74 所示。中电投远达环保工程有限公司在贵州习水二郎电厂新建 2×660MW 超临界燃煤机组上就采用“液柱塔+喷淋塔”的 U 型塔 FGD 系统，1 号机组已于 2015 年 10 月顺利通过 168h 试运行，脱硫、脱硝环保设施同步投运。原烟气先经过一级液柱塔，再进入逆流喷淋塔，喷淋塔后还装设了自主研发的管式湿式电除尘器，使烟尘排放浓度在 5mg/m³ 以下。

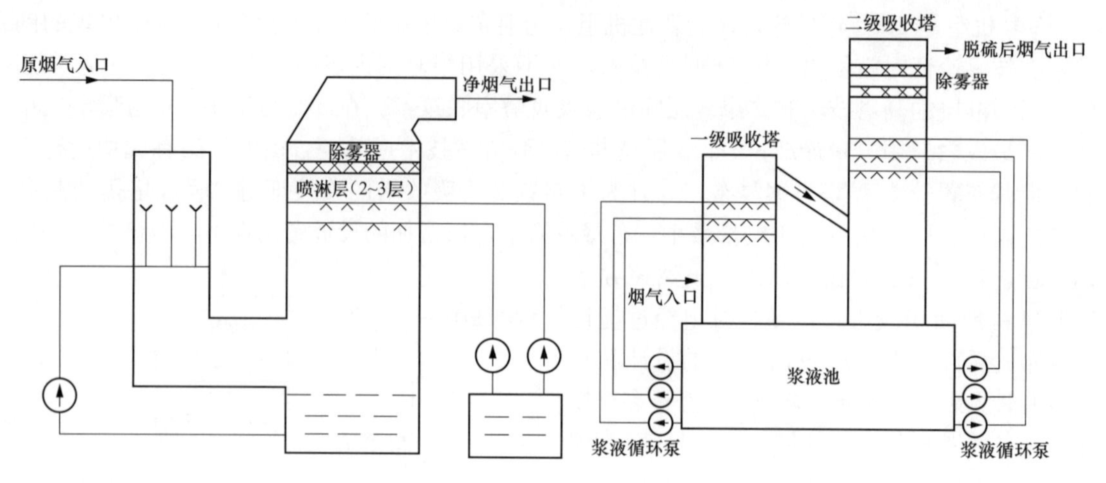

图 3-73　U 型塔之“液柱塔＋喷淋塔”

图 3-74　U 型塔之“喷淋塔＋喷淋塔”

3.11　CT-121 FGD 鼓泡塔超低排放技术

3.11.1　鼓泡塔概述

1971 年，日本千代田（Chiyoda）公司开发了第一代 FGD 工艺：CT-101 工艺，它以含铁催化剂的稀硫酸作吸收剂、副产物为石膏。1976 年，在 CT-101 基础上，千代田公司又开发了第二代 FGD 系统 CT-121（Chiyoda Thoroughbred 121），这项技术将 SO_2 的吸收、氧化、中和、结晶和除尘等几个工艺过程合并在一个吸收塔内完成，这个吸收塔反应器即是此工艺的核心，叫喷射式鼓泡反应器（JBR，Jet Bubbling Reactor）（简称“鼓泡塔”）。

在传统的 FGD 系统中，烟气是连续相的，液态吸收剂通过喷淋扩散到烟气或通过塔内的填料或塔盘与烟气接触。CT-121 工艺正好与传统的概念相反，在其设计中，液相吸收剂是连续相，而烟气是离散相，这一设计理念通过其专利技术 JBR 来实现，烟气通过大量喷射管进入到塔内的吸收浆液中，在这种情况下，临界传质和临界化学反应速度的局限性没有了，从而消除了结垢和堵塞，形成了较高的脱硫率。

鼓泡塔中浆液分两个区：鼓泡区和反应区。

（1）鼓泡区是一个由大量不断形成和破碎的气泡组成的连续气泡层，原烟气流经喷射管进入浆液内部产生气泡，从而形成气泡层，气泡的直径从 3mm 到 20mm（在这样大小的气泡中存在小液滴）不等，如图 3-75 所示。

（2）反应区在鼓泡区以下，图 3-76 是 600MW 机组 JBR 下部实际照片，石灰石浆液直接补入反应区。

鼓泡塔浆池容积在设计上考虑了 15～20h 的浆液滞留时间，为化学反应过程提供了充分的反应时间。JBR 的运行 pH 值设计为 4.5～5.2，这种相对较低的 pH 值使石灰石溶解更加快速彻底，低 pH 值环境下的快速和完善的氧化系统是 JBR 成功运行的关键。

迄今国内外已有 50 多台容量超过 300MW 的机组 CT-121 FGD 系统在运行，主要是日本电厂和部分美洲电厂，例如，日本的七尾电厂（500MW、700MW）、神户制钢所（700MW）、关西电力舞鹤（900MW）等，最大机组容量为 1000MW，1998 年在日本东北电力公司原町

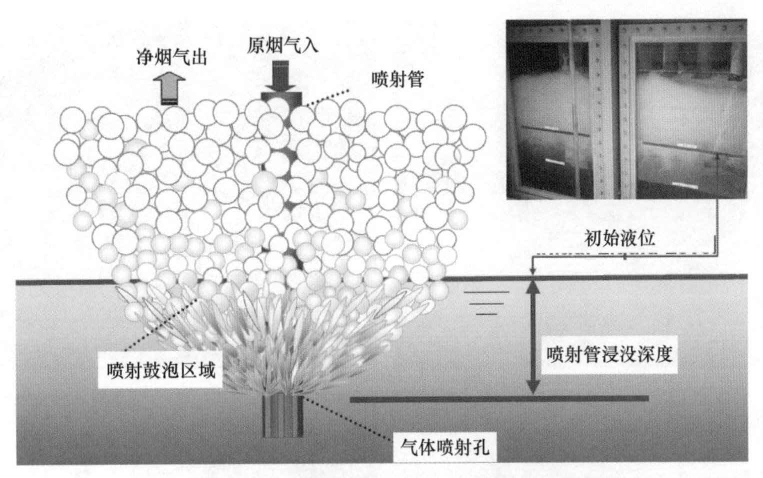

图 3-75 鼓泡塔喷射管工作原理示意

(Haranomachi) 电厂 2 号机组上投运，处理烟气量 2 895 000m^3/h，设计 SO_2 浓度 2517mg/m^3，脱硫率 92%，副产品用于制作石膏板和水泥。

我国的江苏淮阴电厂二期 2×300MW、云南滇东电厂一期 4 × 600MW、山西武乡电厂 2×600MW 机组等都曾经采用 CT-121 工艺，由于不适应煤种变化，大部分鼓泡塔都遇到塔内结垢严重、喷射管堵塞、除雾器堵塞、GGH 堵塞等现象，如图 3-77 所示，设备损坏较多，其运行可靠性较差，因此除广东国华粤电台山发电有限公司（台山电厂）外，都已拆除了。

图 3-76 600MW 机组鼓泡塔下部情况

3.11.2 鼓泡塔超低排放改造

1. 台山电厂 CT-121 FGD 系统简介

台山电厂一期工程共 5×600MW 机组（1～5 号机组）；二期工程 2×1000MW 机组（6、7 号），1～5 号机组已相继于 2003～2006 年投产；6、7 号机组也于 2011 年全部投产。1～5 号机组配套采用了 CT-121 鼓泡塔石灰石/石膏湿法脱硫技术，配置为一炉一塔，如图 3-78 所示，3～5 号机组与 1、2 号不同的是取消了 GGH。2004 年 11 月 18 日投运的 1 号 FGD 系统是我国投运的第一套 600MW 等级的石灰石/石膏湿法 FGD 系统，设计处理机组在 BMCR 工况下 100%的烟气、入口 SO_2 浓度 1576mg/m^3（设计煤种 S_{ar} 为 0.7%）时，脱硫率大于 95%；在锅炉使用校核煤时（1750mg/m^3）也能达到上述脱除率，这种情况下不保证石灰石消耗与电耗等；投运初期和投运一年后增压风机出口至 FGD 装置出口处阻力分别为 4000Pa（设计工况）和 4200Pa。

目前台山电厂鼓泡塔 FGD 系统在电厂的精细管理和运行优化下，系统运行稳定，各项技术参数均达到设计水平，FGD 入口平均 SO_2 浓度约 1350mg/m^3，脱硫率维持在 95%～95.5%，出口 SO_2 浓度的平均排放浓度为 55～80mg/m^3，但这依然达不到超低排放 35mg/m^3 的要求。为此电厂多次进行试验研究来寻求 JBR 提效方法，试图保留中国目前唯一运行的 CT-121 FGD 系统。

（a）喷射管结垢堵塞和损坏

（b）除雾器堵塞和损坏

（c）氧化风喷嘴堵塞

（d）塔低浆液沉积

图 3-77　鼓泡塔 FGD 系统运行部分问题

2. 鼓泡塔提效方法

（1）增加喷射管的浸没深度和吸收塔pH值。运行中鼓泡塔可通过增加喷射管的浸没深度和吸收塔pH值来提高脱硫效率，图3-79和图3-80为4号FGD系统（无GGH）的试验结果。

图3-78　台山电厂1～5号鼓泡塔FGD系统总貌

从上述试验结果结合电厂之前的多次试验情况和运行经验，对鼓泡塔可得到如下结论：

1）在满负荷600MW时，入口SO_2为2168～2241mg/m^3，吸收塔pH值稳定在4.6左右，当吸收塔液位从210mm提升到330mm时，脱硫率从94.41%提高到96.81%，SO_2排放浓度从87mg/m^{3}降低到44mg/m^3，脱硫率提升效果弱于pH值的影响。尤其是当吸收塔液位从210mm提高到250mm时，脱硫率提升并不明显。

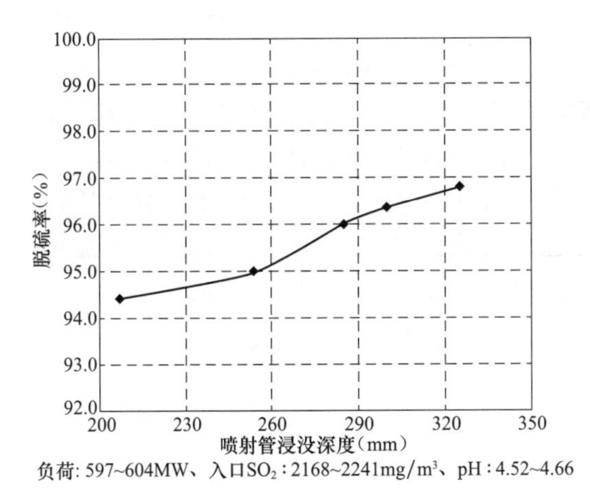

图3-79　脱硫率与喷射管浸没深度关系

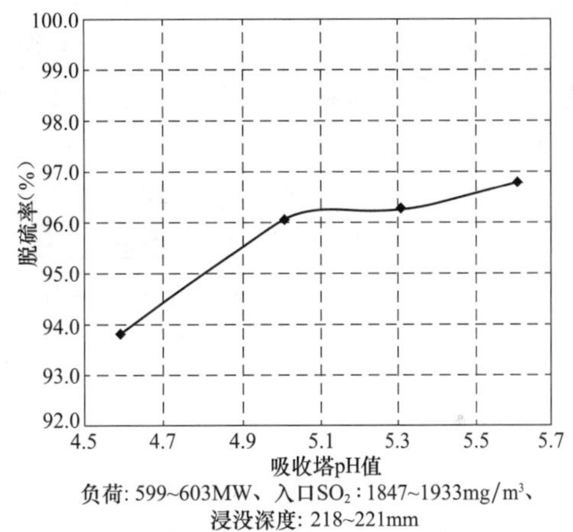

图3-80　脱硫率与吸收塔pH值关系

2）在满负荷600MW时，入口SO_2为1847～1933mg/m^3，吸收塔液位（即喷射管的浸没深度）稳定在220mm左右，当pH值从4.6提高到5.6时，脱硫率从93.78%提高到96.78%，SO_2排放浓度从119mg/m^{3}降低到31mg/m^3，在pH值从4.6升高到5.0时，脱硫率提升明显，之后提升速度减缓。

3）当吸收塔液位稳定在220mm，pH值达到5.6时，在脱硫入口SO_2浓度为1847mg/m^{3}时，SO_2排放浓度为31mg/m^3，达到小于35mg/m^{3}的超低排放限值要求。

吸收塔浆液化验的结果表明，液位提升并没有对钙硫比产生影响，pH值的提升使钙硫比有所增加，但仍处于可接受的范围内。

吸收塔液位提升会相应的带来增压风机电流增加，吸收塔差压增加，长期运行对FGD系统的安全性有一定的影响，严重时会造成增压风机失速，机组跳闸。随着浆液pH值的升高，脱硫率呈上升趋势，这是由于pH值升高，吸收塔浆液中的$CaCO_3$含量也相应地增加，液相传质系数增大，SO_2吸收速率增大，有助于脱硫率的提高。但当浆液pH值过高时，脱硫率反而会出现下降的情况，这是由于高 pH 值时 $CaSO_3 \cdot 1/2H_2O$ 的溶解度开始下降，浆液中 $CaSO_3 \cdot 1/2H_2O$ 会在石灰石颗粒表面形成一层液膜，而液膜内部 $CaCO_3$ 的溶解还使 pH 值升高。在这个过程中，液膜中的 $CaSO_3 \cdot 1/2H_2O$ 析出并沉积在石灰石颗粒表面，形成一层外壳，使得石灰石颗粒表面钝化。钝化的外壳阻碍了石灰石的继续溶解，抑制了吸收反应的进行。同时，pH 值过高会造成吸收塔内 $CaCO_3$ 严重过量，JBR 内易发生结垢堵塞等现象，喷射管堵塞和损坏也会使脱硫率上不去，因此 pH 值提升不应过大。

台山电厂改造目标为：原烟气 SO_2 含量为 1750mg/m^3 时，要求烟囱排放净烟气 SO_2 不大于 35mg/m^3。这样 3～5 号 FGD 系统的脱硫率应不低于 98%，1、2 号脱硫率不低于 99%（GGH 漏风率按 1.0%计）。根据试验结果，当入口 SO_2 浓度达到改造设计的 1750mg/m^3（燃煤硫分 S_{ar} 约为 0.75%）时，采用正常的运行调节方式，无法满足超低排放要求。对无 GGH 的 3～5 号 FGD 系统，当吸收塔液位提升至 220mm 以上及同时提高 pH 到 5.6 以上时，出口 SO_2 排放浓度可小于 35mg/m^3，但在实际运行中没有完全的把握，图 3-81 所示为 3 号 FGD 系统的运行画面，机组为额定负荷 600MW、原烟气 SO_2 浓度仅为 1418mg/m^3（实际 O_2）时，出口 SO_2 浓度为 69mg/m^3，脱硫率为 95.36%，此时 JBR 相对液位约为 185mm，pH 平均为 5.3。图 3-82 是日本神户 700MW 机组 JBR 运行画面，在原烟气 SO_2 浓度为 396×10^{-6}（体积比，约 1133g/m^3）、吸收塔液位 309mm 时，脱硫率高达 98.9%，出口 SO_2 浓度仅为 4.2×10^{-6}（约 12mg/m^3）。但高吸收塔液位运行造成 FGD 系统压力增加，增压风机电流增大，对整个系统的经济性和安全性均有一定的影响，可能不能满足长时间运行的要求，只有降低负荷或燃用更低硫分的煤种。而对 1、2 号 FGD 系统，即使将吸收塔液位提升至 330mm（实际因有 GGH 和增压风机出力现状，最大只能到 220mm 左右）及 pH 到 5.6 以上，烟囱 SO_2 浓度也难以达到超低排放要求，若拆除 GGH 改为无泄漏型，则投资巨大。

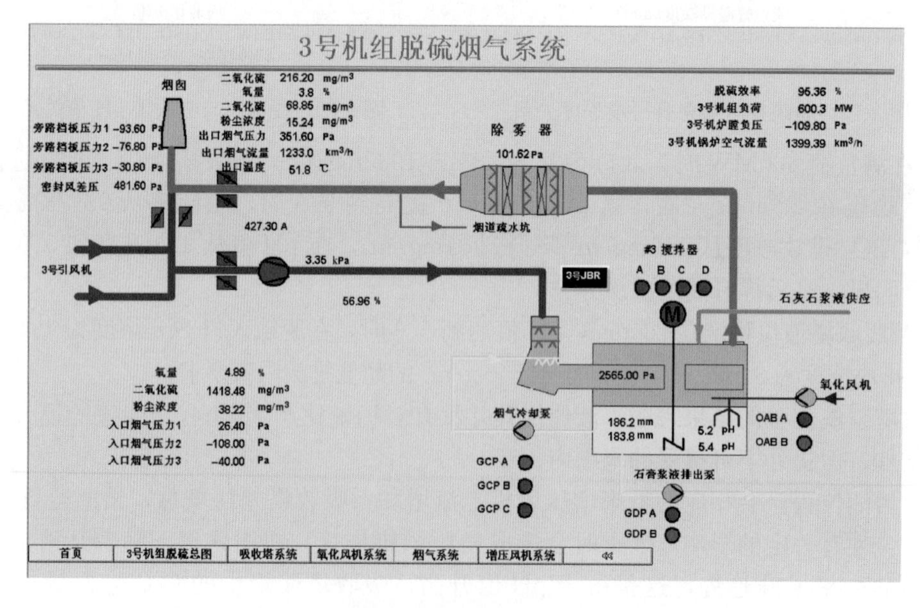

图 3-81　JBR-FGD 系统实际运行画面（浸没深度约 185mm）

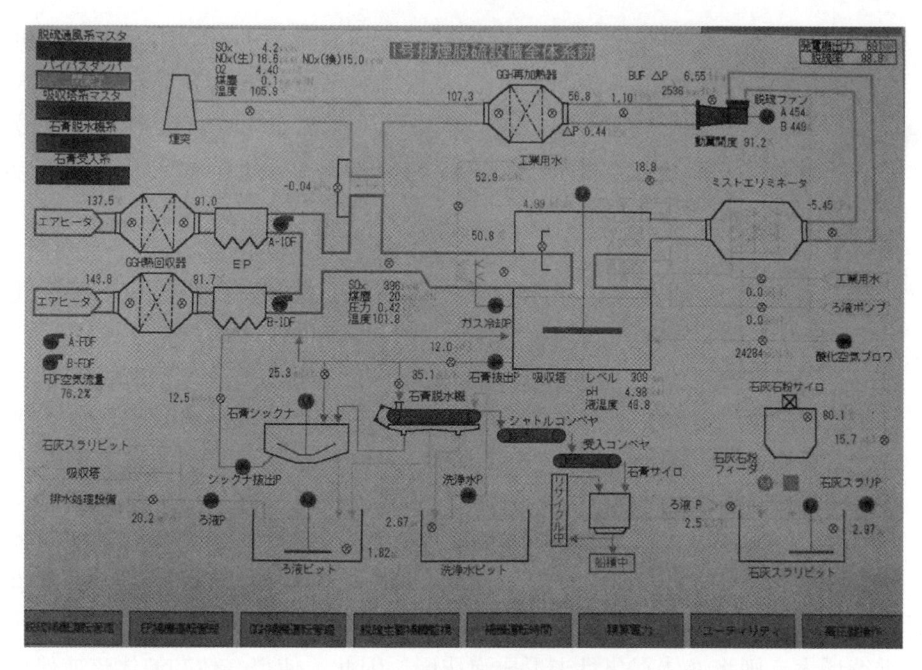

图 3-82 日本神户 700MW 机组高液位 JBR 运行画面（脱硫率 98.9%）

（2）动力波逆喷塔串联 JBR。在 JBR 前串联一个吸收塔（喷淋塔、液柱塔等）毫无疑问可提高脱硫率来满足超低排放要求，但对改造工程，还要考虑现场布置空间要求。在 CT-121 FGD 工艺中，原烟气在进入 JBR 前要经过 2 层烟道冷却器，烟气冷却泵的运行方式为两运一备，其主要作用是用 JBR 石膏浆液来降低烟气温度，同时一定程度地促进 SO_2 吸收。但是由于石膏浆液与烟气为顺流反应，接触时间有限，SO_2 的吸收主要是以鼓泡区的反应为主。3 台烟气冷却泵同时运行的试验结果见表 3-15，可见增加 1 台烟气冷却泵运行，脱硫率仅提高了 0.3%，提升效果不明显。可见增加烟道喷淋层的方法作用有限，不能根本实现超低排放。为此动力波逆喷塔方案作为一个最简洁的方法被提出来。

表 3-15　　增加 1 台烟气冷却泵对脱硫率的影响

项目	2 台泵运行	3 台泵运行
负荷（MW）	598	598
pH	5.2	5.2
吸收塔液位（mm）	130	130
脱硫率（%）	96.3	96.6
入口 SO_2 浓度（mg/m^3）	1189.4	1176.8
出口 SO_2 浓度（mg/m^3）	42.1	39.2

动力波逆喷塔系统主要由动力波气液混合系统、气液分离系统和洗涤液循环系统等组成，如图 3-83 所示，气体自上而下高速进入动力波洗涤管，吸收液通过一个大口径喷嘴（图 3-84），喷入直桶形的逆喷管中，其与烟气流向相反。烟气与吸收液相撞，使吸收液快速转向，撞向管壁，形成稳定波层，或称泡沫区（图 3-85），泡沫区在逆喷管内的上、下移动取决于烟气和吸收液的相对冲力。泡沫区的吸收是逆喷技术的核心，它是一个激烈湍动的、

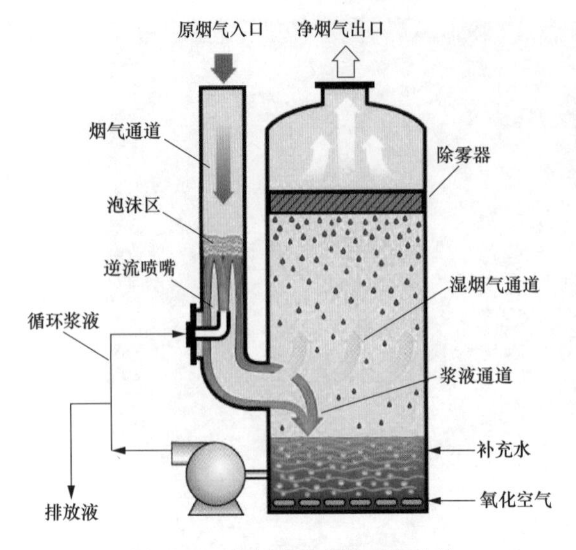

图 3-83　动力波逆喷塔系统示意

气液逆向碰撞的、液体表面快速更新的气液混合区域，在这个区域里最大限度地实现了高效传质和传热过程，吸收液的湍动膜包裹了烟气中的粉尘，使其体积增大利于从烟气中分离；又由于吸收液中的水分不断蒸发，气体被冷却近绝热饱和温度，温度的降低又减小了气相中酸性气体的平衡分压，促使酸性气体连续不断地和吸收液反应，实现了急冷、酸性气吸收、粉尘脱除的三大功效。适当的气液流速对动力波洗涤吸收技术是至关重要的。在一定的液体流速下，当气体流速很低时，气体和液体之间不能产生剧烈的碰撞，各自分层未形成泡沫区；而随着气体流速的逐步增大，气体逐渐将液体吹离；当气体流速达到一定程度后，在气体和液体表面即形成泡沫区；气体流速继续增大，则将液体雾化且未形成泡沫区。因此，使得气体和液体流速保持在一个特定的、接近液泛的区域内是动力波技术的关键。烟气在动力波洗涤器喉管内流速设计为25～30m/s。动力波洗涤塔长度为6～8m，其中湍动区长度为2.5m。

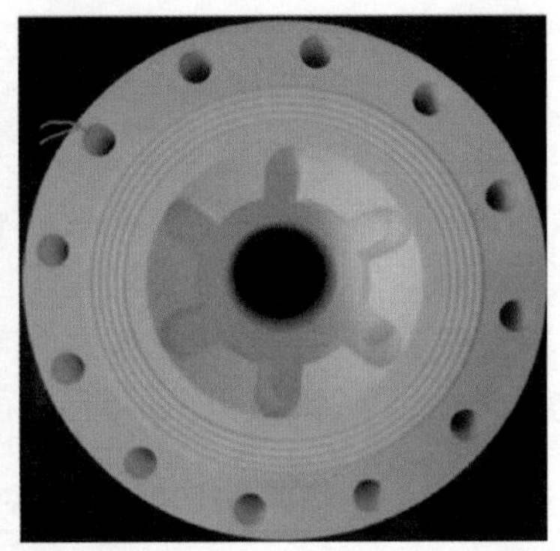
图 3-84　动力波逆喷塔的大口径喷嘴

逆喷头是无堵塞设计，一般喷嘴口径为3～6in（76.2～152.4mm），使逆喷塔能处理含固量高，或污脏、黏稠的循环吸收液。这种设计不但可大大减少排污处理量，得到巨大经济效益，同时可使吸收液（如石灰石浆液）的浓度大幅提高。逆喷塔也可高效地去除粉尘，它甚至能处理高浓度的粉尘粒子，例如，由于电除尘的操作不当停运时，逆喷塔照常能吸收洗涤烟尘，并有效地去除酸性烟气。

CT-121 FGD鼓泡塔提效改造思路如下：

1）改造烟气冷却器，采用动力波洗涤装置，增加烟气冷却泵流量，即增加烟气冷却器的喷淋浆液量，将烟气冷却器的浆液喷淋量由原来的4400m^3/h增加至9000m^3/h，液气比由原设计的2L/m^3增加到4.5L/m^3，使烟气冷却器具备一定的预脱硫功能（相应会增加阻力约600～800Pa），烟气经过动力波洗涤后再进入JBR，如图3-86所示，两者串联使SO_2排放浓度达到超低排放，各装置分段协同控制指标见表3-16。

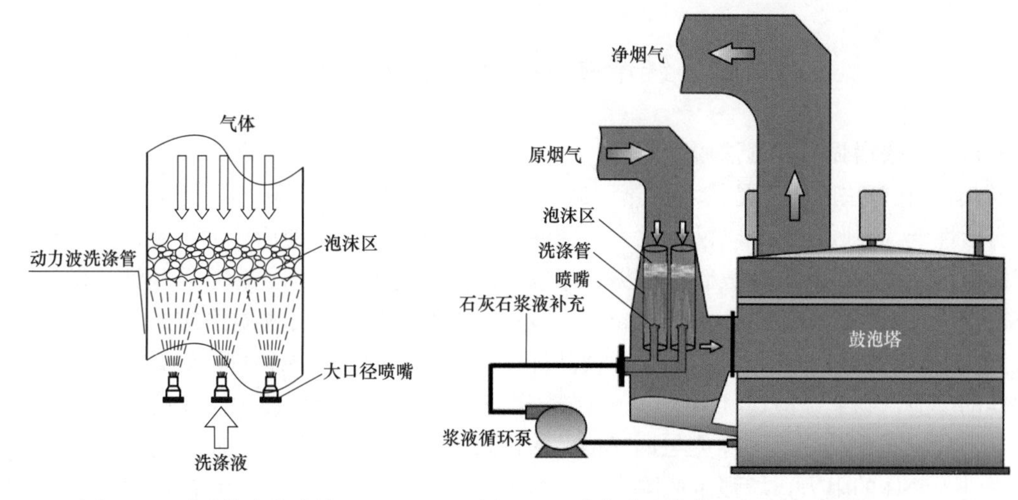

图 3-85　逆喷管中的泡沫区　　图 3-86　动力波洗涤装置与 JBR 串联的 FGD 系统

表 3-16　动力波洗涤与 JBR 的协同脱除指标

项目	3～5 号机组			1、2 号机组		
	原烟气	烟冷器后	JBR 后	原烟气	烟冷器后	JBR 后
SO_2 浓度（mg/m^3）	1750	350	≤35	1750	262.5	≤26.25
脱硫率（%）	—	80%	90%	—	85%	90%
粉尘浓度（mg/m^3）	30	6	≤1.2	30	6	≤1.2
除尘效率（%）	—	80%	80%	—	80%	80%

2）降低 JBR 的浸液深度，浸液深度可减少 30mm 左右，降低鼓泡塔脱硫率（由 95%下降为 90%），降低鼓泡塔压降约 350Pa。

3）除雾器改造。将原有两级除雾器改造为三级除雾器，保证除雾器出口雾滴含量为 $20mg/m^3$。结合 JBR 的协同除尘，粉尘排放浓度可望达到超低排放要求。

截至 2015 年底，动力波逆喷洗涤技术在中国已投运 40 多套，典型的有 2014 年 12 月投运的内蒙古乌达电厂 4×130t/h 煤粉炉尾气脱硫项目，采用电石渣/石膏动力波洗涤工艺，设计 2 炉 1 塔，每塔处理烟气量 440 000m^3/h，正常运行状况下 SO_2 含量 5400mg/m^3，含尘量 50mg/m^3，烟气温度 140℃；经过脱硫处理后烟气出口 SO_2 含量小于 100mg/m^3，含尘小于 30mg/m^3，脱硫率 98.15%。2005 年 6 月投运的湖北宜化化工石灰石膏法 FGD 系统，处理烟气量 1 048 000m^3/h。2008 年 5 月投运的贵州安顺电石渣法 FGD 系统，处理烟气量 420 000m^3/h。2009 年 3 月投运的江西萍乡钢铁厂石灰石膏法 FGD 系统，处理烟气量 2×730 000m^3/h。云南云天化国际化工股份有限公司富瑞分公司采用动力波烟气洗涤技术处理硫酸尾气，以 10%的氨水作为吸收剂，并采用塔外氧化的工艺将亚硫酸铵氧化。吸收塔配两台循环泵，一用一备，喷嘴等核心部件由孟莫克化工成套设备（上海）有限公司直接供货，吸收塔入口烟气量 110 000m^3/h，SO_2 浓度约在 1800mg/m^3 时，出口 SO_2 浓度约在 250mg/m^3（设计 400mg/m^3，若增加喷氨量，可降低至 20mg/m^3）。自 2012 年投运以来，未出现过大的 FGD 装置故障，系统及设备可靠性较高，性能满足环保要求；吸收塔运行 4 年多未进行过检修，因内部喷淋装置简单，基本实现了免维护。

3.12 镁增强石灰湿法FGD技术

3.12.1 镁增强石灰湿法脱硫原理

石灰石/石膏法的优点是技术成熟，运行可靠，脱硫剂石灰石易得，价格便宜，但由于石灰石活性低，吸收能力小，液气比大，致使脱硫设备庞大，占地面积大，设备投资高，运行费用高，生成的石膏易造成管道结垢、堵塞。因此，美国、德国、日本等相继开发了镁增强石灰湿法（MEL，Magnesium-Enhanced Lime），也称镁加强石灰湿法或加镁石灰、富镁石灰湿法FGD技术。MEL工艺结合了镁基优良脱硫性能和钙基原料价格低廉的特点，利用氧化镁的反应产物亚硫酸镁（$MgSO_3$），大大提高了对SO_2的捕获能力。亚硫酸镁是可溶解盐，其溶液能与酸反应，可避免与烟气接触的浆液pH值急剧下降，因而大大降低了SO_2从气体中进入液体的阻力，增强了脱除烟气中SO_2的能力。在浆液中因为有亚硫酸镁的存在，进而降低了液体中钙离子［如硫酸钙（石膏）］的浓度，阻止了钙盐在吸收塔内部或管壁沉淀积垢且因是软性吸收剂，因而减少了对喷嘴的磨损；同时利用石灰（CaO）还原镁基，使镁离子在系统中循环利用，所以加少量的氧化镁（一般3%～6%），主要消耗廉价的钙基，而系统性能却得到成倍地提高，实际上已代替石灰的脱硫作用，因而显著改善了脱硫性能。

早期旧MEL湿法FGD系统不回收副产物，采用自然氧化方式，大部分最终副产物为$CaSO_3 \cdot 1/2H_2O$，一般抛弃；新MEL湿法FGD系统产生石膏，利用氧化空气氧化成高品质的石膏为副产品出售；对排放废液中的$MgSO_4$，根据需要可进一步加石灰生成二次副产品$Mg(OH)_2$来回收利用，图3-87为典型的MEL工艺流程。三种副产品典型的成分分析见表3-17，图3-88是它们的显微结构分析。

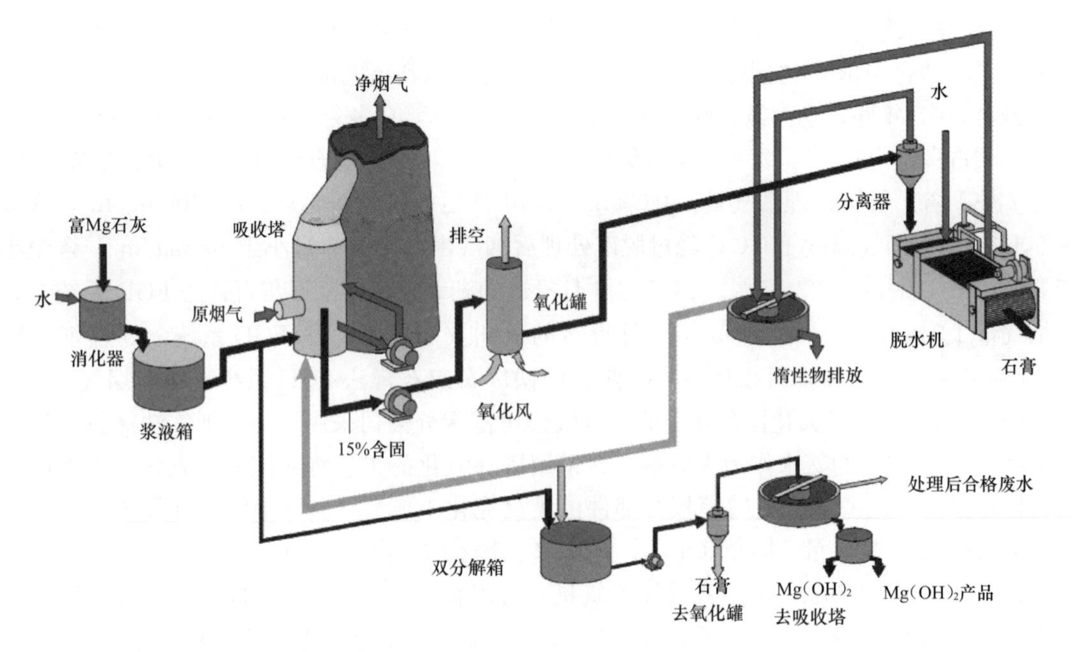

图3-87 MEL湿法FGD工艺流程

表 3-17 MEL 副产品 $CaSO_3$、石膏及 $Mg(OH)_2$ 典型成分分析

自然氧化 MEL 的 $CaSO_3$ 滤饼		强制氧化 MEL 的石膏		强制氧化 MEL 的 $Mg(OH)_2$	
分析项目	典型数据	分析项目	典型数据	分析项目	典型数据
含固率（%）	40～45	水分（%）	10	MgO 以 $Mg(OH)_2$ 计（%）	55～88
CaO 含量（%）	30～35	pH	5～9	石膏 $CaSO_4 \cdot 2H_2O$	16～26
MgO 含量（%）	3.0～4.0	纯度（%）	98～99	惰性物（%）	4～19
颗粒粒径 D50（μm）	6～10	CaO 含量（%）	30～35	总悬浮固体物（%）	18～20
—	—	MgO 含量（10^{-6}）（质量浓度）	80～170	比表面积（m^2/g）	50～55
—	—	Cl（10^{-6}）	20～40	颗粒粒径 D50（μm）	2～4
—	—	颗粒粒径 D50（μm）	约 140	—	—

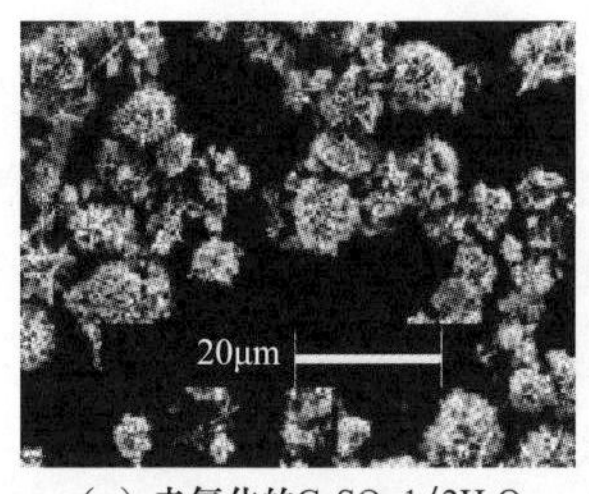

（a）未氧化的$CaSO_3 \cdot 1/2H_2O$

（b）石膏$CaSO_4 \cdot 2H_2O$

（c）$Mg(OH)_2$产品

图 3-88 MEL 法 3 种产品的显微结构

MEL 法脱硫主要反应如下：

（1）吸收剂熟化制浆：

$$CaO + H_2O \longrightarrow Ca(OH)_2$$
$$MgO + H_2O \longrightarrow Mg(OH)_2$$

（2）SO_2 的溶解和吸收：

$$SO_2 + H_2O \longrightarrow H_2SO_3$$
$$Mg(OH)_2 + H_2SO_3 \longrightarrow MgSO_3 + 2H_2O$$
$$MgSO_3 + H_2SO_3 \longrightarrow Mg(HSO_3)_2$$

（3）$MgSO_3$ 的再生和副产物的形成：

$$Mg(HSO_3)_2 + Ca(OH)_2 \longrightarrow CaSO_3 \cdot \frac{1}{2}H_2O \downarrow + MgSO_3 + \frac{1}{2}H_2O$$
$$Mg(HSO_3)_2 + Mg(OH)_2 \longrightarrow 2MgSO_3 + 2H_2O$$

（4）氧化和一次副产物石膏的结晶和析出：

$$CaSO_3 \cdot \frac{1}{2}H_2O + \frac{1}{2}O_2 + \frac{1}{2}H_2O \longrightarrow CaSO_4 \cdot 2H_2O$$
$$MgSO_3 + \frac{1}{2}O_2 \longrightarrow MgSO_4$$
$$Mg(HSO_3)_2 + O_2 \longrightarrow MgSO_4 + H_2SO_4$$

（5）$MgSO_4$ 生产二次副产品 $Mg(OH)_2$ 回收利用：

$$MgSO_4 + Ca(OH)_2 + 2H_2O \longrightarrow CaSO_4 \cdot 2H_2O + Mg(OH)_2$$
$$MgCl_2 + Ca(OH)_2 \longrightarrow CaCl_2 + Mg(OH)_2$$

镁增强石灰 MEL 湿法具有以下优点：

（1）脱硫率高，达 99%以上，有利于实现超低排放。

（2）液气比低。纯石灰石湿法的脱硫率为 95%时，液气比要达 15L/m^3 以上，而 MEL 湿法的液气比仅为 3～4L/m^3，这可大幅降低脱硫的动力消耗。

（3）与石灰石湿法脱硫相比，反应塔体积相应减少，设备投资也相应下降。

（4）MEL 湿法脱硫主要利用氢氧化镁与 SO_2 反应生成溶解度远高于硫酸钙、亚硫酸钙的硫酸镁和亚硫酸镁，因而 FGD 装置不易堵塞、结垢，运行稳定性高。缺点是吸收剂石灰较贵，且质量要求高，特别是其中的惰性物粗砂等含量不能高；另外氧化镁含量要适中，过量会使原料成本增加，同时会恶化过滤，使脱硫石膏含水量增加；含量过低，会降低脱硫效果。

3.12.2 MEL 湿法 FGD 技术的应用

1976 年，MEL 法在美国电厂首次应用，随后迅速发展，主要是在俄亥俄河谷（Ohio River Valley）沿岸，因为当地吸收剂石灰石中含约 5%的 MgO，煅烧后自然得到富含 MgO 的石灰，用于湿法脱硫。在 1995 年前，MEL 法均为自然氧化，副产物抛弃不回收利用，脱硫率在 90%～95%。1997 年，美国 Dravo 石灰公司开发出强制氧化新 MEL 工艺，开始将原副产物抛弃法改为可生产石膏副产品和 $Mg(OH)_2$ 二次副产品的回收法，石膏卖给建材商或水泥厂用于生产建筑用墙板或水泥缓凝剂，$Mg(OH)_2$ 可用于电厂 SO_3 的脱除、废水处理或喷入锅炉减少结焦问题等。到 2000 年，4300MW 机组旧 MEL 法已改造为新法，占总量 15 743MW 的 27.3%，表 3-18 列出了 MEL 法的应用情况。

表 3-18　美国 2000 年 MEL 法的应用情况

序号	电力公司名称	电厂机组	机组容量（MW）
1	Alabama Electric Cooperative	Lowman* 2 号、3 号	2×258
2	Allegheny Energy Supply	Harrison 1、2、3 号	3×680
		Mitchell 3	300
		Pleasants* 1、2 号	2×684
3	American Electric Power	Conesville 5、6 号	2×444
		Gavin 1、2 号（1 炉 6 塔）	2×1397
4	Applied Energy Services	Beaver Valley*	140
5	Arizona Public Service	Four Corners 1、2、3 号	2×170+220
6	WKE	Green 1、2 号	231、223
		Henderson 1、2 号	2×175
7	CINergy	East Bend 2 号	640
		Zimmer* 1 号（1 炉 6 塔）	1397
8	Orion Power	Elrama 1、2、3、4 号	80、80、100、165
9	First Energy	Mansfield* 1、2、3 号	3×917

* 电厂机组采用新 MEL 法。

以 Lowman 电厂为例，该电厂共 3 台机组，1 号 85MW；2、3 号 258MW 机组原采用自然氧化石灰石湿法 FGD 系统，1 炉 2 塔，2 个塔共用一个循环浆液箱，副产物从中排往一个废物处理池抛弃。最初设计脱硫率为 85%，每个塔处理 70%烟气量，塔尺寸为 ϕ7.3m×27.4m，烟气流速为 3.05m/s，设 3 层循环泵，每台泵流量为 3664m^3/h，液气比为 9.4L/m^3。

后改造除雾器使得每个吸收塔可处理 100%的烟气量，烟气流速达到 4.27m/s，吸收剂石灰石经湿磨制成 70%通过 44μm（粉）的浆液。1996 年 1 月，电厂进行将石灰石湿法改为 MEL 法的试验，试验成功后就一直采用 MEL 来满足更严格的环保要求。图 3-89 为 2 号 FGD 系统 MEL 法的试验结果，在燃煤 S_{ar} 为 1.3%时，3 台循环泵运行时脱硫率达 99.7%，比相应的石灰石湿法高 9.7%，在 2 台循环泵运行时脱硫率达 99.2%，1 台循环泵运行时脱硫率也达到 96.7%，脱硫效果远远好于石灰石湿法。采用 MEL 法使得电厂可燃用 S_{ar} 达 3%的低价高硫煤，同时 FGD 系统厂用电率由原来的 0.75%降到 0.2%（主要为循环泵、风机和湿磨系统省的电），其节约的费用大于购买吸收剂石灰的费用，电厂达到了节能减排增效的效果。

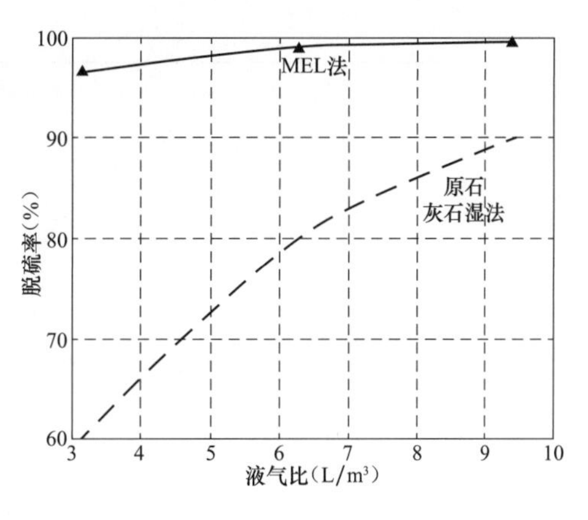

图 3-89 Lowman 电厂 MEL 法的试验结果

3.12.3 MEL 湿法 FGD 技术在超低排放上的优势

许多研究者对 MEL 湿法 FGD 技术与传统的强制氧化石灰石湿法（LSFO，wet Limestone Scrubbing with Forced Oxidation）FGD 技术进行了经济和技术性能的比较，表 3-19～表 3-21 列出了两者在燃用低硫、中硫及高硫煤时达到同一脱硫率下的吸收塔尺寸等指标的比较（等效液气比是考虑托盘折算的，1 层托盘大约相当于 3.4～4.0L/m³），图 3-90 是 MEL 法和 LSFO 法吸收塔尺寸示意。比较条件如下：机组容量 500MW，吸收塔内烟气流速 3.7m/s，带一层托盘，吸收塔浆液停留时间在 18～24h，MEL 法为塔外强制氧化方式，运行 2 层循环泵，副产品均为石膏，3 种煤种均到达 98%脱硫率，以及达到 20mg/m³ 以下的极低 SO_2 排放浓度。

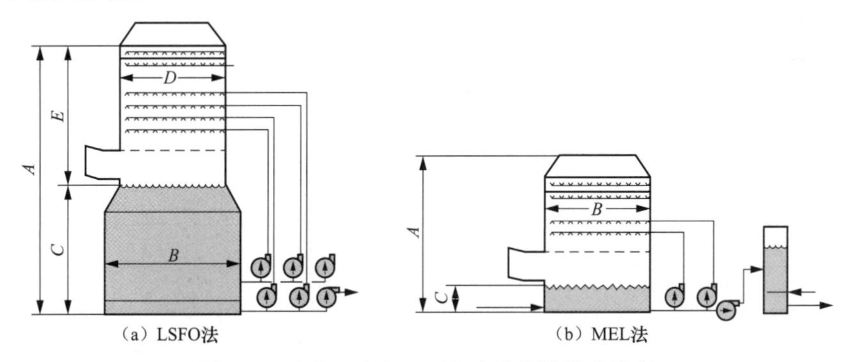

图 3-90 MEL 法和 LSFO 法吸收塔尺寸示意

表 3-19　　低硫煤时 MEL 法与 LSFO 法吸收塔尺寸等的比较

尺寸	低硫煤 [S_{ar}：0.6%，高位热值：19.39MJ/kg（8335Btu/lb）]			
	98%脱硫率		99%脱硫率	
	MEL	LSFO	MEL	LSFO
A（m）	17.4	29.0	18.3	29.0
B（m）	15.3	15.2	15.3	15.2
C（m）	—	6.1	—	6.1

续表

尺寸	低硫煤［S_{ar}：0.6%，高位热值：19.39MJ/kg（8335Btu/lb）］			
	98%脱硫率		99%脱硫率	
	MEL	LSFO	MEL	LSFO
D（m）	—	15.2	—	15.2
E（m）	—	22.9	—	22.9
总喷淋层数（层）	2	3	3	3
托盘层数（层）	1	1	1	1
液气比 L/G（L/m^3）	2.7	6.7	4.1	8.2
等效液气比（L/m^3）	6.1	10.1	7.4	11.4
SO_2 流量（kg/h）	3230	3231	3230	3231
运行喷淋层数（层）	1	2	2	2
循环浆液总量（m^3/h）	6640	16 346	9960	19 617
吸收塔阻力（Pa）	2500	2750	2750	2750
NTU	3.91		4.61	
吸收塔/氧化风系统总电耗（kWh）	3524	5156	3872	5455
吸收剂制备系统电耗（kWh）	749	1120	749	1131

表 3-20　　中硫煤时 MEL 法与 LSFO 法吸收塔尺寸等的比较

尺寸	中硫煤［S_{ar}：1.3%，高位热值：30.47MJ/kg（13 100Btu/lb）］			
	98%脱硫率		99.6%脱硫率	
	MEL	LSFO	MEL	LSFO
A（m）	17.7	32.0	19.9	38.1
B（m）	15.3	16.8	15.3	16.8
C（m）	—	9.1	—	9.1
D（m）	—	15.2	—	15.2
E（m）	—	22.9	—	29.0
总喷淋层数（层）	3	3	3	5
托盘层数（层）	1	1	1	1
液气比 L/G（L/m^3）	4.1	10.7	6.7	20.1
等效液气比（L/m^3）	7.4	14.1	10.1	23.4
SO_2 流量（kg/h）	4360	4366	4360	4366
运行喷淋层数（层）	2	2	2	4
循环浆液总量（m^3/h）	9180	24 227	15 290	45 430
吸收塔阻力（Pa）	2750	3000	2750	3750
NTU	3.91		4.83	
吸收塔/氧化风系统总电耗（kWh）	3835	6145	4629	10 114
吸收剂制备系统电耗（kWh）	783	1100	783	1113

表 3-21 高硫煤时 MEL 法与 LSFO 法吸收塔尺寸等的比较

尺寸	高硫煤 [S_{ar}：3.0%，高位热值：29.59MJ/kg（12 720Btu/lb）]			
	98%脱硫率		99.8%脱硫率	
	MEL	LSFO	MEL	LSFO
A（m）	18.9	44.2	22.0	51.8
B（m）	15.3	19.8	15.3	19.8
C（m）	—	15.2	—	13.7
D（m）	—	15.2	—	15.2
E（m）	—	29.0	—	38.1
总喷淋层数（层）	3	5	3	8
托盘层数（层）	1	1	1	1
液气比 L/G（L/m^3）	5.4	17.4	9.4	32.1
等效液气比（L/m^3）	8.7	20.8	12.7	35.5
SO_2 流量（kg/h）	10 460	10 488	10 460	10 488
运行喷淋层数（层）	2	4	2	7
循环浆液总量（m^3/h）	12 280	40 144	21 490	74 145
吸收塔阻力（Pa）	2750	3500	3000	4750
NTU	3.91		6.21	
吸收塔/氧化风系统总电耗（kWh）	5117	10 562	6308	18 371
吸收剂制备系统电耗（kWh）	854	1100	854	1119

从上述比较数据看，MEL 法与石灰石/石膏法相比，液气比仅相当于相同脱硫率石灰石法的 1/4～1/3，吸收塔高度低 1/3 以上，运行电耗也大大降低，可弥补吸收剂石灰的费用，这可减少工程造价和降低综合脱硫成本，特别是对高硫煤，其优势更为明显。

镁增强石灰 MEL 湿法 FGD 技术在国外已得到广泛应用，但国内电厂还未得到很好的应用，实践证明，这是一种高脱硫率、低能耗、低投资、运行安全稳定可靠的脱硫技术，在我国火电厂超低排放的应用方面需要更好的研究。

第 4 章

MgO湿法FGD超低排放技术

4.1 MgO 湿法 FGD 技术概述

4.1.1 MgO 湿法脱硫原理

镁法 FGD 技术可分为 MgO 湿法和 $Mg(OH)_2$ 法，两者原理相同，区别在于吸收剂不同。MgO 湿法脱硫主要包括以下反应：

（1）MgO 熟化制浆：$MgO+H_2O \longrightarrow Mg(OH)_2$

（2）SO_2 的吸收：$Mg(OH)_2+SO_2 \longrightarrow MgSO_3+H_2O$

$$MgSO_3+SO_2+H_2O \longrightarrow Mg(HSO_3)_2$$

$$Mg(HSO_3)_2+Mg(OH)_2 \longrightarrow 2MgSO_3+2H_2O$$

（3）$MgSO_3$ 的氧化：$MgSO_3+\frac{1}{2}O_2 \longrightarrow MgSO_4$

（4）副产物结晶和析出：$MgSO_3+xH_2O \longrightarrow MgSO_3 \cdot xH_2O$

$$MgSO_4+yH_2O \longrightarrow MgSO_4 \cdot yH_2O$$

对于抑制氧化工艺（即没有氧化风机向吸收塔鼓入空气），脱硫形成的副产物中主要含有固态的 $MgSO_3 \cdot 3H_2O$、$MgSO_3 \cdot 6H_2O$，以及少量自然氧化形成的 $MgSO_4 \cdot yH_2O$（主要是 $MgSO_4 \cdot 7H_2O$），它们的晶体大且容易分离，经脱水后含水量小于 15%的副产品外买商用或再生 MgO 使用。在再生过程中将干燥的 $MgSO_3$ 和 $MgSO_4$ 进行焙烧，使其热分解，可得到 MgO，并同时析出 SO_2。焙烧温度对 MgO 的性质影响很大，适合于 MgO 再生的焙烧温度一般是 660～870℃，当温度超过 1200℃时，会发生 MgO 被“烧结”，破坏 MgO 的表面微孔特征，烧硬或烧结的 MgO 不能再作为脱硫剂。$MgSO_3$ 大约在 650℃左右开始分解，可直接加热分解；而 $MgSO_4$ 的分解温度较高，大约为 1100℃，焙烧时需要有焦碳等还原剂且要严格控制温度。在再生焙烧炉中的反应是：

$$C+\frac{1}{2}O_2 \longrightarrow CO$$

$$MgSO_4+CO \longrightarrow MgO+SO_2+CO_2$$

$$MgSO_4+\frac{1}{2}C \longrightarrow MgO+SO_2+\frac{1}{2}CO_2$$

$$MgSO_3 \longrightarrow MgO+SO_2$$

焙烧炉排气中 SO_2 的浓度为 10%～16%，可用于硫酸厂生产硫酸，再生的 MgO 可重新运回电厂用于脱硫。

对于强制氧化工艺（即有氧化风机向吸收塔鼓入空气），脱硫形成的副产物中主要是大量液态的 $MgSO_4 \cdot 7H_2O$，可直接排放入大海（海水中 $MgSO_4$ 的含量在 0.21%左右）。

典型的 MgO 湿法 FGD 工艺流程如图 4-1 所示，可见其与石灰石湿法基本类似。

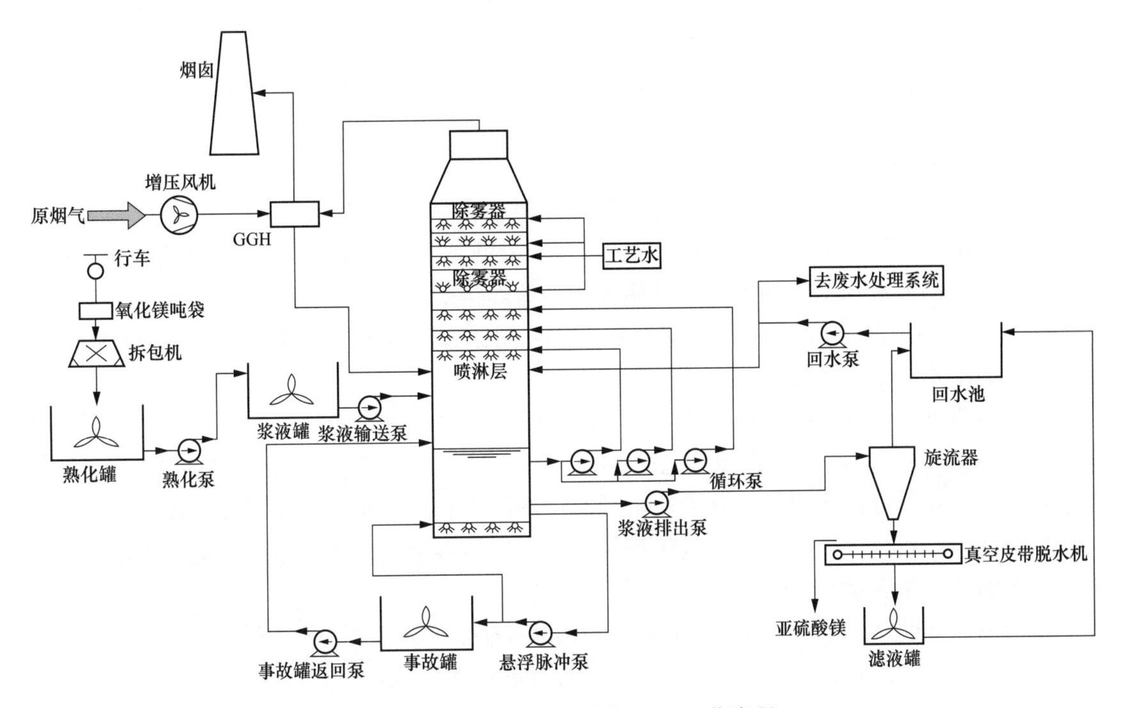

图 4-1 典型的 MgO 湿法 FGD 工艺流程

4.1.2 MgO 湿法脱硫技术特点

实践证明，MgO 湿法脱硫工艺投资少，对负荷变动的适应能力很强，运行可靠，维护工作量少，且具有很高的脱硫率。其主要工艺优点为：

（1）工艺成熟，脱硫率高，吸收剂利用率高，机组适应性强。在镁硫比为 1.03 时，镁法的脱硫率可达 99%以上，这对于 SO_2 实现超低排放很有优势。另外如前章所述，MgO 可作为添加剂加入石灰基工艺中形成富镁石灰 MEL 湿法 FGD 系统以获得更高的脱硫率。

（2）对煤种变化的适应性强。由于 MgO 的活性比石灰石高，它对入口烟气 SO_2 浓度的变化适应性强：当煤的含硫量或要求的脱硫率发生变化时，仅需调节脱硫剂的耗量便可满足更高的脱硫率的要求。

（3）投资少，运行电耗低，运行稳定。MgO 制浆系统较简单，不用粉磨，而且在吸收塔中液气比小、塔径小、设备少、占地面积小；循环泵流量、功率低，烟气系统阻力低，因而电耗小，厂用电率低。吸收剂的用量也少，反应生成的镁盐溶解度比 Ca 盐高（见表 4-1），系统不容易堵塞。

（4）脱硫副产物 $MgSO_3$、$MgSO_4$ 容易综合利用，具有较高商业价值；还可实现 MgO 再生工艺，吸收剂循环利用，降低运行成本。

表 4-1　　部分 Ca 化合物和 Mg 化合物的溶解度

分子式	溶解度 g/(100g 水)		其他
$CaCO_3$	0.006 5（20℃）	0.002（100℃）	—
Ca $(OH)_2$	0.185（0℃）	0.077（100℃）	溶于 H_2CO_3 成为 $CaHCO_3$
$CaSO_3 \cdot 1/2H_2O$	0.004 3（18℃）	0.002 7（100℃）	溶于 H_2SO_3 成为 $CaHSO_3$
$CaSO_4 \cdot 2H_2O$	0.223（0℃）	0.205（100℃）	溶于酸中
Mg $(OH)_2$	0.000 9（18℃）	0.004（100℃）	—
$MgSO_3 \cdot 6H_2O$	0.646（25℃）	1.956（60℃）	—
$MgSO_4$	26.9（0℃）	68.3（100℃）	33.5（50℃）

和石灰石/石膏湿法 FGD 技术相比，镁法脱硫也存在如下劣势：

（1）应用规模远不及石灰石/石膏湿法，在大容量机组（600MW 及以上）上运行经验欠缺。

（2）副产品要有市场、能回收再利用才有显著经济效益。

（3）脱硫剂 MgO 成本费用要高于石灰石。采用抛弃法要不断补充 MgO，运行成本高，仅在镁资源丰富的地区才有优势。

（4）吸收 SO_2 生成的 $MgSO_3$ 微溶于水，对系统管道有一定的磨损，依然存在结垢堵塞问题。抛弃法需要将 $MgSO_3$ 强制氧化成 $MgSO_4$ 以降低废水中化学需氧量（COD），通常需要单独设置氧化池强制鼓风，能耗大。若脱硫产物综合利用，烟气则需要预处理，通常采用文丘里洗涤器，压降大，能耗高。脱硫产物硫酸镁以溶液形式外排到市政管道，废水外排量大，可溶固体总量含量高，长期排放，存在环境风险。

镁资源在全世界范围不及石灰石普遍，因此没有在全世界范围得到广泛应用，但我国镁资源丰富，占全球总储量的 22.5%，有独特的条件发展镁法脱硫技术。我国的菱镁矿（$MgCO_3$）资源总量约 31 亿 t，居世界首位，占世界总储量的 85%，已探明的 27 个菱镁矿产地主要集中在辽宁、山东 2 省。其中辽宁产地 12 处，储量为 25.7 亿 t，约占全国总量的 86%；山东产地 4 处，储量为 2.9 亿 t，约占全国总量的 10%；其余分布在河北、甘肃、青海等省。我国水镁石 [Mg $(OH)_2 \cdot xH_2O$] 总储量为 2500 万 t，其中辽宁宽甸 1500 万 t，陕西宁强 780 万 t，吉林吉安 200 万 t。河南西峡、青海祁连山也发现有水镁石矿床。此外，我国还有丰富的液态卤矿可提供镁资源。液态矿是以海水、地下卤水、盐湖卤水为主，主要成分为 $MgCl_2$ 和 $MgSO_4$。我国是个多盐湖的国家，有广阔的海域和盐湖，分布极广，如辽宁、河北、山西、山东、广西、甘肃、青海等。这些镁矿经过适当加工后就可作为烟气脱硫剂。工业生产中的镁废料也可适当处理用作烟气脱硫原料。

我国用于烟气脱硫上的主要是轻烧氧化镁，其主要物理性质和用途等见表 4-2，质量标准 YB/T 5206—2004 中的表 1“轻烧氧化镁的牌号及化学成分”见表 4-3。

表 4-2　　氧化镁物理性质及用途

名称	轻烧氧化镁
英文名	Caustic Burned Magnesia（CBM），magnesium oxide
别名	苛性煅烧氧化镁
分子式	MgO，分子量 40
用途	用于造纸、化工、建材、橡胶、陶瓷、畜牧及制造镁砂等

续表

名称	轻烧氧化镁
物化性质	白色无定形粉末。无臭、无味、无毒。能溶解于酸和铵盐溶液中，易吸收空气中的二氧化碳和水分，生成碳酸镁。轻烧氧化镁粉按化学成分分为 8 个牌号，其中 CBM95、CBM94 又各分 A、B 两级
包装储运	产品包装袋材料要求耐磨蚀，不易破损，包装时袋口应封严。以双层袋包装，内层为塑料袋，外层为编织袋。成品必须储存在不受潮湿的仓库内。运输器械必须保持清洁，并有防雨、防雪设施。运输过程中必须严防受潮湿和污染
毒性防护	氧化镁对眼结膜和鼻黏膜有轻度刺激作用。蒸汽可引起溃疡病。粉尘可导致呼吸困难，胸闷，咳嗽，肺弥漫性间质纤维化并合并肺气肿。最高容许浓度美国规定为 $10mg/m^3$

表 4-3　轻烧氧化镁的牌号及化学成分

牌号	化学成分（质量分数），%				
	MgO⩾	SiO_2⩽	CaO⩽	Fe_2O_3	灼烧减量，LOI⩽
CBM96	96.0	0.5	—	0.6	2.0
CBM95A	95.0	0.8	1.0	—	3.0
CBM95B	95.0	1.0	1.5	—	3.0
CBM94A	94.0	1.5	1.5	—	4.0
CBM94B	94.0	2.0	2.0	—	4.0
CBM92	92.0	3.0	2.0	—	5.0
CBM90	90.0	4.0	2.5	—	6.0
CBM85	85.0	6.0	4.0	—	8.0
CBM80	80.0	8.0	6.0	—	10.0
CBM75	75.0	10.0	8.0	—	12.0

注　如对轻烧氧化镁活性、游离氧化钙有要求，由供需双方商定；粒度范围和要求如下：0～0.150mm，小于 0.150mm 要求不少于 97%；0～0.125mm，小于 0.125mm 要求不少于 97%；0～0.075mm，小于 0.075mm 要求不少于 95%；0～0.045mm，小于 0.045mm 要求不少于 95%。其他粒度要求由供需双方商定。

4.1.3 MgO 法 FGD 技术的应用

MgO 法在世界各地已有非常多的应用业绩，台湾的电站 95%是用 MgO 法脱硫，在美国、德国、日本等地都有应用。MgO 再生法的脱硫工艺最早由美国开米科基础公司（Chemico-Basic）20 世纪 60 年代开发成功，70 年代后，费城电力公司（PECO）与杜康（Ducon）公司、联合与建造（United&Constructor）公司合作研究 MgO 再生法脱硫工艺，经过几千小时的试运行后，在 3 台机组上（其中 2 个分别为 150MW 和 320MW）投入了 FGD 系统和两个 MgO 再生系统。应用 MgO 法脱硫最大单机容量的是美国安迪斯通（Eddystone）电厂 2×360MW 超超临界机组，采用美国盛尼克（Sunic）公司技术，1982 年投运至 2012 年机组停运，达 30 年时间，每年消耗近 3 万 t MgO，其中约 1/4 来自中国，1992 年以前脱硫副产品采用再生法回收 MgO，并生产硫酸出售；1992 年后由于市场需要，直接将副产品作镁肥施于果园、烟草、甘蔗田，提高产物产量和质量并改良土壤。

近几年国内的 MgO 湿法脱硫发展较快，2001 年，清华大学环境系承担了国家“863”计划中“大中型锅炉镁法脱硫工艺工业化”的课题，对镁法脱硫的工艺参数、吸收塔优化设计和副产品回收利用等进行了深入的研究，并在 4、12t/h 锅炉上进行了中试，在 35t/h 锅炉上进行了工程应用。目前国内也已有大量镁法 FGD 装置投入运行，有抛弃法、再生法和硫酸镁回收法，如山东华能辛店电厂原 2×225MW 机组、威海电厂 2×225MW 机组及一些石化厂、钢铁厂小型锅炉如太原钢铁（集团）有限公司 2×130t/h 的燃煤锅炉等。原山东鲁北化工股份有限公司（现为大唐鲁北电厂）2×330MW 燃煤机组湿式 MgO 法 FGD 系统分别于 2009 年 11 月 24 日和 2010 年 2 月 5 日通过 168h 试运，并于 2012 年 3 月 23 日通过了国家环境保护部环境保护验收（环验〔2012〕60 号），是当时国内规模最大的镁法 FGD 装置，以处理烟气量和脱硫吸收塔直径而论，也是当时世界上最大的 MgO 脱硫装置。山东魏桥铝电有限公司邹平热电厂一期装机 2×135MW 和 2×150MW 机组，4 台炉采用氧化镁（MgO 含量不小于 85%）脱硫，由六合天融（北京）环保科技有限公司 EPC 总包，2008 年投运。山东魏桥惠民县汇宏新材料有限公司热电厂（胡集电厂）4×330MW 机组 MgO 脱硫系统也已于 2013 年投运。表 4-4 列出了鲁北电厂和胡集电厂 MgO 脱硫系统的主要设计数据。

表 4-4　　MgO 脱硫系统主要设计数据

项目	鲁北电厂	胡集电厂
机组容量（MW）	2×330	4×330
设计原烟气量（m^3/h）	1 185 337（标态，湿基，实际 O_2）	1 242 402（标态，湿基，6%O_2）
设计原烟气 SO_2 浓度（mg/m^3）	3623	5093
设计脱硫率	≥97%，保证 95%	≥97%
烟气系统	无 GGH	1 台增压风机，无 GGH
吸收塔系统	设计液气比 5.7L/m^3，塔内烟速 3.3m/s，浆液循环停留时间 4.0min，化学计量比：1.03；塔本体 ϕ12.7m×28m；浆池液位（正常/最高/最低）：5/5.4/2.8m；浆池固体含 10%～20%；3 层喷淋，间距 2.2m，单台循环泵流量 3231m^3/h，扬程：31/34/36m	设计液气比 8L/m^3；塔内烟速 3.9m/s，浆液循环停留时间 4.5min，化学计量比：1.02；塔本体 ϕ12.8m×32.05m；浆池液位（正常/最高/最低）：7.3/7.8/6.8m；浆池固体含 20%～25%；4 层喷淋，间距 1.8m，单台循环泵流量 3500m^3/h，扬程：20/22/24/26m
MgO 制浆系统	吨袋 MgO 粉（85%纯度，90%小于 63μm）由汽车运到，气力送至 5 天储量的 1 个粉仓，再分别给料到 2 个 ϕ4.8m×5.3m 熟化罐加水搅拌制浆	吨袋 MgO 粉（85%纯度，90%小于 63μm）通过 3t 行车吊装至 2 个 ϕ6m×6.7m 熟化罐顶部进行人工拆包，经料斗直接进入熟化罐加水搅拌制浆
副产品和脱水系统	副产品：$MgSO_3\cdot xH_2O$≥76%，$MgSO_4\cdot 7H_2O$≤6%。共 3 台真空脱水机，单机出力按 2×75%的 2 台锅炉 BMCR 工况设置。脱水后副产品用行车装入汽车外运	副产品：$MgSO_3\cdot xH_2O$≥75%，$MgSO_4\cdot 7H_2O$≤7%。共 2 台真空脱水机，单机出力按 2×75%的 4 台锅炉 BMCR 工况设置。脱水后副产品用行车装入汽车外运

图 4-2 和图 4-3 为 2 个电厂 MgO 法吸收塔现场，图 4-4 和图 4-5 为鲁北电厂 FGD 系统总流程和实际运行画面，表明 MgO 湿法有着很高的脱硫率。

图 4-2　鲁北电厂 330MW 机组 MgO 法 FGD 系统现场

图 4-3　胡集电厂 330MW 机组 MgO 法 FGD 系统现场

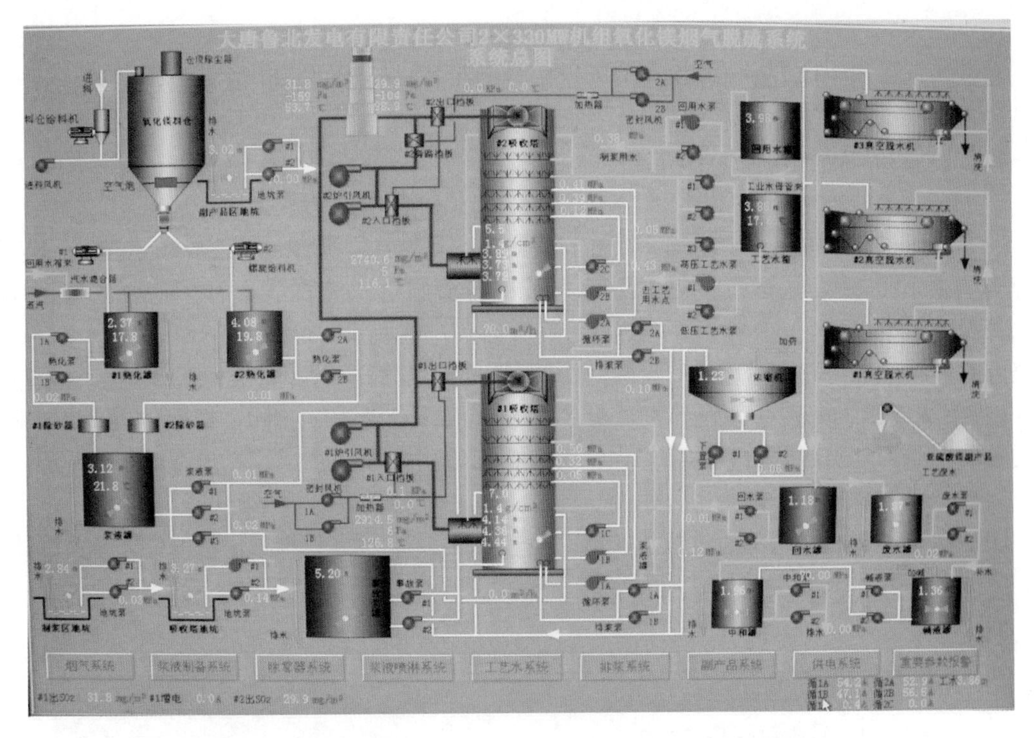

图 4-4 鲁北电厂 330MW 机组 MgO 湿法 FGD 系统总流程

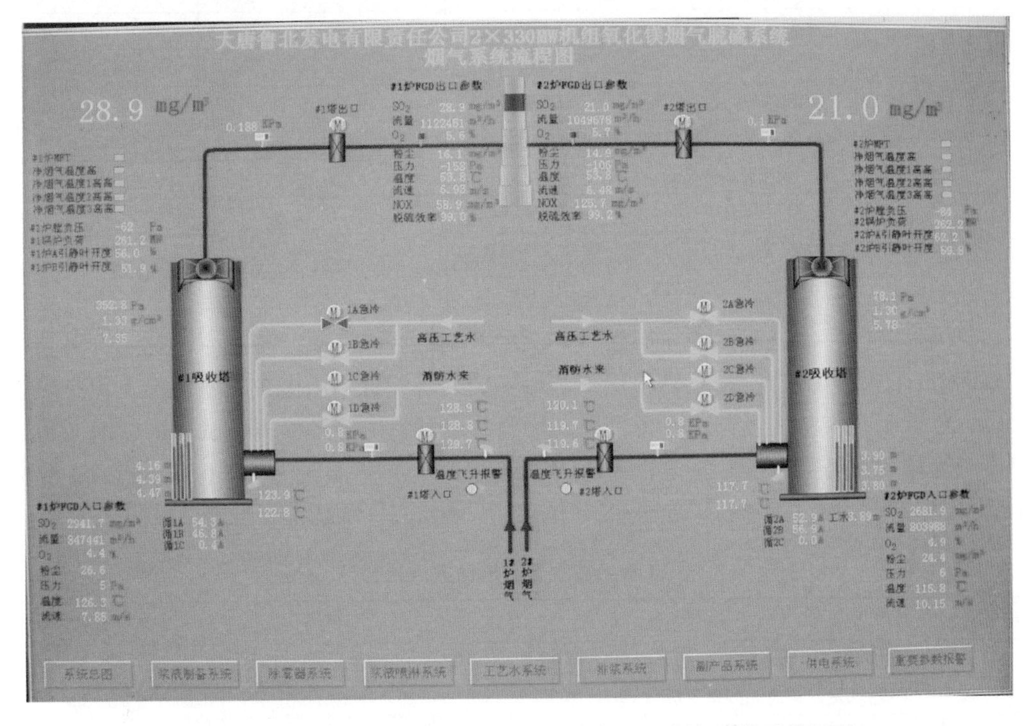

图 4-5 鲁北电厂 330MW 机组 MgO 湿法 FGD 烟气系统运行画面

2014 年 11 月、2015 年 6 月，广东沙角 B 电厂 1、2 号 350MW 机组 FGD 系统由石灰石/石膏湿法改为 MgO 湿法后，成了目前国内外单机容量最大的 MgO 湿法 FGD 装置。

4.2 350MW 机组 MgO 湿法 FGD 系统的超低排放改造

4.2.1 350MW 机组原 FGD 系统

1. 概述

广东沙角 B 电厂位于广东东莞市虎门镇沙角区，目前装机容量为 2×350MW，分别于 1987 年 4 月和 7 月投入运行。锅炉为日本石川岛播磨重工业株式会社生产，型号：IHI-FW、SR 型，单汽包、自然循环、再热式、露天布置；蒸发量：最大 1070t/h，额定 1034t/h；燃烧方式：膜式水冷壁、IHI-FW 双调风旋流燃烧器，前后墙对冲布置。两台机组共用一根 210m 集束式混凝土烟囱，其底部直径为 21.3m，顶部直径为 20.1m，烟囱内置 2 根 210m 由耐酸砖砌面、外敷隔热材料的钢烟囱，每台机组使用一根。

锅炉燃煤主要来源于内蒙古、山西、印尼等地，煤种主要有神华配煤、平混、大友、伊泰、印尼动力等。燃煤全部通过散货船海路运输，主要采用露天堆放。原 FGD 工程设计煤种成分分析见表 4-5。

表 4-5　　原 FGD 工程设计煤种成分分析

项目		设计煤种	校核煤种
元素分析	收到基碳，C_{ar}（%）	55.75	55.60
	收到基氢，H_{ar}（%）	3.48	3.64
	收到基氧，O_{ar}（%）	8.49	8.59
	收到基氮，N_{ar}（%）	1.31	1.33
	收到基硫，S_{ar}（%）	1.06	1.20
	收到基氯（%）	0.012	0.012
工业分析	干燥无灰基挥发分，V_{daf}（%）	38.49	38.54
	收到基灰分，A_{ar}（%）	18.91	19.14
	收到基水分，M_{ar}（%）	11.00	9.50
	收到基低位发热量，$Q_{net,ar}$（kJ/kg）	21 490	21 890
燃煤消耗量（t/h）		139.8	139.0

原 FGD 工程采用石灰石/石膏湿法工艺，一炉一塔配置，由山东三融环保工程有限公司总承包，负责脱硫工艺的设计、设备选择、采购、调试、试验及检查、试运行、培训和最终交付投产等相关服务。1 号机组 FGD 系统于 2007 年 1 月 26 日通过 168h 试运行；2 号机组 FGD 系统于 2006 年 12 月 21 日通过 168h 试运行。原 FGD 系统主要性能数据见表 4-6。

表 4-6　　原 FGD 系统主要性能数据（单台）

序号	项目名称	单位	数据
1	FGD 入口烟气数据		
	·烟气量（标态，湿基，6%O_2）	m^3/h	1 191 869
	·烟气量（标态，干基，6%O_2）	m^3/h	1 119 126
	·FGD 工艺设计烟温	℃	134.5
	·最低烟温	℃	适应机组最低负荷
	·最高烟温	℃	160

续表

序号	项目名称	单位	数据
	·故障烟温	℃	180
	·故障时间	min	20
2	FGD 入口处烟气成分（实际 O_2，标态，干基）		
	·N_2	%	79.699 9
	·CO_2	%	13.95
	·O_2	%	6.29
	·SO_2	%	0.060 1
	·H_2O	%，湿基	7.96
3	FGD 入口污染物浓度		
	·SO_2	mg/m^3	2379.8
	·SO_3	mg/m^3	50
	·HCl 以 Cl 表示	mg/m^3	50
	·NO_x	mg/m^3	558.43
	·最大烟尘浓度	mg/m^3	200
4	一般数据		
	FGD 系统总烟气阻力	Pa	2900
	化学计量比 $CaCO_3$/去除的 SO_2	mol/mol	1.03
	SO_2 脱除率	%	95
	液气比（标态，湿基，实际 O_2）	L/m^3	12.73
	·烟囱前烟温	℃	80
	·烟道内衬长时间抗热温度/时间	℃/min	180℃/20min
	·FGD 装置可用率	%	98
5	消耗品		
	·石灰石（规定品质 $CaCO_3$ 为 91%）	t/h	4.9
	·工艺水（循环水排水，平均/最大）	m^3/h	45（瞬间）
	·电耗（所有运行设备实际轴功率）	kW	7280（2 套）
6	FGD 出口污染物浓度		
	·SO_x 以 SO_2 表示	mg/m^3	119（设计煤种） 147.25（校核煤种）
	·SO_3	mg/m^3	35
	·HCl 以 Cl 表示	mg/m^3	10
	·HF 以 F 表示	mg/m^3	5
	·烟尘	mg/m^3	<50
	·NO_x	mg/m^3	—
	·除雾器出口液滴含量	mg/m^3	<75
7	石膏品质		
	·产量	t/h	8.43
	·$CaSO_4·2H_2O$	%	>91
	·pH 值	—	6～8
	·Cl（水溶性）	%	<0.01
	·$CaSO_3·1/2H_2O$	%	<1
	·$CaCO_3$ 和 $MgCO_3$	%	≤3

2. FGD 系统主要工艺流程和设备

（1）FGD 烟气系统。最初的 FGD 烟气系统流程如图 4-6 所示，原烟气分别来自锅炉 2 台引风机出口，汇合后经一台动叶可调轴流式增压风机进入回转式换热器（GGH）放热降温，然后通过吸收塔 3 层浆液喷淋洗涤，净化后的烟气由塔顶两级除雾器除去液滴后再经过 GGH 加热到 80℃以上，最后通过烟囱排放大气。2012 年增压风机和锅炉引风机合并，并取消了原旁路挡板门。

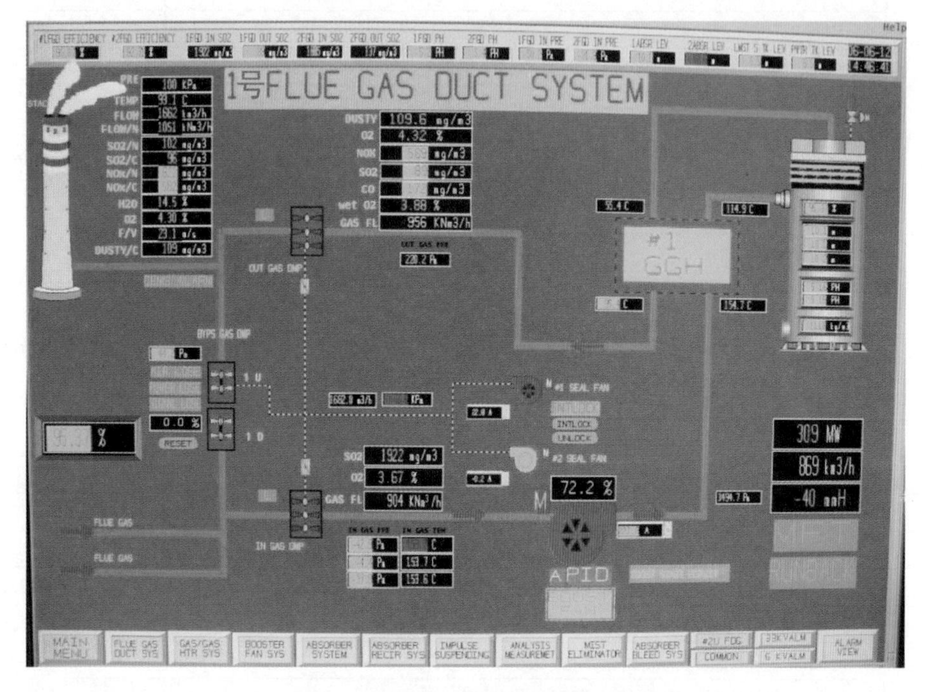

图 4-6　最初的 FGD 烟气系统流程

（2）FGD 吸收塔系统。FGD 吸收塔采用了德国比晓芙工艺，该工艺有以下技术特点：

1）运用脉冲悬浮系统，避免安装机械搅拌器。

2）采用池分离器技术，分别为氧化和结晶提供最佳的反应条件。

3）优化了喷嘴的布置形式，降低了液气比。

4）采用 2 级屋脊式除雾器布置方式。吸收塔内径 11.5m，塔高 34.3m，主要设计参数见表 4-7，图 4-7 为吸收塔内部结构示意，图 4-8 为塔内喷淋层及池分离器和脉冲悬浮系统。每座吸收塔配置 3 台浆液循环泵，2 台脉冲悬浮泵（1 运 1 备）和 2 台石膏浆液排出泵（1 运 1 备），设两级屋脊型除雾器。两塔各配备 1 台氧化风机，另 1 台氧化风机通过母管为两塔备用。

吸收塔壳体采用碳钢内衬玻璃鳞片树脂，塔烟气入口处采用碳钢内衬 6mm 的 C276 合金钢。吸收区设有三层喷淋，分别由 3 台循环泵单元供给，最上层喷淋层采用空心锥单向喷嘴，下面两层采用空心锥双向喷嘴，以增加吸收区高度和烟气在喷淋区的停留时间，喷淋管主管为碳钢内外衬胶制作，支管采用 FRP 材料。吸收塔上部装有两级屋脊型除雾器（见图 4-9），脱硫后的烟气经除雾器后除掉大于 20μm 的雾滴和石膏微粒。吸收塔浆液池中装有氧化风管，氧化风管为合金钢材质，采用多孔喷射，增强了氧化效果。

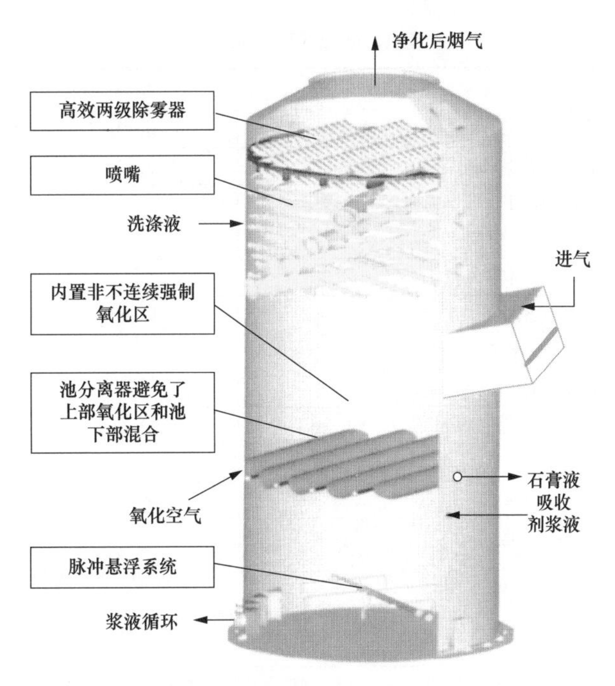

图 4-7 原吸收塔内部结构示意

图 4-8 原吸收塔内喷淋层和池分离器及脉冲悬浮系统

图 4-9 吸收塔循环泵、除雾器及鳞片防腐

表 4-7　原吸收塔设计参数

项目	单位	数值
吸收塔前烟气量（标干态/标湿态/工况）	m^3/h	1 119 126/1 191 869/BMCR
吸收塔后烟气量（标干态/标湿态/工况）	m^3/h	1 251 118/1 122 910/BMCR
设计压力	Pa	±6000
浆液循环停留时间	min	4.39
浆液停留时间	h	13.57
液气比	L/m^3	12.73
烟气流速	m/s	3.90
吸收塔烟气停留时间	s	4.36
化学计量比 Ca/脱除 SO_2	mol/mol	1.03
浆池固体含量	%	8～15
浆液含氯量	g/L	20
流向（顺流/逆流）	—	逆流
吸收塔区	直径 11.5m，高度（从正常液面至最高喷淋层中心标高）17m	
浆池	直径 11.5m，正常高 10m，容积 $1040m^3$	
总高度	m	34.3
喷淋层	3 层，间距：2m，FRP 管，喷嘴为空心锥形/碳化硅，每层 78 个喷嘴	

（3）石灰石浆液制备系统。2 台 350MW 机组共用两套湿磨制浆系统（如图 4-10 所示），设 2 台湿式球磨机，每台容量为设计煤种 FGD 装置 BMCR 工况的 75%，并满足校核煤要求，每台磨煤机的额定出力 12.4t/h。每套球磨机配 1 个石灰石旋流器站，溢流浆液粒度满足 90%通过 61μm（250 目）要求。

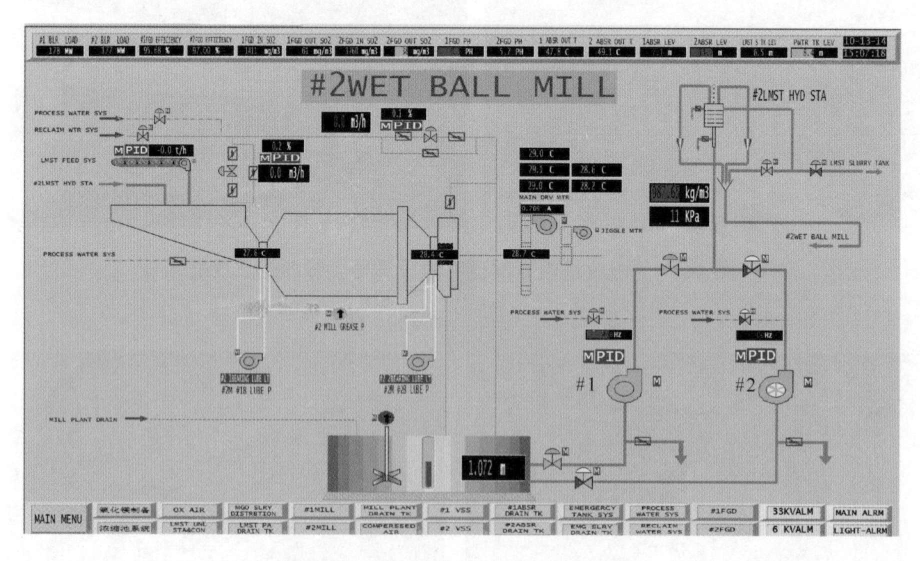

图 4-10　FGD 石灰石浆液制备系统

外购的 1～3cm 的石灰石块料用船运输至电厂现有的综合码头，卸至码头附近的石灰石堆场，堆场的石灰石由铲车送至物料斗经振动给料机至斗式提升机，经皮带输送机将石灰石送至布置在输煤栈桥下区域的石灰石破碎及磨制系统。先进入破碎机，再经振动给料机进入斗式提升机，通过布置在仓顶的埋刮板机分别送至 2 台磨煤机料仓，再经称重式皮带给料机输送至湿式球磨机内制浆，制成的浆液浓度约为 25%～30%。

FGD 装置公用 1 个石灰石浆液箱 ϕ6.8m×9m，满足 2 套 FGD 装置 8h 的浆液需要量。每台吸收塔设置 2 台 100%容量石灰石浆液输送泵（一运一备），石灰石浆液箱至吸收塔的每条输送管上分支出一条再循环管回到石灰石浆液箱，以防浆液在管道内沉淀。图 4-11 为 FGD 石灰石输送系统和球磨机。

（4）石膏脱水和储存系统。来自吸收塔的石膏浆液经吸收塔排浆泵排出后进入石膏旋流站，浓缩后的浆液含固率约为 50%，再经过真空皮带脱水机脱水，脱水的同时对石膏进行冲洗以降低其中的 Cl^- 浓度，以满足石膏综合利用的品质要求。经脱水处理后，石膏含水率小于 10%（设计值），石膏纯度大于 90%。脱水后的石膏落入石膏库，然后用装卸车装车外运。石膏库约可存放 2500t 石膏，石膏全部综合利用。脱水滤液及旋流器的上清液返回回收水池，经回收水泵升压后，分别送至吸收塔、石灰石制浆系统、废水旋流器，废水旋流器溢流作为脱硫废水进行进一步处理。

共设 2 套真空皮带脱水系统（如图 4-12 和图 4-13 所示），每台真空皮带机出力按 75% 的两台锅炉 BMCR 工况运行时产生的石膏浆液量配置。

（a）FGD石灰石输送系统

（b）球磨机

图 4-11　FGD 石灰石输送系统和球磨机

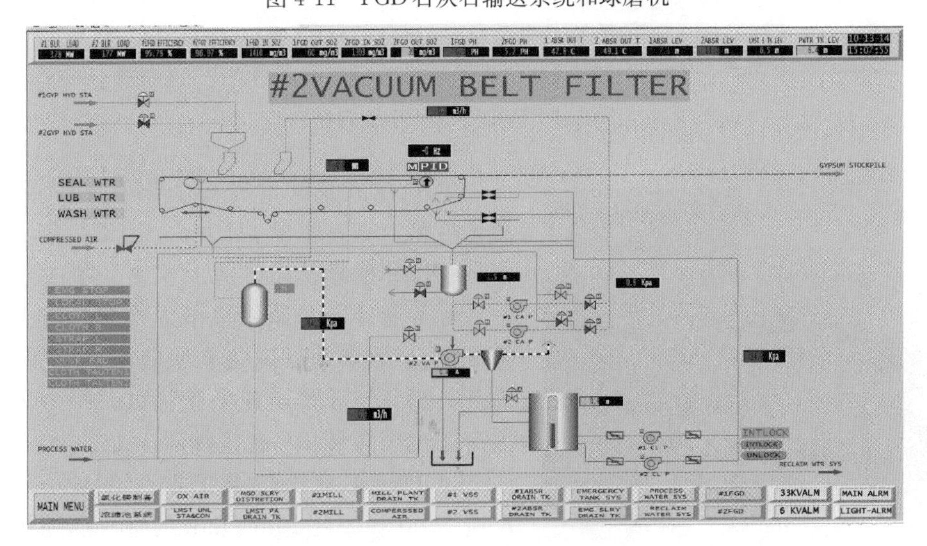

图 4-12　FGD 真空皮带脱水系统

图 4-13　石膏旋流器（左）及真空皮带脱水机总貌（右）

（5）FGD 工艺水、气系统。FGD 工艺水系统的水源来自当地自来水公司，设有 1 台 ϕ9m×9m（有效体积 500m^3）的工艺水箱、3 台 100%容量的工艺水泵、3 台 100%容量的除雾器冲洗泵及 1 台 100%容量的 GGH 高压冲洗泵。系统流程如图 4-14 所示，主要设备如图 4-15 所示。

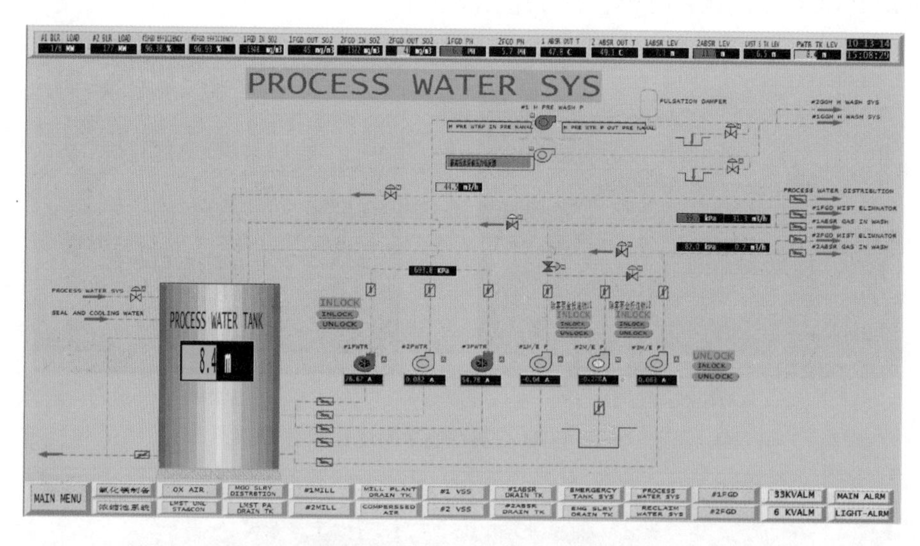

图 4-14　FGD 工艺水系统流程

图 4-15　FGD 工艺水箱和泵

FGD 排放系统设有一个 ϕ11.5m×12m 的事故浆液箱，有效体积 1150m^3，用于收集吸收塔在事故状态和检修状态排放的浆液。事故浆液箱有一台脉冲悬浮泵，兼做浆液返回泵，出力满足浆液 8h 返回吸收塔。在每台吸收塔、事故浆液箱、石灰石制备等区域设置了排污坑。每个排污坑都装有一台排浆泵和一台搅拌器。

FGD 压缩空气站设置 1 台 37m^3/min、1 台 25m^3/min 和 2 台 10m^3/min 的空气压缩机分别作为工艺压缩空气和仪用压缩空气的气源。工艺压缩空气主要是 GGH 烟气换热器的吹灰用气。经净化后无油、无水的仪用压缩空气，用于 FGD 装置所有气动操作的仪表和控制装置的气源。根据需要分别设置了一个仪用空气稳压罐和一个工艺用压缩空气储气罐。

（6）FGD 废水系统。2 套 FGD 系统共设 1 套废水处理装置，设计出力 21t/h，设计废水量 5.2t/h，实际运行废水量约 $10m^3/h$。FGD 废水系统为典型的三联箱系统，如图 4-16 和图 4-17 所示。脱硫废水来自回收水池，回收水泵运行时一部分进入到废水缓冲箱，由缓冲水泵经旋流器打入三联箱。经中和、絮凝和沉淀等一系列处理过程，通过添加絮凝剂及助凝剂，使固体沉淀物絮凝。通过澄清池将固形物从废水中分离出来。采用板框压滤机将分离出来的氢氧化物泥浆脱水。污泥脱水系统的污泥运至干灰场储存，处理达标后废水排放至电厂原有灰沉淀池。

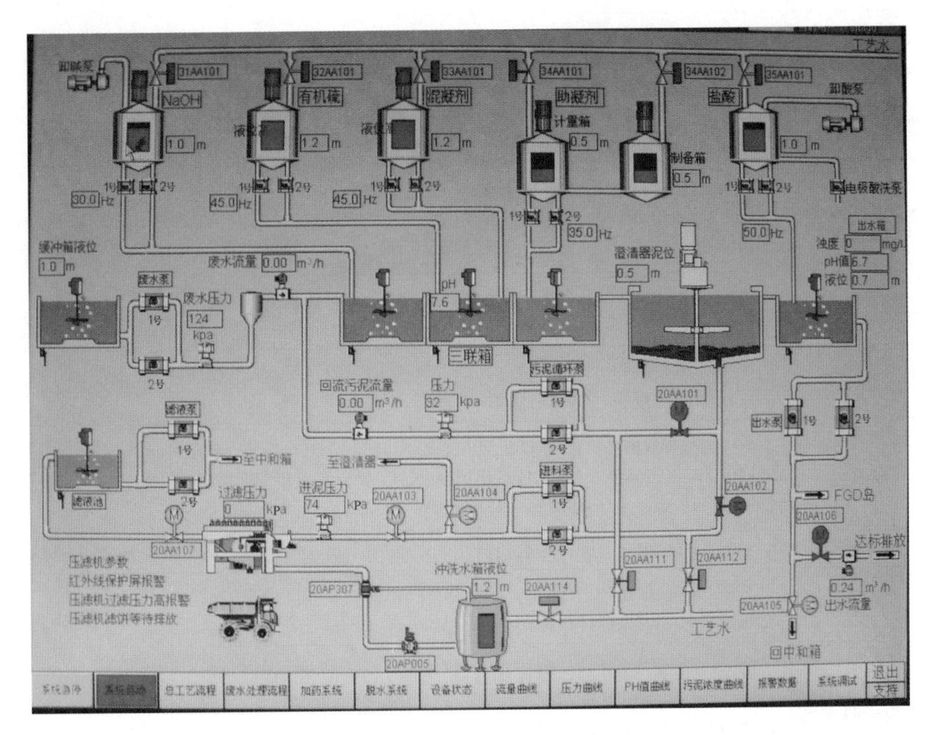

图 4-16 原 FGD 废水系统流程

图 4-17 原 FGD 废水处理三联箱（左）和出水箱（右）

表4-8列出了原FGD系统的部分主要设备。

表4-8　原石灰石/石膏FGD系统主要设备

序号	名称	设备参数	生产厂家
1	增压风机	RAF37.5-20-1型，动叶可调轴流式风机。设计点 Q=560m³/s，全压4560Pa，轴功率2891kW，风机效率86.93%。电机型号YKK900-8型，N=3150kW，额定电压6000V，额定电流358A，转速744r/min	上海鼓风机厂有限公司
2	GGH	回转式换热器，29.5GVN350型；转速：运行/清洗1.5/0.5r/min，设计压降（原烟气侧/净烟气侧）404/354Pa，换热面积11 372m²、换热元件总高580mm，换热元件厚度（0.75+0.4）mm。 电机功率11kW、额定电压380V、额定转速1460r/min	上海豪顿华公司工程有限公司，后换热元件改为无锡巴克-杜尔大通道元件
3	浆液循环泵A/B/C	类型：离心泵LC600-825型，Q=5100m³/h，扬程=21m/23m/25m，N=500kW/500kW/630kW，转速：590/611/633r/min	襄樊五二五泵业有限公司
4	吸收塔本体	ϕ11.5m×34.8m，浆池 V=1040m³，碳钢衬玻璃鳞片。喷嘴：空心锥形/碳化硅，每层78个，德国Lechler	—
5	除雾器及冲洗	屋脊式2级，PP材质。冲洗系统喷嘴压力100kPa，喷嘴流速2.6m/s，单位面积冲洗水消耗量500L/(m²·min)，冲淋锥60°，冲淋重叠40%	德国Munters公司
6	石膏排放泵	类型：离心泵80DT-A36（32）型，Q=81m³/h，扬程81m，N=37kW	石家庄泵业有限公司
7	脉冲悬浮泵	类型：离心泵10/8R-M型，Q=1060m³/h，扬程22m，机械密封，过流部件材质：双相不锈钢A49	石家庄泵业有限公司
8	氧化风机	2号风机ARF-250 E型罗茨风机，Q=6150m³/h（湿），全压90kPa，N=250kW。1、3号氧化风机型号：BRD7000罗茨风机，Q=6180m³/h，全压80kPa，N=250kW	长沙鼓风机厂、江苏百事德机械有限公司
9	湿式钢球磨煤机	型号：SBC200×400，单台设计出力7.2t/h，功率：185kW	德国FAM公司
10	石灰石浆液泵	类型：离心泵3/2C-AH型，Q=60m³/h，扬程30m，1900r/min，密机械密封，过流部件材质：A49。电机：Y180-2/22kW	石家庄泵业有限公司
11	真空皮带脱水机	DU-15.6m²/1300型，设计能力/最大能力12.2/15.6t/h，外型尺寸：16.5m×2.48m，总高度3.2m，有效过滤面积：15.6m²，过滤有效宽度：1.3m。 电动机：Y132M4，N=7.5kW，制造商：意大利ROSSI公司	烟台桑尼核星环保设备公司
12	真空泵	2BEC40型、水环式，Q=4700m³/h，−66kPa（g）。电机：Y280M-4型，N=90kW，1480.7r/min，电压/电流380V/164A	淄博水环真空泵厂有限公司
13	工艺水泵	离心泵KWPK125-500型，Q=180m³/h，扬程56m，转速1450r/min。电机Y250M-4、55kW	石家庄泵业集团
14	除雾器冲洗水泵	离心泵KWPK80-250型，Q=110m³/h，扬程65m，转速2900r/min。电机Y200L2-2，37kW	石家庄泵业集团

FGD电气系统包括供配电系统，电气控制与电气保护系统，火灾报警与消防控制系统、照明及检修设备与检修电源系统，事故保安电源，UPS和直流系统。

FGD系统采用一套分散控制系统（FGD-DCS）进行监控，FGD-DCS的控制网络为两台机组公用网，通过建立通信站点的方式，将1、2号机组和公用部分的控制系统相对独立。

DCS 控制系统通过高速数据通路与操作员站、工程师站交互信息。FGD-DCS 的功能包括数据采集系统（DAS）、模拟量控制系统（MCS）、顺序控制系统（SCS）等。

3. FGD 系统运行情况

2011 年 7 月，《火电厂大气污染物排放标准》（GB 13223—2011）发布，2012 年 1 月 1 日开始实施，与 GB 13223—2003 标准相比较，SO_2 的排放要求有了明显的提高，重点地区 SO_2 允许排放浓度已达 50mg/m^3。

对于沙角 B 电厂，若执行原锅炉 200mg/m^3 的 SO_2 排放标准，则电厂 FGD 系统有较大的裕量，根据脱硫厂家的设计曲线图 4-18——FGD 脱硫率与 FGD 入口烟气 SO_2 浓度的关系，入口 SO_2 浓度在 3000mg/m^3（对应的锅炉燃煤 $S_{ar}\approx1.25\%$）时也可满足要求。但是 FGD 系统在设计吸收塔的条件下（BMCR 烟气量、3 层喷淋层），FGD 出口 SO_2 浓度要达到 50mg/m^3 的要求，在不进行吸收塔增容改造的情况下，FGD 入口烟气 SO_2 浓度要求在 1250mg/m^3 以下，系统脱硫率在 96%以上，则电厂要控制入炉煤含硫量 S_{ar} 在 0.52%以下。

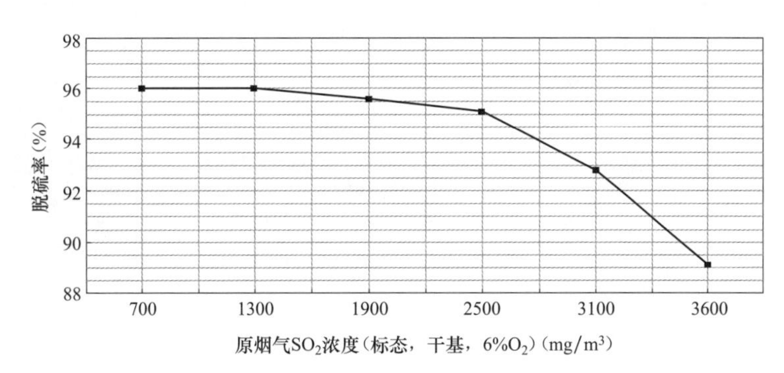

图 4-18 FGD 脱硫率与 FGD 入口烟气 SO_2 浓度的关系

2013 年 5 月，该电厂委托相关单位对 2 号 FGD 装置进行了全面的运行性能评估试验工作，以分析诊断 FGD 系统的运行性能及存在的问题，对系统能否满足电厂面临的环保标准做出科学判断，根据运行性能评估试验的结果为下一步的增容改造工作提供数据依据。评估结论如下：

2 号机组 FGD 装置在平均为 340MW 负荷、烟气流量为 123.05×10^4m^3/h（标态，湿基，实际 O_2），122.58×10^4m^3/h（标态，干基，6%O_2）测试时段内，原烟气 SO_2 浓度的平均值为 1144mg/m^3 时，3 台循环泵全部运行，净烟气 SO_2 浓度的平均值为 60mg/m^3，脱硫率平均值为 94.77%。

原烟气 SO_2 浓度的平均值为 1521mg/m^3 时，净烟气 SO_2 浓度的平均值为 83mg/m^3，脱硫率平均值为 94.58%。

原烟气 SO_2 浓度的平均值为 2228mg/m^3 时，净烟气 SO_2 浓度的平均值为 158mg/m^3，脱硫率平均值为 92.89%。

以上测试时段内的净烟气 SO_2 排放浓度均不满足国家对重点区域 SO_2 小于 50mg/m^3 的环保要求。

与设计的原烟气 SO_2 浓度对应的脱硫率相比，现有 FGD 系统性能有所下降。因此，在原设计条件下 FGD 系统难以满足 FGD 出口 SO_2 浓度在 50mg/m^3 以下的要求，系统必须进行增容改造（当时还没有 SO_2 浓度在 35mg/m^3 以下的超低排放要求，改造目标是达到

50mg/m³ 以下）。

4.2.2 改造 FGD 技术的选择

目前国内外脱硫增效技术有许多，为此电厂多次组织技术人员在国内进行脱硫改造方案的交流和调研。结合环保政策的变化和电厂的实际状况，电厂经详细比较分析和筛选，认为以下 3 种脱硫改造技术路线比较适合现有 FGD 系统的增效改造。

（1）增加 1 层合金托盘和 1 层喷淋层技术。

（2）采用旋汇耦合气动脱硫技术。

（3）采用镁法脱硫技术。

3 种脱硫改造技术路线综合比较情况见表 4-9。

表 4-9　脱硫改造技术路线综合比较

比较内容	合金托盘技术	旋汇耦合气动技术	MgO 法技术
入口 SO_2 浓度（mg/m³）	2379.8	2379.8	2379.8
要求的脱硫率（%）	≥97.9（无 GGH）；98.9（GGH）	≥97.9（无 GGH）；98.9（GGH）	≥97.9（无 GGH）；98.9（GGH）
技术成熟度	成熟，业绩众多，约 1300MW	成熟，自主知识产权；约 600MW	基本成熟，小锅炉用的较多；最大 330MW
吸收剂来源	广泛	广泛	山东、辽宁等地，需先签合同。每台炉年耗量约 14 231t
副产品	石膏性质稳定，可卖	石膏性质稳定，可卖	$MgSO_3$ 较稳定，需联系化工厂接收或堆放灰场
改造工作量	小	比托盘稍大	较大
改造场地	不增加	不增加	增加 MgO 储存和制浆车间
改造基础	每塔增重，基础校核，估计不用加固	每塔增重约 100t，基础校核，塔体加固	塔不增重，原基础满足
吸收塔	下部增 1 层托盘、1 层喷淋层及泵；最上层喷淋层及泵更换	增加 1 层气动单元、1 层喷淋层及泵，改造原 3 层喷淋层	保留现有脱硫塔，更换喷淋层和喷嘴；取消氧化系统
制浆系统	利旧	利旧	新增 1 个熟化罐和搅拌器，4 台浆泵，MgO 输送和下料系统等。原湿磨逐步拆除
脱水系统	利旧	利旧	脱水机利旧，旋流器备用，新增 1 台真空泵等
废水系统	利旧	利旧	利旧
电气系统	随工艺少量改造	随设备少量改造	随设备改造较多
DCS 系统	随设备少量改造	随设备少量改造	随设备改造较多
其他系统	利旧	利旧	基本利旧
烟气系统	增加阻力约 1000Pa，引风机需改造	阻力与托盘相当，引风机需改造	阻力比托盘小约 1250Pa，引风机无需改造

续表

比较内容	合金托盘技术	旋汇耦合气动技术	MgO 法技术
厂用电情况	增加约 1485kW。合计每台 5125kW，厂用电率 1.46%，增加约 0.42%	与托盘相当	约 2530kW，厂用电率约 0.72%，比原来减少 0.32%。仅为石灰石法的一半（基于 2 台循环泵在运行）
安装调试	简单。原塔入口上沿距最下层喷淋层中心有 7.6m，满足改造空间要求，塔无须抬高	稍复杂	因工艺改变，安装调试相对复杂，各控制参数需重新熟悉
运行可靠性	可靠	可靠	新工艺，运行控制要求较高，有塔内板结风险
初投资（万元）	2600	3300	4000

最终电厂选择了 MgO 法 FGD 技术，主要理由如下：

（1）机组已投产运行 28 年了，在满足环保要求的前提下，节能是一个重点。

（2）MgO 脱硫工艺在国内已得到较大应用，在 330MW 机组也已运行 5 年，具有脱硫率高、成熟可靠、省电等优点。

（3）电厂采用 MgO 法，不用增加喷淋层，正常运行时只需 2 层（石灰石湿法需 4 层以上），且取消氧化风机、湿式球磨机等，这样可大大节电，初步估算厂用电率比石灰石湿法减少了 0.72%，只有石灰石湿法的 55%左右。

（4）MgO 原料成本虽然较贵，但可大幅降低厂用电，综合电费、吸收剂费用、副产品处置、燃料成本等因素，2 台机组 MgO 法比石灰石法运行费用少约 232～902 万元/年，而初投资增加不多，改造工期均满足要求。

（5）MgO 法对燃料的适应性更好，可满足今后更严格的环保排放要求；结合将来取消 GGH 后，燃煤配煤含硫量范围可大幅提高，增加了燃煤采购的灵活性。

4.2.3 MgO 湿法 FGD 改造的主要内容

1. 改造数据

综合考虑设计煤质条件和评估试验实测数据，改造 FGD 系统烟气条件如下：

（1）改造设计煤质仍按原设计煤质考虑，即设计燃煤含硫量为 1.06%（FGD 入口 SO_2 浓度 2379.8mg/m^3）。

（2）原设计 FGD 系统入口烟气温度为 134.5℃，电厂改进省煤器，改造 FGD 系统设计入口烟温（引风机后烟气温度）按 125℃。

（3）本次改造烟气量设计值为 1 261 834m^3/h，比原设计大。

（4）由于电厂进行了电除尘器改造，本次改造 FGD 系统入口烟气粉尘浓度按 70mg/m^3 进行设计。

改造采用的 MgO 吸收剂分析资料见表 4-10。

表 4-10　MgO 吸收剂分析资料

名称	单位	数值
氧化镁（MgO）	%	≥85
二氧化硅（SiO_2）	%	≤6.0

续表

名称	单位	数值
氧化钙（CaO）	%	≤4.0
灼烧失量	%	≤8.0
细度（10%筛余）	μm	74

FGD系统性能保证值为：

（1）SO_2脱除率及FGD装置出口SO_2浓度。FGD装置在验收试验期间（在BMCR工况下连续运行7天），GGH入口净烟气SO_2浓度不大于26mg/m^3，系统脱硫率不小于97.9%（GGH漏风率按1%计，吸收塔脱硫率不小于98.9%），GGH出口净烟气SO_2浓度不大于50mg/m^3。

SO_2浓度为3282mg/m^3（对应燃煤收到基硫分约1.5%），系统脱硫率不小于98.5%（GGH漏风率按1%计，吸收塔脱硫率不小于99.5%）。

SO_2浓度为2630mg/m^3（对应燃煤收到基硫分约1.2%），系统脱硫率不小于98.1%（GGH漏风率按1%计，吸收塔脱硫率不小于99.1%）。

（2）其他污染物排放。在设计条件下，FGD系统出口SO_3≤5mg/m^3，HF≤5mg/m^3，HCl≤5mg/m^3。

（3）电、MgO、水耗量（两台炉）。连续运行14天的电量消耗累计的平均值不大于3150kW（不计引风机电耗）；MgO粉消耗量平均值不大于5.2t/h；工艺水耗量平均值不大于110t/h，工业水消耗量平均值不大于10t/h。

（4）除雾器出口液滴携带量。在设计工况下，除雾器出口液滴携带量不大于75mg/m^3。

（5）副产品品质保证。

1）pH：6～9。

2）自由水分不大于15%，不影响输送和运输。

3）$MgSO_3 \cdot xH_2O$含量不小于65%（以无游离水分的副产物作为基准，下同）。

4）$CaCO_3 + MgCO_3 < 3\%$。

5）$MgSO_4 \cdot 7H_2O < 15\%$。

6）溶解于副产物中的Cl^-浓度小于0.01%。

7）溶解于副产物中的F^-浓度小于0.01%。

（6）烟气系统压降。吸收塔入口膨胀节至出口膨胀节的塔本体阻力增加保证值不超过200Pa。

（7）FGD装置可用率。FGD整套装置的可用率100%，可用率定义：

$$可用率 = \frac{A-B-C}{A} \times 100\%$$

式中 A——FGD装置统计期间可运行小时数；

B——FGD装置统计期间强迫停运小时数；

C——FGD装置统计期间强迫降低出力等效停运小时数。

（8）出口烟尘浓度。确保FGD出口烟尘浓度不超过20mg/m^3。烟尘浓度包括飞灰、钙盐类及其他惰性物质（这些物质悬浮在烟气中，标准状态下以固态或液态形式存在），不包括游离态水。

（9）脱硫废水。确保脱硫废水经处理后的水质合格。满足《火电厂石灰石-石膏湿法脱硫废水水质控制指标》（DL/T 997—2006）要求或相关的火电厂脱硫废水水质控制的国家标准及电力标准。在设计运行工况下，FGD 系统产生的最大废水量不超过现有废水系统处理能力；经废水处理系统处理后，排出废水的主要指标为 pH：6～9；悬浮物：≤100mg/L；COD<100mg/L。

2. 主要改造内容

（1）吸收剂制备及输送系统。吸收剂制备系统采用 MgO 粉作为原料，以吨袋形式进行浆液制备，然后经吸收剂浆液泵送至吸收塔。在脱硫码头位置新建一座 35m×20m 的 MgO 仓库，用于堆放运到厂中的 MgO 粉包，仓库防震、防 14 级台风。设置 2 个 ϕ6m×4.8m 的 MgO 熟化罐（有效容积 100m^3），熟化罐采用钢砼结构，内涂耐磨砂浆。配置 2 套 MgO 粉吨袋自动拆包机、2 套 MgO 粉吨袋下料/上料行车、2 套专业高效除尘装置等氧化镁粉下料及上料系统。新 MgO 熟化罐往原有石灰石浆液箱供浆；新增一个 3m×3m×3m 制浆区集水坑及排浆泵 1 台。

采用电动行车和电动葫芦装置，将 MgO 粉袋从地面吊至上粉平台 MgO 熟化罐正上方，由自动拆包机将 MgO 粉经格栅、下料斗进入 MgO 浆液箱。MgO 粉加料平台设置除尘器，洁净气中最大含尘量不超过 20mg/m^3 要求。MgO 熟化罐包括罐体及防腐、搅拌器和搅拌器需要的连接管、进料出料、溢流和排水管，料位控制、检查孔及所有其他必要设施、法兰等。每座罐体配套设置 2 台卧式离心供浆泵（一运一备），壳体/叶轮材料：耐磨叶轮；机械密封；吸入侧压力：0Pa；扬程：300kPa；流量：200m^3/h；介质含固量：15%～20%。

图 4-19、图 4-20 为改造后 MgO 浆液制备和供浆系统流程，图 4-21 为现场 MgO 粉仓库及内部制浆设备。

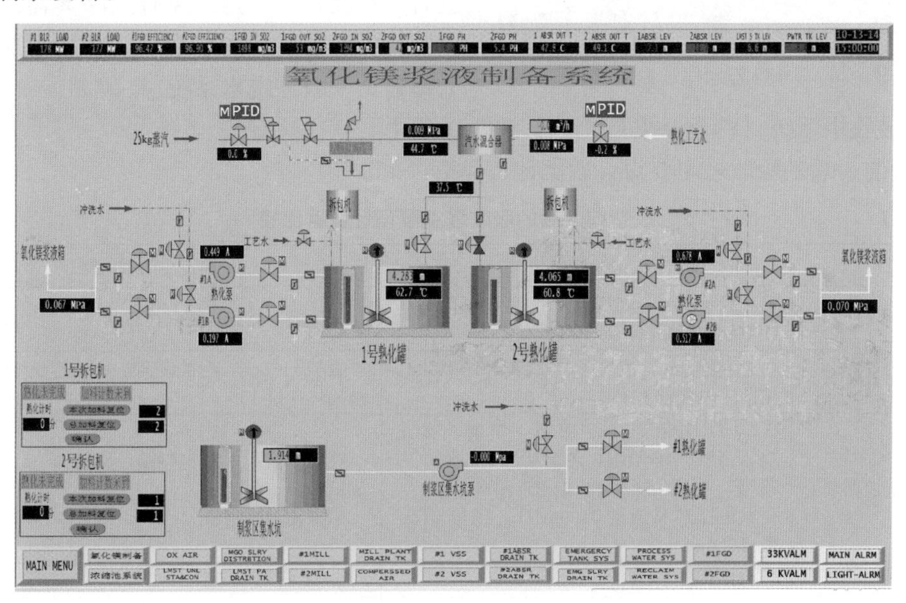

图 4-19 改造后的 MgO 粉制浆系统

（2）SO_2 吸收系统。

1）原 3 台石灰石/石膏湿法浆液循环泵及三层喷淋层利旧使用，更换所有喷嘴。在塔内新增偏转环，有利于烟气和浆液的均布，有助于提高脱硫效率。

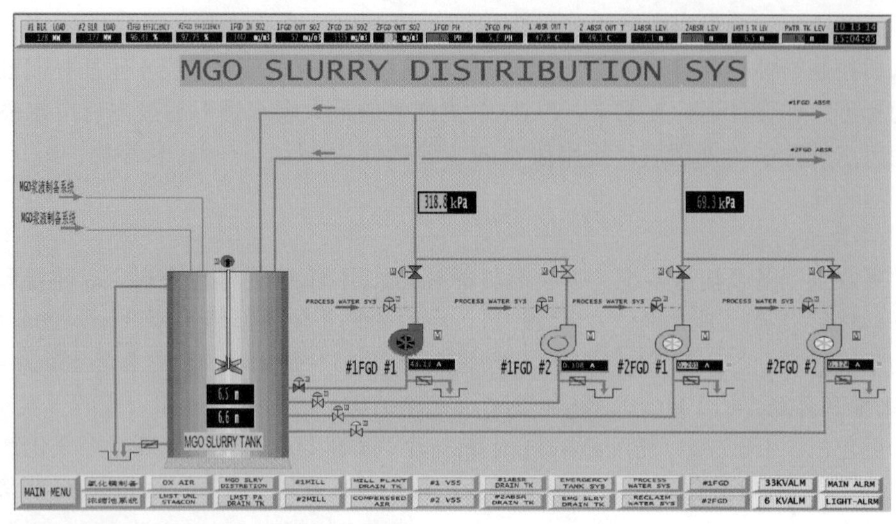

图 4-20 改造后的 MgO 供浆系统

图 4-21 MgO 粉仓库和制浆车间

2）取消氧化风机，拆除塔内氧化风管，但保留原有氧化风机及相应的塔外氧化空气管道，在塔外加隔离装置。

3）将原有的石膏排出泵加变频器。

4）利旧原吸收塔配置的脉冲悬浮搅拌装置。

5）每座吸收塔增加一层管式除雾器，改造后为一级管式+两级屋脊式除雾器。利旧原塔配置的除雾器冲洗水系统，在最上层除雾器上部新增一级冲洗水系统。

6）吸收塔系统材料至少按 Cl^- 浓度 20g/L 设计。

改造前、后的吸收塔主要设计数据比较见表 4-11。

表 4-11　　改造前、后的吸收塔主要设计数据比较

项目	改造前吸收塔	改造后的吸收塔
吸收塔吸收区	直径 11.5m，高度（从正常液面至最高喷淋层中心标高）17m，总高度 34.3m	同原塔，新增 3 层塔内偏转环
吸收塔浆池	直径 11.5m，正常高 10m，容积 $1038m^3$，浆池固体含量 15%	直径 11.5m，正常运行高 6m，容积 $623m^3$，浆池固体含量 15%
喷淋层及浆液循环泵	3 层，间距 2m，FRP 管，喷嘴为碳化硅，每层 78 个喷嘴，最上层为空心锥单向喷嘴，下面两层为空心锥双向喷嘴。 浆液循环泵流量 $5100m^3/h$，扬程 21m/23m/25m	喷嘴更换为单向实心锥，流量 $1.1m^3/h$，压力 50kPa。 浆液循环泵利旧
液气比（L/m^3）	13.69	9.13（设计 2 层）
烟气流速（m/s）	3.90	4.40
除雾器及冲洗	屋脊式 2 级，PP 材质。冲洗喷嘴压力 100kPa，喷嘴流速 2.6m/s，单位面积冲洗水消耗量 $500L/(m^2 \cdot min)$，冲淋锥 60°，冲淋重叠 40%	新增一级 PPTV 管式除雾器； 新增上层除雾器冲洗水系统，喷嘴流量 $1.7m^3/h$，压力 0.2MPa

图 4-22 和图 4-23 为改造后吸收塔系统流程。图 4-24～图 4-26 为现场主要设备照片。

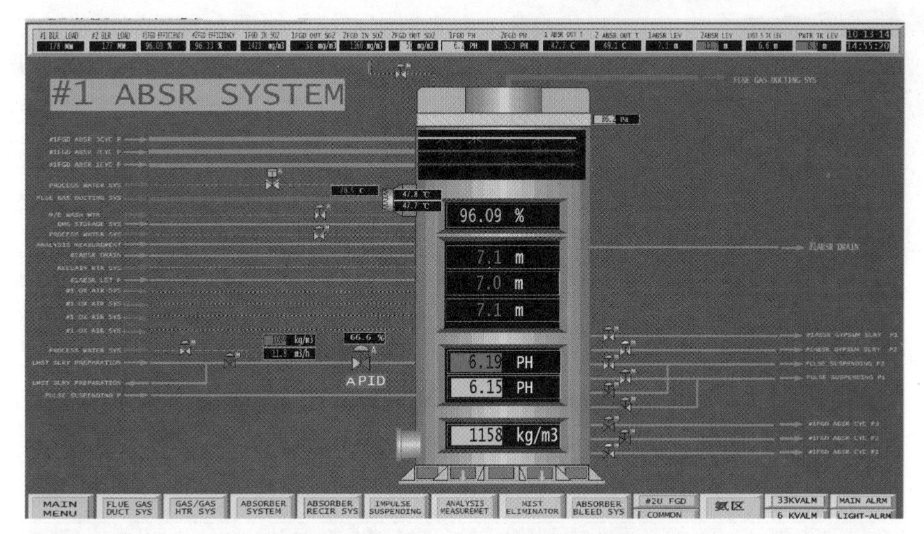

图 4-22 改造后的 MgO 吸收塔系统

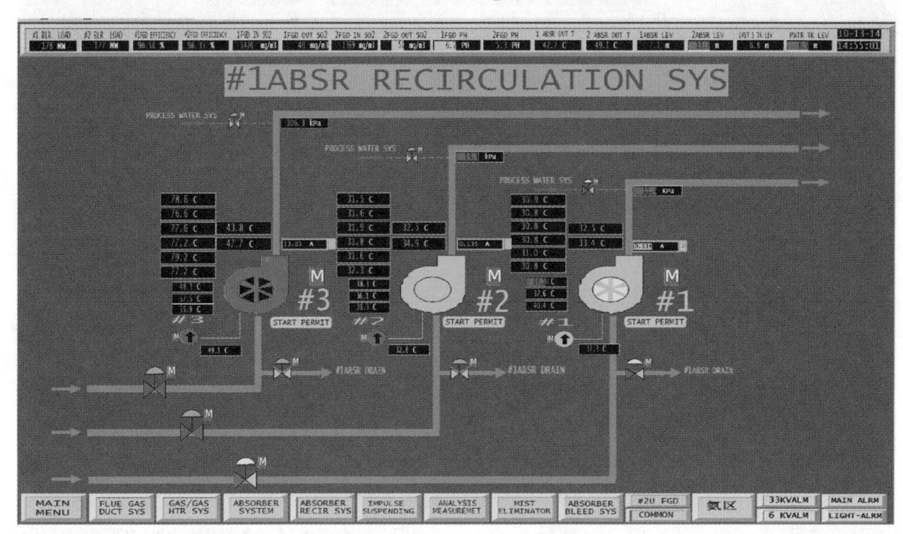

图 4-23 改造后的吸收塔循环泵

图 4-24 改造后的 1 号 MgO 吸收塔总貌

图 4-25 改造后的 MgO 吸收塔喷嘴

图 4-26 改造后的吸收塔内脉冲悬浮管

(3) 脱水系统。本次改造尽量利旧原有的石膏脱水系统。原两台旋流器更换为适合处理亚硫酸镁浆液的旋流器。现有真空皮带脱水机更换支腿、框架，材料选用不锈钢。利旧全部附属设备，包括真空泵、滤饼冲洗系统、滤饼高度监测系统、气液分离系统等，只更换滤带和滤布。另外增设一台水环式真空泵，可单独配套每台脱水机，配备相关阀门和管道，真空泵进口流量：1500m³/h；运行真空（绝对压力）：－66kPa；外壳/叶轮材料：QT450。利用原有石膏副产物仓库，在仓库中间修建临时隔离装置，用于隔离亚硫酸镁和石膏副产物，防止第二套 MgO 系统还未改造时两种副产物混合。

图 4-27 为改造后脱水系统流程，图 4-28 和图 4-29 为现场主要设备。

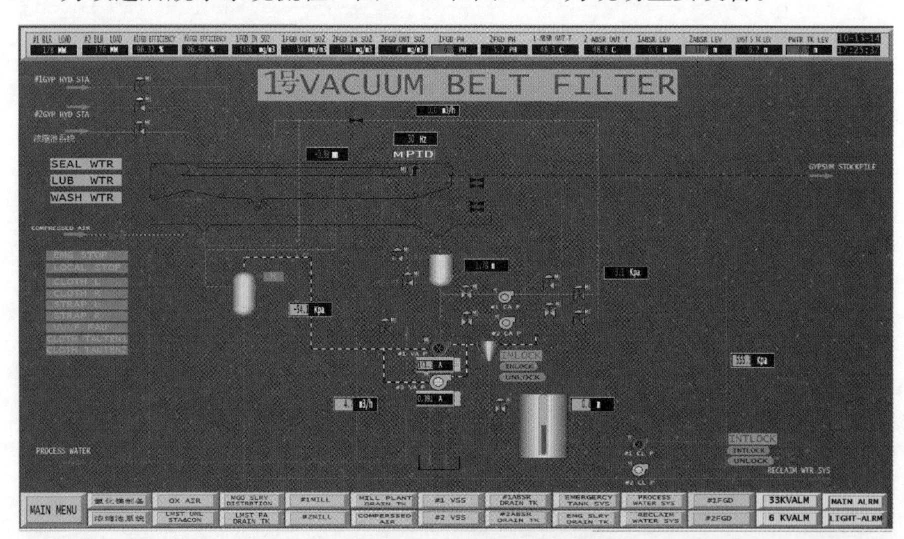

图 4-27 改造后脱水系统流程

图 4-28 改造后的 2 台脱水机总貌

图 4-29 改造后的副产品旋流器

(4) 其他。烟气系统保留 GGH，同时进行 GGH 的密封改造（单独招标）。现有的 FGD 工艺水系统满足使用要求，利旧使用。原 FGD 系统设有一个 2 台炉公用的事故浆液箱，本次改造保留原事故浆液箱，不进行增效改造。杂用气和仪用压缩空气系统、FGD 废水处理系统均可满足改造后的要求，利旧使用。热工控制系统及电气系统根据 MgO 工艺做相应的改造。

3. 改造过程

FGD 增效改造工程由盛尼克能源环保技术（重庆）有限公司总承包（EPC）。承包方负责 1、2 号机组 FGD 增效技术改造（含与原有系统的接口）从初步设计开始到质保期结束为止所涉及的所有工作（明确由电厂负责的除外），包括（但不限于）工程的设计、设备及材料供货、运输、土建施工、设备安装、调试、技术服务、消缺、人员培训、试验、检验、售后服务等；对利用原有设备保证达到系统安全稳定运行所需要的保养和最终交付等所有工作；参加电厂组织的性能验收试验；对于因本脱硫增效工程建设而必须对原有设备、管道、烟道、钢结构、平台扶梯、电梯、检修起吊设施等进行改造的相关工作均由承包方负责；本工程的防腐设计、供货及施工均由承包方负责。承包方对本增效改造工程建设供货范围以外的脱硫设施、设备不承担责任。表 4-12 为电厂 MgO 湿法 FGD 工程实际改造进度情况。

表 4-12　MgO 湿法 FGD 工程实际改造进度

序号	项目	1 号机	2 号机
1	合同签订	2014 年 3 月 26 日	
2	第一次设计联络会	2014 年 2 月 19 日	
	第二次设计联络会	2014 年 3 月 28 日	
	第三次设计联络会	2014 年 4 月 29 日	
	第四次设计联络会	2014 年 6 月 11 日	
	第五次设计联络会	2014 年 12 月 10 日	
3	停机检修	2014 年 7 月 4 日	2014 年 12 月 25 日
4	首次通烟气	2014 年 8 月 30 日	2015 年 2 月 13 日
5	调试结束，投入商业运行	2014 年 11 月 21 日	2015 年 6 月 26 日

4.2.4 350MW 机组 MgO 湿法超低排放改造效果

2014 年 12 月和 2015 年 8 月分别对 1、2 号机组 MgO 湿法 FGD 系统进行了性能试验，试验结果汇于表 4-13 中，这里主要以 1 号 FGD 系统为例来分析改造后的脱硫效果及粉尘脱除率。

表 4-13　MgO 法 FGD 系统性能试验主要结果

序号	项目	设计值	1 号试验值	2 号试验值	结论
1	FGD 系统烟气量（标态，湿基，6%O_2）（m^3/h）	1 355 352	1 058 352	1 351 296	—
2	原烟气 SO_2 浓度（mg/m^3）	2379.8	3678；1823～2051	2087～2729	—
	净烟气 SO_2 浓度（mg/m^3）	50	18.4～37.8	22～36	合格
	FGD 系统脱硫率（%）	97.9	98.6～99.1	98.27～98.95	合格
	GGH 漏风率（%）	1.0	0.5	0.62	合格
3	副产品品质				
	pH 值	6～9	7.0～8.8	7.85	合格
	自由水分	15	6.43	14.78	合格
	$MgSO_3 \cdot xH_2O$ 含量（%）	65	80.42	69.24	合格
	$CaCO_3+MgCO_3$（%）	3	2.8	1.83	合格
	$MgSO_4 \cdot 7H_2O$ 含量（%）	15	5.97	10.95	合格

续表

序号	项目	设计值	1号试验值	2号试验值	结论
4	塔内氧化率（%）	—	6.4	10.49	—
5	系统阻力				
	脱硫系统总压损（Pa）	—	1915	1890	—
	吸收塔（包括除雾器）差压（Pa）	1450	983.3	1030	合格
	GGH（Pa）	—	931.6	860	—
6	除雾器出口雾滴（mg/m^3）	75	—	58.0	合格
7	MgO耗量平均值（t/h）	2.6	2.358	—	合格
8	系统电耗（kW）	1575	1571	1538	合格
9	FGD系统出口粉尘（mg/m^3）	20	6.50	9.92	合格
10	FGD出口其他污染物排放				
	SO_3（mg/m^3）	5	未检出	1.93	合格
	HF（mg/m^3）	5	1.49	0.58	合格
	HCl（mg/m^3）	5	1.58	0.51	合格

1. 高硫煤的脱硫率

表4-14是2014年12月5日上午满负荷、高硫煤时现场实际测量的1号FGD原烟气、吸收塔出口净烟气及GGH出口即烟囱入口处烟气中SO_2浓度测量结果，可见在原烟气SO_2浓度平均为3935mg/m^3（标态、干基、实际O_2）下，烟囱入口处烟气中平均SO_2浓度仅为41mg/m^3，折算到6%O_2下为37.8mg/m^3，FGD系统的总体脱硫率为98.97%；吸收塔出口净烟气平均SO_2浓度仅为19.2mg/m^3，吸收塔本体脱硫率高达99.48%，GGH漏风率为0.5%。

表4-14　烟气中SO_2浓度测量结果

项目	SO_2（$\times10^6$）	O_2（%）	平均
原烟气SO_2浓度（5个取样孔，每孔3点）	1330	5.05	3935（4.95%O_2）即3678mg/m^3（6%O_2）
	1333	5.25	
	1287	5.1	
	1363	5.3	
	1360	3.3	
	1403	5.16	
	1280	5.1	
	1275	5.3	
	1308	5.0	
	1425	5.26	
	1399	4.92	
	1560	4.68	
	1419	4.28	
	1413	4.5	
	1484	4.34	

续表

项目	SO_2（$\times 10^6$）	O_2（%）	平均
吸收塔出口 即 GGH 净烟气入口	10	4.75	19.2mg/m³（6%O_2）
	11.5	4.84	
	5	4.98	
	8	5.11	
	4	5.24	
	4/8	5.0/4.68	
烟囱入口净烟气	17	4.78	41.31（4.61%O_2） 即 37.8mg/m³（6%O_2）
	20	4.4	
	13	4.45	
	15	4.3	
	10	5.03	
	15	4.72	
	15	4.86	
	15	4.65	
	10	4.34	

图 4-30 是 2014 年 12 月 5 日上午高硫煤时原烟气、烟囱入口处净烟气中 SO_2 浓度、O_2 及脱硫率曲线（纵坐标 0～100%分别对应各参数不同的范围），测试期间负荷平均值为 338MW，画面上原烟气平均 SO_2 浓度为 4442mg/m³（4.84%O_2），折算浓度为 4122mg/m³（6%O_2）；净烟气平均 SO_2 浓度为 44.1mg/m³（4.59%O_2），折算浓度为 40.3mg/m³（6%O_2），与实际测量值对比，原、净烟气中氧量差别不大，净烟气中 SO_2 浓度也基本吻合，运行画面上原烟气中 SO_2 浓度比实际测量值偏大，修正系数约为 0.892。测试期间脱硫率画面数据平均值为 99.15%，比实测的 98.97%略大。图 4-31 是典型的高硫分、高负荷时 FGD 烟气系统运行画面。

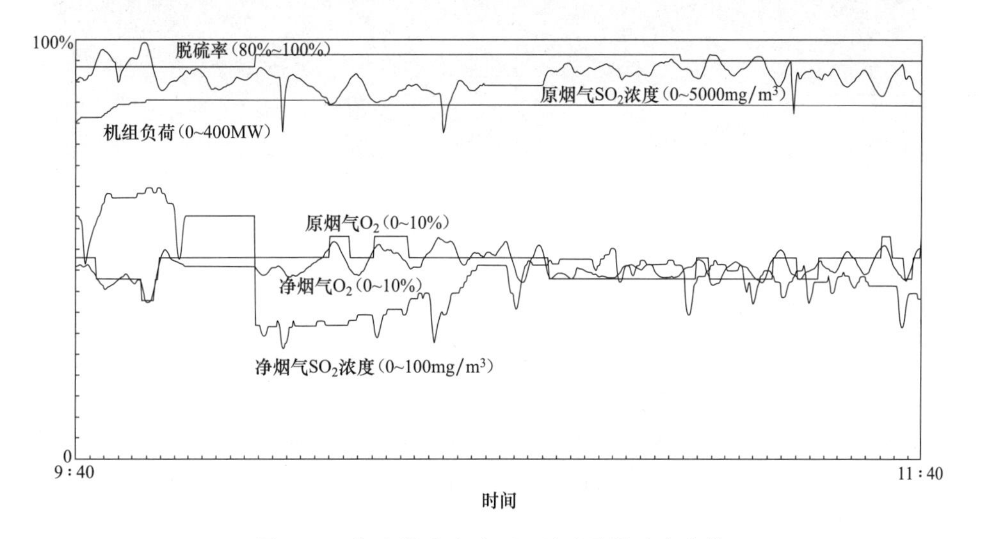

图 4-30 高硫煤试验时 SO_2 浓度及脱硫率曲线

图 4-32 是典型的高硫分、低负荷时 FGD 烟气系统运行画面，可见在低负荷下即使 FGD 系统入口 SO_2 浓度超出设计值，脱硫率也保持较高，图中只有 2 台循环泵运行，净烟气中 SO_2 浓度也达到超低排放要求。

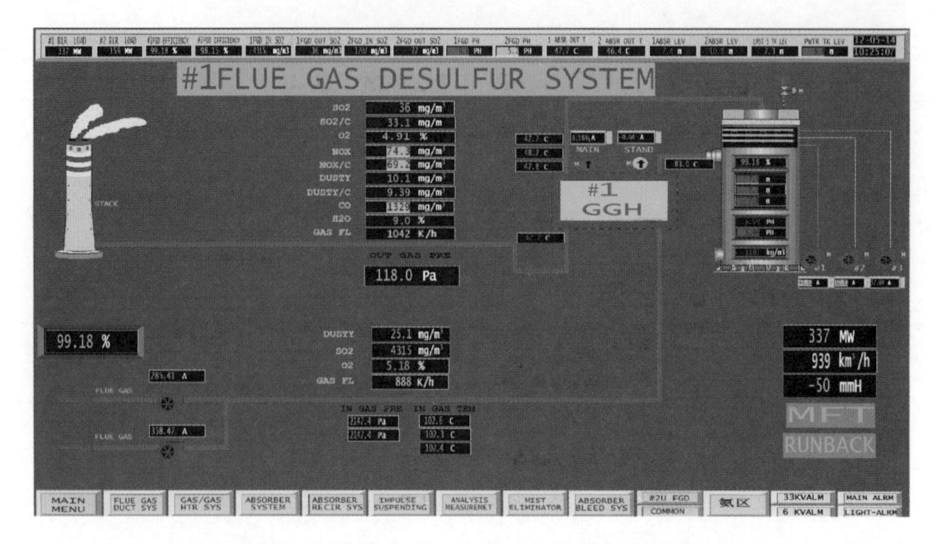

图 4-31 典型的高硫分、高负荷时 FGD 烟气系统运行画面

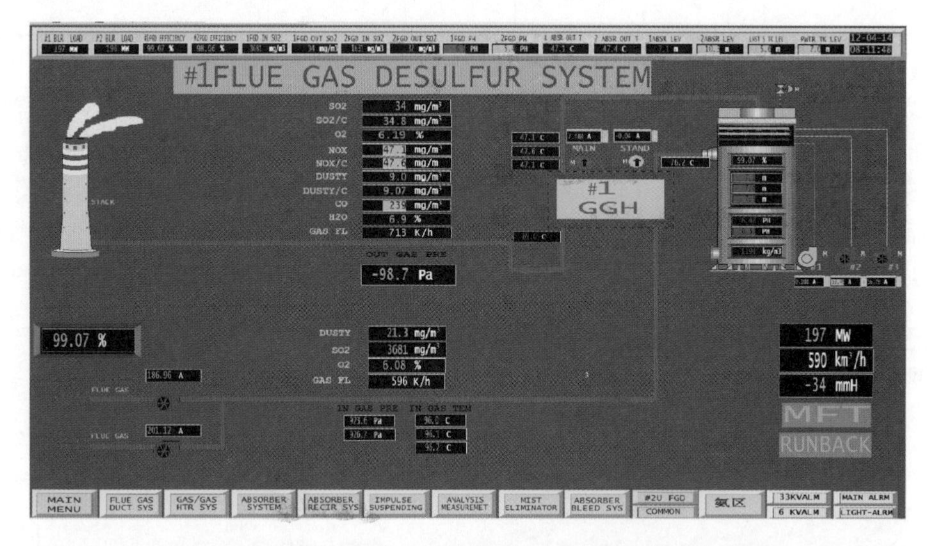

图 4-32 典型的高硫分、低负荷时 FGD 烟气系统运行画面

2. 设计硫分下的脱硫率

图 4-33 所示为燃煤含硫量在设计水平的脱硫率情况，FGD 系统进口 SO_2 浓度在 2600mg/m^3（标态，干基，实际 O_2）左右时，脱硫率高达 98.6%～99.1%，烟囱 SO_2 浓度均在 35mg/m^3 以下，达到超低排放要求。脱硫率不同主要是运行 pH 值有差别，pH 值控制高时，脱硫率就高些。图 4-34 为典型的设计硫分时 FGD 烟气系统运行画面。

3. 低硫分时的脱硫率

图 4-35 和图 4-36 分别为较低 FGD 系统进口 SO_2 浓度时系统运行情况，在高负荷时，2 台循环泵运行就足以满足超低排放要求；在低负荷时（200MW 以上），1 台循环泵即可，这大大降低了厂用电率。

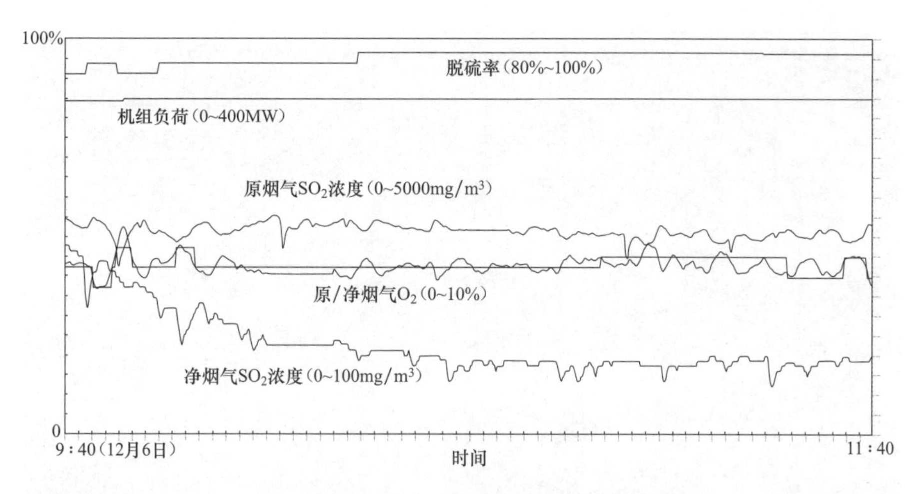

图 4-33 设计 SO_2 浓度时的脱硫率曲线

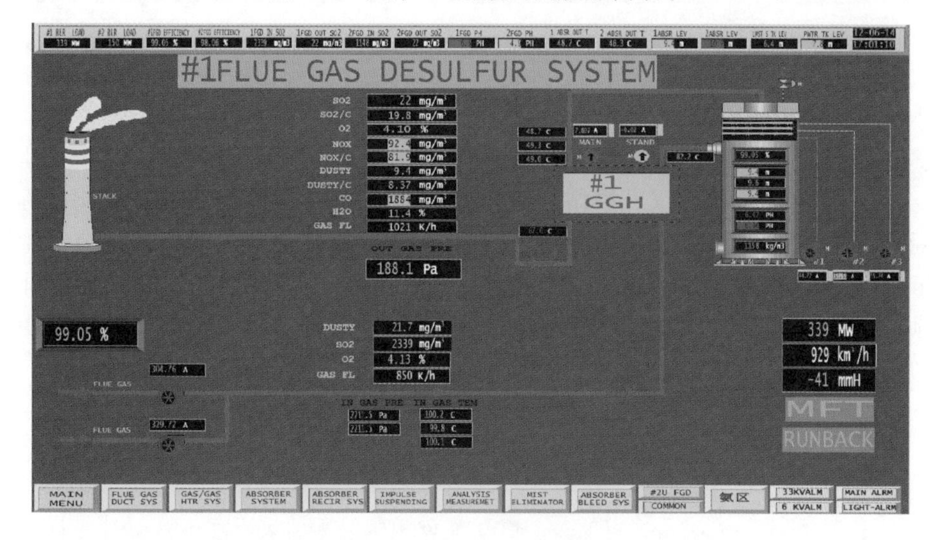

图 4-34 典型的设计硫分时 FGD 烟气系统运行画面

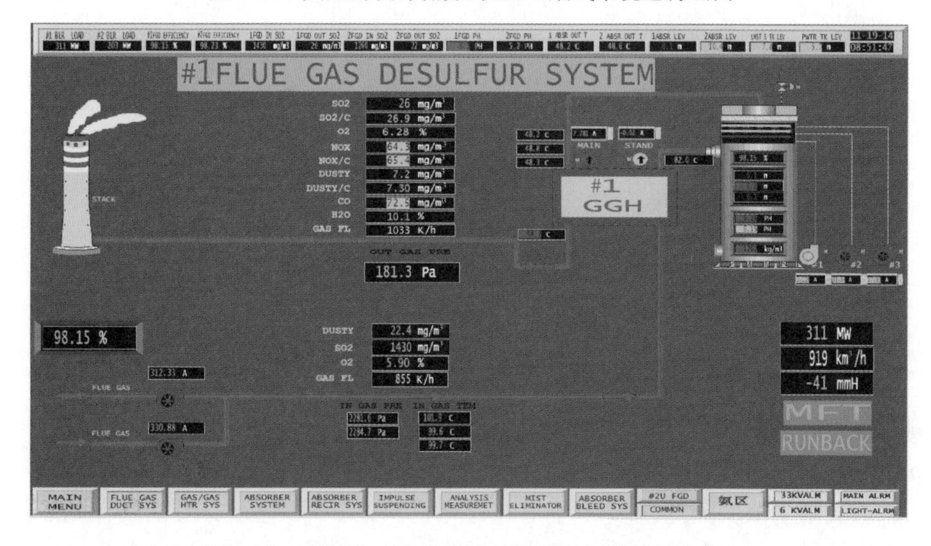

图 4-35 低硫分、高负荷时 FGD 烟气系统运行画面

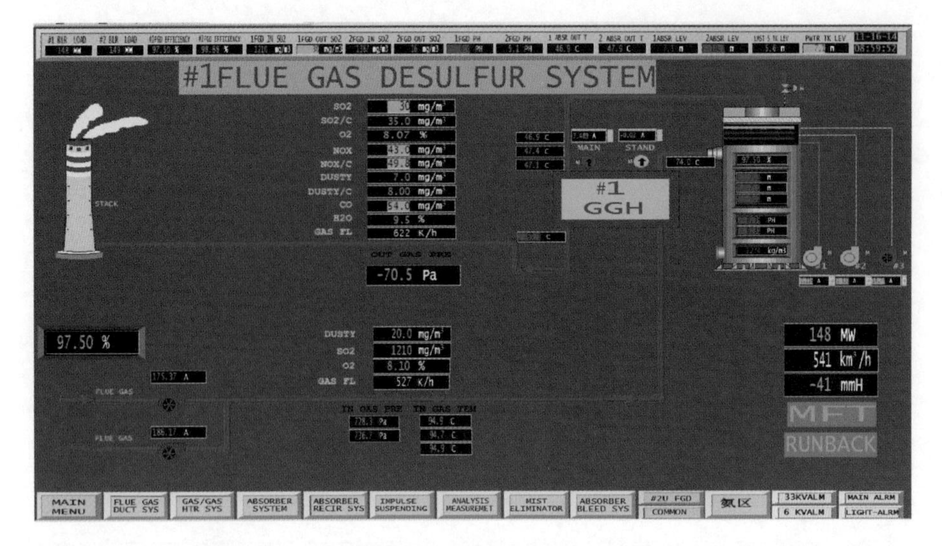

图 4-36　低硫分、低负荷时 FGD 烟气系统运行画面

4. 烟尘测试结果与分析

1 号 FGD 进、出口烟尘浓度实测结果分别为 18.98、6.5mg/m³，FGD 系统烟尘脱除效率为 65.7%。烟尘测试期间 DCS 操作画面的 FGD 进口烟尘浓度为 22.6mg/m³（标态，干基，实际 O_2），与实测值 21.1mg/m³（标态，干基，实际 O_2）较吻合，但出口烟尘浓度为 8.7mg/m³，而实测值为 6.5mg/m³，显示值略高于实测值。图 4-37 为 12 月 6 日烟尘测试期间 DCS 画面上 FGD 进、出口烟尘浓度曲线，可见烟尘数据总体上波动不大，表明锅炉及 FGD 系统运行平稳。

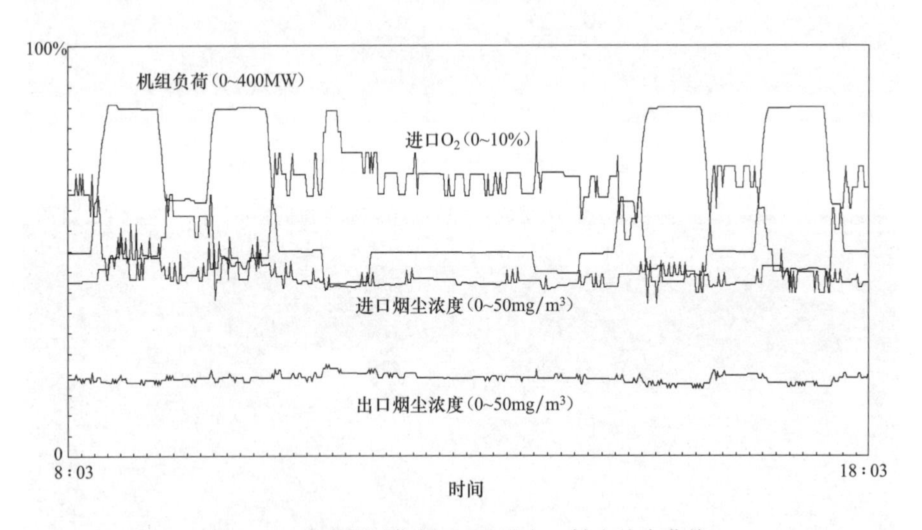

图 4-37　烟尘测试期间 FGD 进出口粉尘浓度曲线

实测结果表明 FGD 出口烟尘浓度显著优于设计 20mg/m³ 的要求，并达到超低排放限值（10mg/m³）要求，2 号 FGD 系统也有同样效果。分析其原因主要有以下几方面：

（1）原烟气烟尘浓度降低。2013 年 5 月，电厂对高、低灰分时电除尘器性能进行了摸底测试，测试结果表明，电除尘器出口烟尘浓度为 96～130mg/m³，FGD 系统出口实测烟尘浓度为 69.1～92.1mg/m^3。测试期间除尘器电源参数正常运行，通过调整除尘器原有电源参数来提高除尘效率的方式效果不明显。经调研，决定首先采用高频电源与脉冲电源相结合，该除尘提效技术路线施工工期短，可离线实施改造，经多家电厂改造实践表明是成熟有效的，也是电厂当时（2013 年 11 月）唯一可实施的方案。改造由丹麦史密斯公司承担，原电除尘器后三电场电源更换为新型高频脉冲电源，除尘器出口烟尘排放浓度控制在 70mg/m^3 以下。2014 年 11 月，结合脱硫改造，电厂又采用烟气降温改造技术方案，即炉内省煤器改为高效 H 型鳍片省煤器，同时在电除尘器前新增广为应用的低温省煤器。

该方案有如下优点：

1）烟温降低使烟尘比电阻下降，增强了粉尘荷电性能，因而提高了除尘效率。电厂改造前满负荷时排烟温度约 140℃，若将排烟温度降低到 95℃，飞灰比电阻将由约 $1\times10^{11}\Omega\cdot cm$ 降至约 $2\times10^{9}\Omega\cdot cm$，约降低了 2 个数量级。同时，由于进入脱硫塔的烟尘粒度变粗，使脱硫塔的除尘效率也有所提高，因此脱硫塔出口烟尘的排放浓度可进一步降低。另外，脱硫塔入口烟气含尘量的降低还有利于石膏质量的提高。

2）烟温降低使烟气体积变小约 11%，烟速由 1.61m/s 降至 1.43m/s，这增加了烟气在电除尘器内的停留时间，进一步提高了收尘效果。

3）可除去绝大部分 SO_3，并能提高除尘器效率。在除尘装置中，烟温已降到露点以下，而烟气含尘浓度很高，总表面积很大，为硫酸雾的凝结附着提供了良好的条件。

4）降低电耗，运行费用低。

这些综合改造措施使得电厂电除尘器出口即 FGD 系统入口烟尘浓度大幅度降低到 20mg/m^3 以下，这是 FGD 出口烟尘浓度达到 10mg/m^3 以下的一个关键。

（2）吸收塔喷淋层的洗涤作用。在喷淋塔内，气流中的烟尘主要靠喷淋液滴捕集。捕集机理主要有惯性碰撞、截留、布朗扩散等。喷淋塔在液滴直径一定的情况下，除尘效率的主要影响因素包括烟尘特性、烟气流速、浆液喷淋密度、浆液特性等。

1）烟尘特性。对亲水性烟尘选用湿法除尘方法会取得较好效果。电厂烟尘主要成分是 SiO_2、Al_2O_3、Fe_2O_3 等，属于亲水性烟尘，因此喷淋塔工艺有利于烟尘去除。对于亲水性烟尘，影响烟尘去除的最大因素是烟尘的粒径。对于烟尘粒径大于 0.3μm 时，颗粒度越大，去除率越高，50μm 以上的颗粒基本上可被全部去除。对于粒径大于 0.3μm 的尘粒，尘粒和水滴之间的惯性碰撞是最基本的除尘作用。粒径较大和密度较大的尘粒具有较大的惯性，便脱离气流和流线保持其原来方向运行而碰撞到液滴，从而被液滴捕集。对于粒径小于 0.3μm 的尘粒，布朗扩散是一个很重要的捕集因素。此时，在气体分子的撞击下，微粒像气体分子一样，做复杂的布朗运动，尘粒的运动轨迹与气流流线不一致而沉积在液滴上。尘粒越小，布朗扩散越强烈，在水滴粒径与速度一定时，烟尘粒径愈大，布朗运动时所具有的动能愈大，水滴愈不易于捕集，因此烟尘粒径在此区域，粒径愈大，除尘效率愈低。

2）烟气流速。因为微小尘粒和水滴在空气中均存在环绕气膜现象，尘粒与水滴在空气中必须冲破环绕气膜才能接触凝并，为此尘粒与水滴必须具有足够的相对速度。为了提高除尘效率，特别是惯性除尘效率，需要提高水滴与气流的相对速度，除尘效率随烟气流速的增加而提高。在逆流喷淋塔中，如果气体的上升速度大于液滴的末端沉降速度，液滴将会被气流带走，故喷淋塔有一个气速上限。一般的脱硫喷淋塔烟气流速设计上限为 4.5m/s。

3）浆液喷淋密度。就截留机制而言，在喷淋量一定的情况下，喷出的水滴越细（即液滴直径越小），则塔截面上有液滴通过的部分越多，喷淋密度也越大，因而尘粒与液滴接触并被捕集的机会也越多。因此，当烟气流速一定时，除尘效率与喷淋密度呈正相关性。当喷淋量增加时（即液气比增加），不同直径尘粒的分级除尘效率均增加，因此适当增加液气比可使脱硫塔除尘效率增加。

4）浆液特性。电厂 MgO 吸收塔喷淋的浆液主要由硫酸镁（$MgSO_4$）和亚硫酸镁（$MgSO_3$）固体微粒组成，塔内 $MgSO_3 \cdot xH_2O$ 含量不小于 65%（以无游离水分的副产物作为基准）、$MgSO_4 \cdot 7H_2O$ 含量小于 15%。与石灰石/石膏湿法的浆液相比，固体的粒径更细，约 15～20μm（石膏浆液平均约 50～100μm，原设计 80%的固体大于 25μm），有利于喷淋雾化，得到更细的喷雾液滴，增强对烟气中尘粒的捕集。同时，在适当的运行控制条件下，MgO 喷淋吸收工艺产生的 $MgSO_3$ 和 $MgSO_4$ 结晶良好，与石膏浆液相比，副产品没有微细的黏结物，这有利于除雾器对烟气携带的浆液的去除，减少了“二次携带”。

（3）除雾器除雾效果优良。除喷淋层区域发生烟尘的洗涤作用外，除雾器对烟尘（含浆液固体物）也有很强的洗涤作用。本次改造，在吸收塔上部两级屋脊式除雾器下方新增了一级管式除雾器，它可均匀流场分布，并除去大部分大液滴，减轻了屋脊除雾器的除雾负担，从而提高整个除雾器的效率。在除雾器拦截作用下，水分中的循环浆液固体物质和烟尘返回浆液池。此外，实测的 GGH 的漏风率均小于 0.7%，这使净烟气含尘量因烟气携带和漏风造成的增加量很低。

综上所述，在采用 MgO 湿法脱硫和其他综合措施之后，在没有湿式电除尘器的情况下，350MW 燃煤机组的烟气 SO_2、烟尘排放达到了新的超低排放要求，在 GGH 运行条件下，出口净烟气 SO_2 小于 35mg/m^3、含尘量小于 10mg/m^3，这为其他电厂包括采用石灰石/石膏湿法的机组提供了很好的借鉴。同时这也印证了协同除尘的“超净吸收塔”是可实现烟尘在 10mg/m^3 以下的超低排放。

与 1 号吸收塔稍有不同的是，2 号吸收塔在实际改造中保留了原塔最低层喷淋层，投运后运行效果同样良好，如图 4-38 和图 4-39 所示。

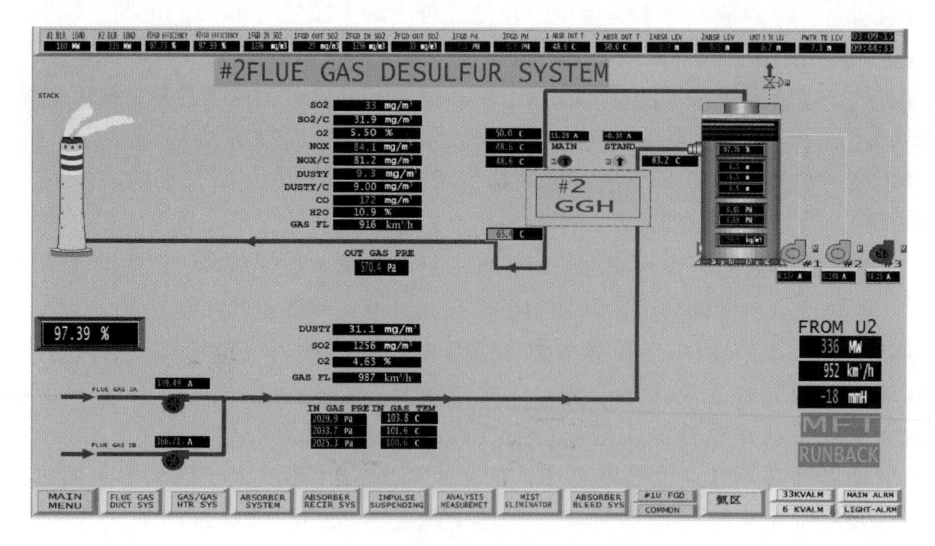

图 4-38　2 号 FGD 单泵运行画面

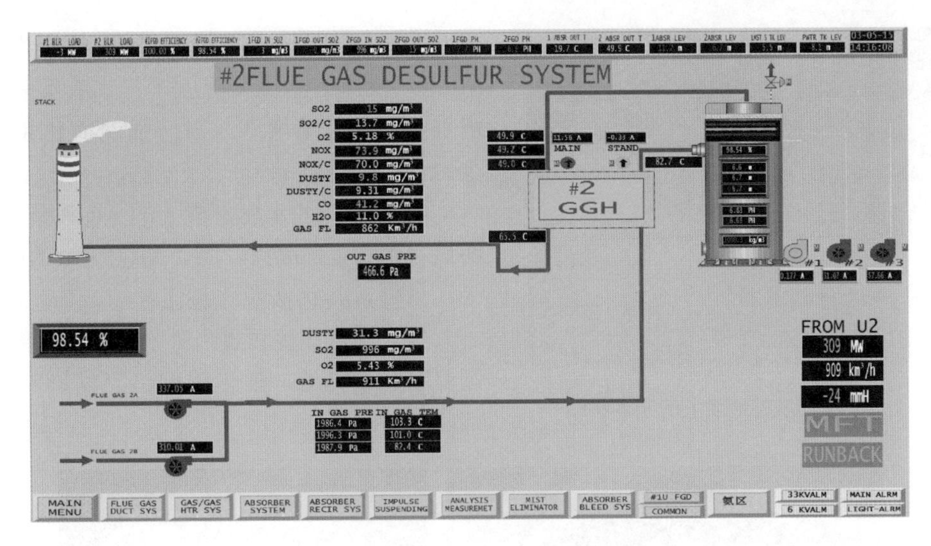

图 4-39　2 号 FGD 双泵运行画面

4.3　MgO 湿法 FGD 运行疑难问题

4.3.1　结晶板结

MgO 湿法 FGD 技术运行制参数是完全不同于石灰石湿法系统的，运行表明如果吸收塔内控制参数不好就会造成塔内浆液完全结晶、塔内死浆，这对于拆除脱硫旁路后电厂的安全运行是十分不利的。例如某电厂为降低成本，将原设计部分设备简化压缩，废液浓缩池（设计主要用于 $MgSO_3$ 塔外结晶）直径由 22m 压缩至 12m，导致脱硫废水处理出力受限，废液浓缩池结晶出力受限，加上电厂投运早期因运行经验不足，运行人员有一个熟悉过程，这样导致了塔内亚硫酸镁结晶板结，脱硫设备停运的事件。图 4-40 和图 4-41 反映了吸收塔内结晶板结的情况，排到塔外地面上的浆液如不及时处理，很快板结变硬，用铁杵也难以除去，如图 4-42 所示。

图 4-40　吸收塔内浆液结晶板结

图 4-41　塔内的结晶板块

沙角 B 电厂在调试及投运初期同样遇到了吸收塔内 $MgSO_3$ 结晶过快、浆液排出泵管路堵塞问题。在烧高硫煤时，出现了吸收塔浆液循环泵、排出泵管道严重堵塞，如图 4-43 所

图 4-42 吸收塔外地面上的浆液板结

示，分析原因认为锅炉燃煤含硫变化太快，$MgSO_3$ 快速结晶长大析出，若浆液不及时排除塔外，则会板结堵塞。对于强制氧化系统则较少出现，因为 $MgSO_4$ 溶解度大。

图 4-44 为脱水皮带机上的 $MgSO_3$ 晶粒，可明显看到大量的晶体，图 4-45 为正常的脱水。

另外，与钙法脱硫相比：

(1) 镁法脱硫对进入吸收塔粉尘浓度含量控制要求高于钙法，粉尘浓度过高易影响 $MgSO_3$ 结晶。

图 4-43 管道内的结晶堵塞

图 4-44 皮带机上的 $MgSO_3$ 晶粒

图 4-45 正常的脱水副产品

(2) 镁法脱硫对吸收塔内氯离子浓度控制要求高于钙法，导致脱硫废水排放增加。镁法脱硫要求氯离子浓度不超过 6000mg/L，钙法可控制在 20 000mg/L 以下，氯离子浓度过高也将影响 $MgSO_3$ 结晶。

为防止 $MgSO_3$ 快速结晶板结堵塞，在设计上，吸收塔浆池要留有裕度，适当加大，并设有完善的泵、管道冲洗水系统；塔排空阀采用球阀而非蝶阀，管路与塔溢流管分开排入地坑，缩短阀门入口段等。在运行中，电厂对煤种的大幅度变化应制定相应运行措施，除控制含硫量外，在高硫煤时应尽量维持排出泵及脱水系统运行，将吸收塔浆液进行脱水。停运设备时加强冲洗，确保系统长期持续稳定运行。在吸收塔控制方面，当入口 SO_2 浓度在设计值以下时，可控制在正常运行液位，pH 值 6.1～6.4，吸收塔密度 1180～1280kg/m^3；当入口 SO_2 浓度在设计值以上时，可适当提高运行液位和 pH 值，降低吸收塔密度运行。吸收塔结晶颗粒较大时，尽量将粗颗粒脱除，如果脱水至低密度时大颗粒晶体依然很多，不要停止脱水，继续脱水至大颗粒基本排完为止。在下一个脱水周期内随时观察结晶状况，如发现大晶粒大量出现时立即开始外排脱水，防止大量粗颗粒晶体在吸收塔沉积。

4.3.2 副产品的应用

MgO 湿法除要考虑吸收剂的来源、价格、运输等问题外，副产品的应用也是必须面对的。对于石灰石/石膏 FGD 系统，副产品石膏的应用已十分成熟，销路很好，基本能抵消吸收剂石灰石的购买费用。抑制氧化的 MgO 法副产品以固态的 $MgSO_3$ 为主，接近 70%（在低负荷和入口 SO_2 浓度较低时，因运行氧量高，自然氧化率很高，副产品中 $MgSO_4$ 可能会超过 $MgSO_3$）。图 4-46 为 $MgSO_3$ 副产品和石膏比较。

图 4-46 $MgSO_3$ 副产品和石膏比较

副产品 $MgSO_3$ 主要有以下三种成熟产业化途径：

（1）作为镁肥和复/混合肥的原料直接销售给肥料厂。

（2）用作纸浆的软化剂。

（3）焙烧副产品，分解生成 MgO 和 SO_2，MgO 回用到 FGD 系统中循环利用，SO_2 可制取浓硫酸销售。

$MgSO_3$/$MgSO_4$ 是优质镁/硫中量肥分，与其他肥料混合制成的复合肥在美国、德国、东南亚等地得到广泛应用，特别利于亚热带和热带的经济作物。山东和辽宁的镁矿也出口 $MgSO_4$ 到台湾和东南亚作肥料。在美国，将 $MgSO_3$ 作为长（缓）效肥，$MgSO_4$ 为速效肥，$MgSO_3$ 的水溶性差，在空气中缓慢氧化，成为缓效肥，其复合肥具有更佳肥效，在热带的佛罗里达广泛应用。中国南方高温多雨，土壤中的镁流失严重。施用镁肥具有改良土壤，提高肥力，特别对热带、亚热带的经济作物具有显著肥效。

MgO 再生技术在美国二十世纪八十年代获得成功产业化，盛尼克公司得到美国 MgO 脱硫副产物再生厂的全面技术支持，掌握该工艺的全部设计和运行技术，结合中国的实际，开发了比美国原始工艺节省 1/3 能耗的新工艺和相应设备，获得中国的发明专利，并在国家科技部创新基金的支持下，建成了再生装置，对大唐鲁北电厂 2×330MW 机组的 MgO 脱硫副产物成功进行了再生处理，获得比原料 MgO 活性更好的再生 MgO 继续用于脱硫（如图 4-47 所示），高浓度 SO_2 可满足制浓硫酸的需要。MgO 再生工艺如下：

图 4-47 MgO 副产品和再生产品比较

（1）副产物分解。将 $MgSO_3$ 用罐车运到储料仓，用加料器连续加入加热反应器中。反应器用气体或液体燃料加热保持反应器温度 800～1000℃，物料分解为二氧化硫和氧化镁：$MgSO_3 \longrightarrow MgO+SO_2$。

（2）热回收和降温。反应器排出烟气温度约 1000℃，首先经一台热交换器预热空气或余热锅炉生产蒸汽。炉气温度降温后进入收尘器分离 MgO 粉。

（3）收集 MgO 粉。从反应器排出的高温炉气中经热回收降温后经过气固分离，将 MgO 收集，输送到成品料仓，被运回电厂循环使用。而除尘后的炉气主要含有空气和 SO_2、水蒸气。

（4）SO_2 净化工序。收尘器出来的炉气进入净化装置进一步冷却和净化，去除更细小的 MgO 粉末和固粒。经净化后的炉气进入干燥塔，用稀硫酸吸收水蒸气。净化干燥后的炉气含 25%以上 SO_2，经风机送出制硫酸或含硫产品。

目前沙角 B 电厂与广东农科院农业资源与环境研究所合作，将脱硫副产品用于制造肥料或用作土壤改良剂，已取得了一定的效果，销路正逐渐扩大。同时与建材厂合作用于制造建筑材料，初步结果表明加了 $MgSO_3$ 副产品后防火性能大幅提高，有着成本低效益好的优势。

4.3.3 废水系统问题

电厂采用原三联箱系统处理 MgO 湿法脱硫废水时，初期主要遇到 3 个问题：

（1）脱硫废水中 F^- 浓度高。

（2）脱硫废水中 COD 高。加装了曝气风机，有所下降。

（3）脱硫废水中悬浮物高。曝气风机在三联箱中，则悬浮物升高；如放在后面，则要加大量盐酸。表 4-15 为调试初期废水出水箱的分析数据。经电厂不断试验和改进，目前废水指标已基本达标，表 4-16 为 2015 年 8 月 2 号性能试验期间 FGD 废水水质分析的多次结果，可见各项指标均满足《火电厂石灰石—石膏湿法脱硫废水水质控制指标》（DL/T 997—2006）要求，经与全电厂废水处理系统处理后的废水中和后，全电厂废水排放各项指标均优于废水排放标准。

表 4-15　调试初期废水出水箱的分析数据

项目	未处理废水	处理后废水
悬浮物（mg/L）	128 000	169
Cl^-（mg/L）	1992	852
氟化物（mg/L）	240	146
耗氧量 COD_{cr}（mg/L）	3274	3716

表 4-16　FGD 废水水质分析结果

项目	第 1 次	第 2 次	第 3 次	第 4 次	平均	标准	备注
pH 值	7.66	7.81	8.58	7.88	7.98	6～9	合格
悬浮物（mg/L）	15.5	14.0	68.1	19.7	29.3	≤70	合格
COD_{cr}（mg/L）	83	99	98	92	93	<150	合格
F^-（mg/L）	15.6	20.1	20.8	15.7	18.1	30	合格
硫化物（mg/L）	0.026	0.020	0.029	0.037	0.028	1.0	合格
Cr（mg/L）	0.104	0.089	0.074	0.080	0.087	1.5	合格
As（μg/L）	7.2	10	7.7	1.3	6.6	500	合格

续表

项目	第 1 次	第 2 次	第 3 次	第 4 次	平均	标准	备注
Pb (μg/L)	2.1	0.54	1.7	1.3	1.4	1000	合格
Ni (μg/L)	12	14	14	10	13	1000	合格
Zn (μg/L)	4.1	4.8	3.4	3.7	4	2000	合格
Cd (μg/L)	0.58	0.38	0.39	0.25	0.40	100	合格
Hg (μg/L)	0.055	0.001 1	0.12	0.018	0.048 5	50	合格

350MW 机组的运行实践表明，MgO 湿法 FGD 技术脱硫效率高，完全满足 SO_2 超低排放要求，对于系统运行中出现的问题，可逐步解决。该技术有望在更大容量的机组上得到应用，为实现 SO_2 的超低排放或“超超低排放”发挥重要作用。

第 5 章

海水法FGD超低排放技术

5.1 海水法 FGD 技术概述

5.1.1 海水法 FGD 技术原理

海水法 FGD 技术是用海水作为脱硫剂达到脱除烟气中 SO_2 目的的一种工艺。海水之所以能作为脱硫剂，是由海水的性质决定的。自然界海水呈碱性，pH 为 7.8～8.3，每克海水碱度约 2.2～2.7mg 当量，一般含盐分 3.5%，其中碳酸盐占 0.34%，硫酸盐占 10.8%，氯化物占 88.5%，其他盐分占 0.36%，海水不断与海底和沿岸的碱性沉淀物接触来维持海水中碳酸盐的平衡，河流不断地将可溶性的石灰石送入大海，因此它对酸性气体（如 SO_2）具有很大的中和吸收能力。原烟气中的 SO_2 首先在吸收塔中被海水吸收生成 SO_3^{2-} 和子 H^+，SO_3^{2-} 不稳定，容易分解；H^+ 显酸性，海水中 H^+ 浓度的增加，导致海水 pH 下降成为酸性海水。吸收塔排出的酸性海水依靠重力流入曝气池处理，在曝气池中鼓入大量空气，SO_3^{2-} 与空气中的 O_2 反应生成稳定的 SO_4^{2-}，同时大量的空气还加速了 CO_2 的生成释放，有利于中和反应，使海水中溶解氧达到接近饱和水平。在曝气池中，利用海水中的 CO_3^{2-} 和 HCO_3^- 中和吸收塔排出的 H^+，使海水中的 pH 值得以恢复。这样 SO_2 被海水吸收后，通过曝气，最终产物为可溶性硫酸盐，而这些硫酸盐是海水的主要成分之一。纯海水脱硫的机理如下：

（1）在吸收塔中：

$$SO_2(g) \longrightarrow SO_2(aq)$$
$$SO_2 + H_2O \longrightarrow HSO_3^- + H^+$$
$$HSO_3^- \longrightarrow SO_3^{2-} + H^+$$
$$SO_3^{2-} + 1/2O_2 \longrightarrow SO_4^{2-}$$

（2）在曝气池中：

$$SO_3^{2-} + 1/2O_2 \longrightarrow SO_4{}^{2-}$$
$$CO_3^{2-} + H^+ \longrightarrow HCO_3{}^-$$
$$HCO_3^- + H^+ \longrightarrow CO_2(aq) + H_2O$$
$$CO_2(aq) \longrightarrow CO_2(g)$$

（3）总的化学反应式：

$$SO_2(g) + H_2O + 1/2O_2 \longrightarrow SO_4{}^{2-} + 2H^+$$

$$HCO_3^- + H^+ \longrightarrow CO_2(g+aq) + H_2O$$

5.1.2 海水法 FGD 技术的特点

(1) 技术成熟可靠，运行简单稳定。以海水中的自然碱性物质作为脱硫剂，脱硫副产物经曝气等处理后生成硫酸盐，同海水一起排回海域，硫酸盐不仅是海水的天然成分，还是海洋生物不可缺少的成分，因此海水脱硫不破坏海水的天然组分，也没有副产品需要处理。

(2) 当海水中的碱性物质满足要求时，不需另添加脱硫剂；系统简单，投资较少；和石灰石法相比厂用电低（厂用电率小于 1%）；运行费用少。

(3) 对低硫煤，脱硫率可达 95%以上。因此在电厂燃煤含硫量不太高，排放海水指标符合环保及海域要求的情况下，可推广应用。

海水 FGD 工艺除了必须在沿海地区应用的限制外，还应具备一定的条件：

(1) 当燃煤含硫量较高时（原烟气 SO_2 浓度在 2200mg/m^3 以上），满足超低排放要求时 FGD 系统脱硫率要在 98.4%以上，恐难以稳定达到。

(2) 对海水碱度的要求。有些火电厂建于河口的海域，受河水的影响，在夏季河水量增大及退潮时，海水中的含盐量减少，海水的 pH 值及碱度降低，脱硫率降低。

(3) 当地海域功能区的要求。脱硫后的海水需与新鲜海水混合并曝气处理，使排水的 pH、COD、溶解氧（DO）及包括重金属等在内的所有环境控制指标全面达到当地海水水质标准后，方可直接排放。例如，一类、二类海水水质要求 pH 达到 7.8～8.5，三类、四类海水水质要求 pH 达到 6.8～8.8。因此，对于海水脱硫系统，其排放的海水一般都要求 pH≥6.8。目前的研究表明，海水法 FGD 排放水对周围海域环境影响较小，但对环境的长期累积影响如 Hg 等，还需做进一步的深入研究。

5.1.3 海水法 FGD 技术的应用

据不完全统计，国外从 1968 年首套海水脱硫系统投入商业运行以来，迄今已有 50 多套投运，在挪威、印尼、马来西亚、泰国、英国等机组总容量超过 19GW，1998 年以前该工艺多应用于炼铝厂及炼油厂等，近年来在火电厂的应用发展较快。目前应用最多的是挪威 ALSTOM 海水脱硫技术，其他的还有德国 BISCHOFF（比晓芙）、日本 FUJKASUI（富士化水）、MISUBISHI（三菱重工）及美国 DOCON（杜康）。

我国首个海水脱硫项目于 1999 年 3 月深圳妈湾发电总厂 4 号 300MW 机组投产，采用的是挪威 ABB（即现在的挪威 ALSTOM）技术，电厂 6×300MW 机组全部采用海水 FGD 技术。目前，国内应用海水法脱硫的总装机容量已超过 21GW，居世界首位，其中广东华能海门电厂 4×1036MW 海水法 FGD 系统，是世界上单机容量最大的海水法 FGD 系统，分别于 2009 年 6 月、9 月及 2013 年 3 月随机组一起正式投入商业运行，系统流程如图 5-1 所示，现场设备如图 5-2 所示。最初设计脱硫率不小于 92%，后经 FGD 系统增效改造，系统脱硫率不小于 95%；2016 年底开始再次进行超低排放改造，设计入口 SO_2 浓度为 1704mg/m^3，出口 SO_2 浓度小于 35mg/m^3、系统脱硫率不低于 98.0%。对海水法 FGD 系统，国内环保公司可自主设计建造和运行。海水吸收塔早期一般为填料塔，塔内设多层填料，通过不断改变水流方向延长海水滞留时间，并促进烟气与海水的充分结合。现在国内开发有喷淋空塔，将海水通过增压泵引至吸收塔上部的若干层喷嘴，雾状下行的海水与逆流烟气混合，有时在吸收塔下部还设计氧化空气以增加亚硫酸根的氧化，这与石灰石/石膏湿法 FGD 系统流程类似。

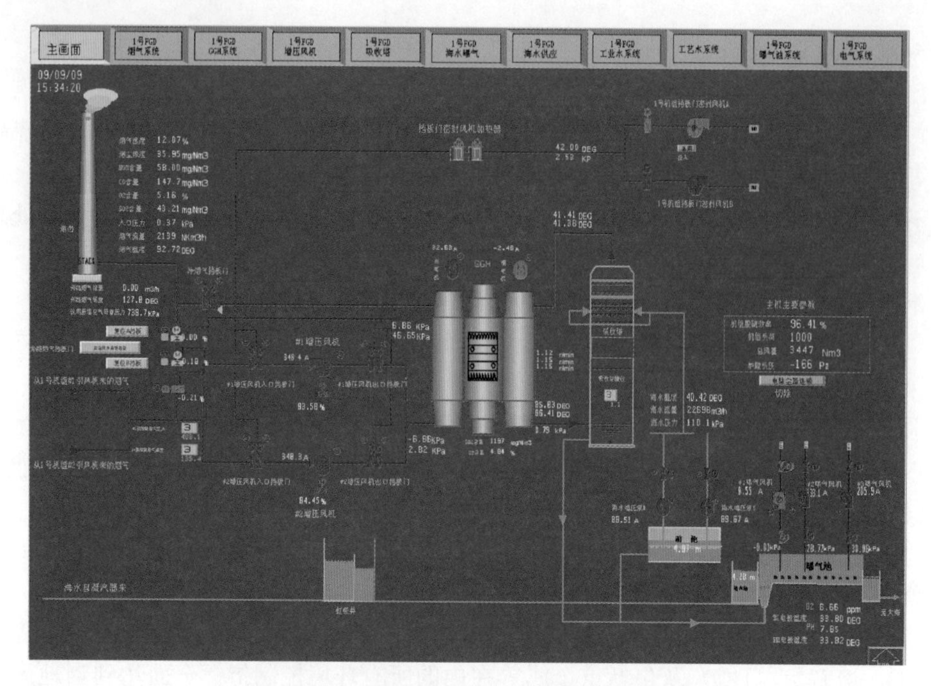

图 5-1　1000MW 机组海水法 FGD 系统流程

图 5-2　1000MW 机组海水法 FGD 系统现场

5.2　海水法 FGD 超低排放实例

5.2.1　深圳妈湾电厂 300MW 机组海水法 FGD 超低排放

1. 概述

深圳妈湾发电总厂 6×300MW 机组全部采用海水法 FGD 技术，其中 4 号 300MW 机组海水脱硫项目于 1999 年 3 月投产，是我国首个海水脱硫示范工程，采用的是挪威 ABB（即现在的挪威 ALSTOM）技术。电厂 6 台机组分别于 1993 年 11 月、1994 年 11 月、1996 年 10 月、1997 年 7 月、2002 年 11 月和 2003 年 7 月投产。5、6 号海水法 FGD 装置于 2004 年 2 月移交生产投入运行；3、2、1 号 FGD 装置分别于 2006 年 6 月、2007 年 10 月、2007 年

11 月建成投入运行。1～4 号机组的设计煤种均采用晋北烟煤，校核煤种为澳大利亚煤，5、6 号机组的设计煤种采用神府东胜烟煤，校核煤种为晋北烟煤，煤种的分析数据见表 5-1，FGD 设计煤种含硫量 S_{ar} 为 0.63%，FGD 入口 SO_2 浓度为 1379mg/m^3，设计处理烟气量1～4 号机组为 1 227 986m^3/h（标态，湿基，实际 O_2），设计烟温 128℃；5～6 号机组烟气量为 1 200 000m^3/h（标态，湿基，实际 O_2），设计烟温 120℃，FGD 系统脱硫率不低于 90%。

表 5-1　　妈湾电厂设计及校核煤种的分析数据

序号	项目	符号	单位	设计煤种 1	设计煤种 2	校核煤种
1	煤种			神府东胜烟煤	晋北烟煤	澳大利亚煤
2	工业分析					
	收到基全水分	M_{ar}	%	14.00	9.61	8.3
	空气干燥基水分	M_{ad}	%	8.49	2.85	2.3
	干燥无灰基挥发分	V_{daf}	%	36.44	32.31	31.9
	收到基灰分	A_{ar}	%	11.00	19.77	13.6
	收到基低位发热量	$Q_{net,ar}$	MJ/kg	22.76	22.44	25.68
3	元素分析					
	收到基碳	C_{ar}	%	60.33	58.56	67.06
	收到基氢	H_{ar}	%	3.62	3.36	3.84
	收到基氧	O_{ar}	%	9.94	7.28	5.38
	收到基氮	N_{ar}	%	0.70	0.79	1.35
	收到基硫	S_{ar}	%	0.41	0.63	0.47

最初的 FGD 系统流程如图 5-3 所示，主要包括烟气系统，SO_2 吸收系统，海水输送系统，海水水质恢复系统，电气、仪表及控制系统等。FGD 系统为单元制配置，每台机组配置单独的海水吸收系统和供排水系统。经过静电除尘器除尘的烟气自 2 台锅炉引风机进入 FGD 系统，送入 GGH 降温后，从吸收塔底部自下而上流过，在塔内的填料区，烟气与海水充分接触，脱除烟气中的 SO_2，经吸收塔出口的除雾器后洁净烟气再次进入 GGH 加热升温至 70℃以上，最后由烟囱（2 台炉合用一个）排入大气（原 FGD 系统的 1 台增压风机及旁路烟道，在 2012 年后逐步拆除，成为增引合一无旁路系统）。

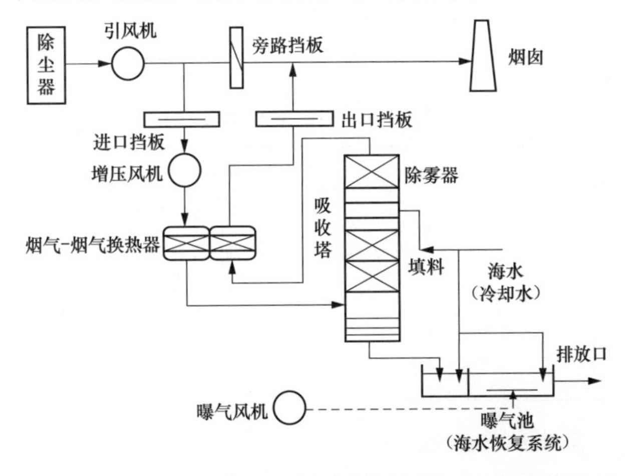

图 5-3　妈湾电厂 300MW 机组原海水法 FGD 系统流程示意

2. 超低排放的改造

妈湾电厂300MW机组原海水法FGD系统设计烟囱净烟气SO_2排放浓度值为138mg/m³，无法满足《火电厂大气污染物排放标准》（GB 13223—2011）关于重点地区火电厂SO_2排放浓度的限值为50mg/m³（当时还未有超低排放要求）。因此，电厂从2013年起对6台机组的脱硫吸收塔、GGH、引风机、增压风机、旁路烟道等后续烟气处理系统进行分批改造。以1、2号机组海水法FGD系统改造为例，改造工艺采用原海水填料吸收塔（14.3m×14.3m），改造参数见表5-2和表5-3，与原设计基本相同，主要是提高了吸收塔供水量。改造后主要性能保证如下：

（1）吸收塔脱硫率。海水水质满足设计要求，耗量不超过7600m³/h，在ECR工况下，吸收塔SO_2脱硫率不低于97.2%；在BMCR工况下，海水温度不高于34.2℃，吸收塔SO_2脱硫率不低于97.2%。

（2）在任何正常运行工况下，除雾器出口携带的雾滴含量（吸收塔出口，除雾器未冲洗情况下的测试值）不高于75mg/m³（雾滴平均值大于20μm）。

表5-2　妈湾电厂海水法FGD系统改造的烟气参数

项目	单位	数据
烟气参数		
BMCR烟气量（标态，湿基，实际O_2）	m³/h	1 227 986
ECR烟气量（标态，湿基，实际O_2）	m³/h	1 116 000
FGD工艺设计烟温	℃	128
FGD入口处烟气组成		
H_2O（标态、湿基、实际O_2）	%	6.58
O_2（标态、干基、实际O_2）	%	7.72
CO_2（标态、干基、实际O_2）	%	12.02
FGD入口处污染物浓度		
SO_2	mg/m³	1379
SO_3	mg/m³	27
HCl	mg/m³	15
HF	mg/m³	6
飞灰	mg/m³	20

表5-3　妈湾电厂脱硫海水参数

名称	单位	原数据	改造数据
海水来源	—	机组凝汽器出口循环水	与原来相同
海水温度	℃	最高40.7，最低27.1，平均34.2	与原来相同
海水pH值	—	7.9～8.0	7.9
海水碱度	mmol/L	1.80～2.40	2.1（平均值）
吸收塔供水量	m³/h	6550	7600

吸收塔系统改造主要具体措施为：

（1）原海水分配器拆除，为满足增加的上塔水容量和优化海水分配器性能，上塔水母管改造为从吸收塔两侧对称上水，原吸收塔上水管道对称一侧新增一路 FRP 上塔海水管道，从塔前供水管道上分流一根上塔海水管道（DN 1000）。上塔水母管进入塔内后，用新增支撑梁支撑。海水分配器支管在母管两侧分布，并支撑于塔壁。

（2）海水分配器的二次分配采用超低压大口径喷嘴，在支管、支管与支管的连接管道上交错布置大口径喷嘴，满足海水在填料层的均匀覆盖，同时大口径喷嘴具有一定的“疏导”作用，可解决易堵塞问题。特别是在吸收塔的四角区域，加大喷嘴在填料层的覆盖率。

（3）为保障海水分配器的高可靠性，完全避免可能的堵塞情况，在海水升压泵房入口吸水竖井与循环水排水沟道交接处，设置一道板框式滤网。

（4）安装喷嘴后，喷淋层距离填料层的距离适当加大，入塔母管中心线距填料层顶部之间的距离控制在 1m 左右，以适应喷嘴的覆盖效果。

（5）上塔水量增加后，为进一步增加填料比表面积，将原填料取出约 200mm 高度，新安装 500mm 高度的多面体 PP 填料。

（6）更换除雾器，除雾器为平板式，支撑于改造后的海水分配器上方。

（7）改造后的海水分配器及除雾器顶标高要略高于吸收塔出口烟道底标高约 500mm，将吸收塔出口烟道开孔底标高以上 500mm 范围内用导流板封闭，出口烟道开孔尺寸由 8700mm×4000mm 变为 8700mm×3500mm，经核算此方案不会增加过多局部阻力，也不需要进行吸收塔出口烟道的改造。改造后，吸收塔本体结构高度不需改变。

FGD 系统安装有 GGH，原设计 GGH 漏风率为 2%，满足不了系统脱硫率要求，为此在改造吸收塔的同时，对 GGH 的低泄漏系统也进行了改造。GGH 转子直径 11 062mm，转子高度 830mm，传热元件高度/厚度：650mm/0.75mm，设计原烟气入口温度 125.2℃，净烟气出口温度 72℃，总差压（原烟气侧＋净烟气侧）为 930（510＋420）Pa。改造要求在 BMCR 工况下，GGH 的泄漏率不大于 0.8%。改造具体内容如下：

（1）对原设计的可调式密封进行改造，改造方案为：

1）在转子径向隔板的顶部增加新的径向板条（约 50mm 高），板条上留有安装径向密封片的开孔，并与原径向隔板焊接。

2）在转子径向隔板的底部增加新的径向板条（约 50mm 高），板条上留有安装径向密封片的开孔，并与原径向隔板焊接，焊缝要进行玻璃鳞片涂层处理。

3）在转子径向隔板外侧的轴向位置开孔，以便安装轴向密封片。

4）在转子中心筒部位增加内缘环向密封支撑板。

5）在原转子隔板上增加热端径向、冷端径向、轴向密封片及内缘环向密封片。

6）更换热端外缘环向密封片。

7）取消原顶部扇形板及轴向密封板的调节装置，取消原安装的静密封片，重新计算设置径向和轴向密封间隙，并固定扇形板和轴向密封板，改为 VN 密封。

8）取消原底部扇形板的调节装置，取消原安装的静密封片，重新计算设置径向间隙，并固定扇形板，改为 VN 密封。

9）恢复顶部施工时损坏的烟道壁上的玻璃鳞片涂层。

（2）增加低泄漏风系统，如图 5-4 所示，具体为：

1）增设一台新的低泄漏风机，压力 5.338kPa、流量 10.8m³/s，为 GGH 提供隔离风和置换风系统。

2）低泄漏风机入口设计电动调节挡板门，出口增设手动挡板门。低泄漏风机出口设计压力测点，具备就地显示和远传功能。

3）更换顶部扇形板，新的扇形板中间部位开设有流通隔离风的槽孔，而靠近原烟气侧的位置则开设有流通置换风的槽孔。

4）低泄漏风机安装于地面上 GGH 钢架的侧面，风机入口与 GGH 净烟气出口管道相连接，出口管道连接至 GGH 顶部结构。

5）在 GGH 顶部结构的合适位置布置隔离风烟气和置换风烟气的开孔，并安装与低泄漏风机管道直接的连接管道。图 5-5 为改造后现场的设备情况。

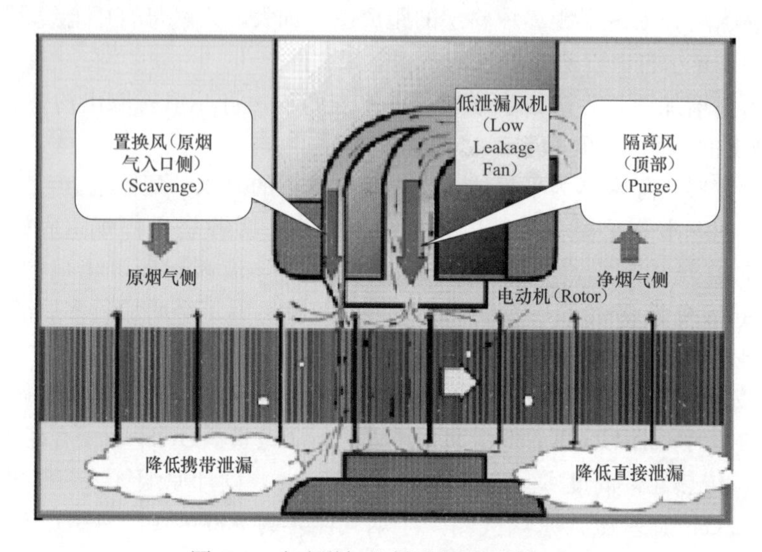

图 5-4　改造增加的低泄漏风系统示意

原海水供给管　　改造新增的海水供给管和GGH低泄漏风机

图 5-5　改造后的 1 号海水吸收塔

3. 超低排放改造后的效果

改造后的海水法 FGD 系统性能试验结果见表 5-4，可见在 GGH 低泄漏风机投运时，烟囱中净烟气 SO_2 浓度均达到 35mg/m^3 的超低排放要求，实际运行中电厂还可通过控制燃煤含硫量来到达环保要求，图 5-6～图 5-8 为实际运行画面［图中烟囱中 2 个浓度自上而下分别是粉尘和 SO_2；GGH 入口 3 个浓度分别是粉尘（仪表未装）、SO_2 和 NO_x］。

表 5-4　　改造后海水 FGD 系统试验结果

序号	试验项目	2 号机组		6 号机组	
		低泄漏风机投运	低泄漏风机停运	低泄漏风机投运	低泄漏风机停运
1	机组负荷（MW）	298.6	298.8	304.3	303.4
2	原烟气流量（km^3/h）	1178	1178	1145	1142
3	吸收塔海水供给量（m^3/h）	5372	5299	6208	6357
4	FGD 系统总效率（%）	98.19	97.00	98.20	96.78
5	吸收塔脱硫效率（%）	98.38	97.89	98.24	98.10
6	原烟气 SO_2 浓度（mg/m^3）	1558.6	1564.3	1453.4	1489.1
7	塔出口 SO_2 浓度（mg/m^3）	25.3	33.0	25.5	28.3
8	净烟气 SO_2 浓度（mg/m^3）	28.1	46.9	26.2	47.9
9	GGH 漏风率（%）	0.22	1.01	0.11	1.58
10	吸收塔压降（Pa）	796		492	
11	FGD 系统压降（Pa）	2573		2292	
12	海水升压泵运行（台）	2	2	2	2
13	曝气风机运行（台）	1	1	1	1

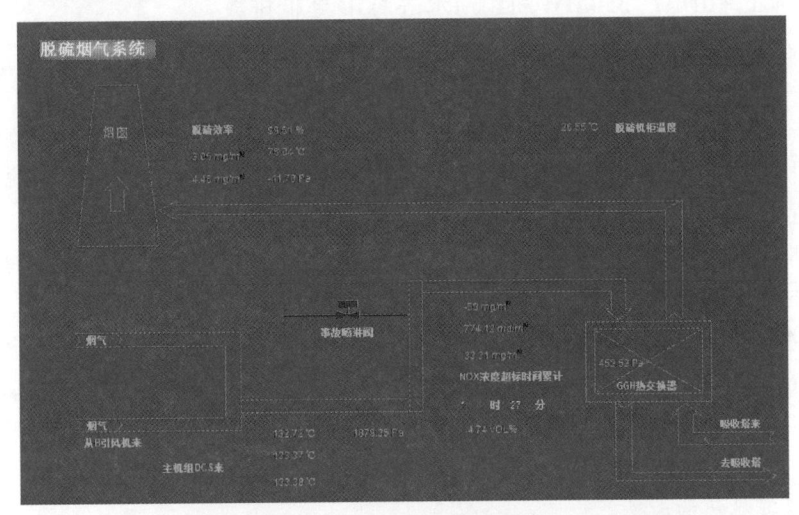

图 5-6　海水 FGD 烟气系统实际运行画面（1 号 287MW）

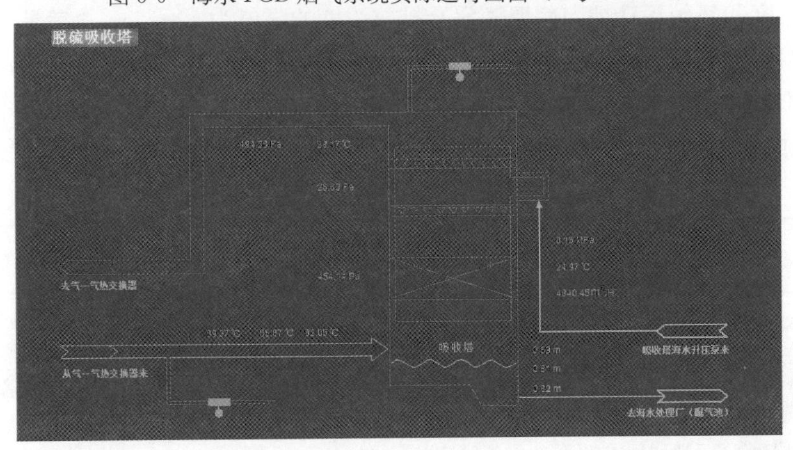

图 5-7　海水 FGD 吸收塔实际运行画面（1 号 287MW）

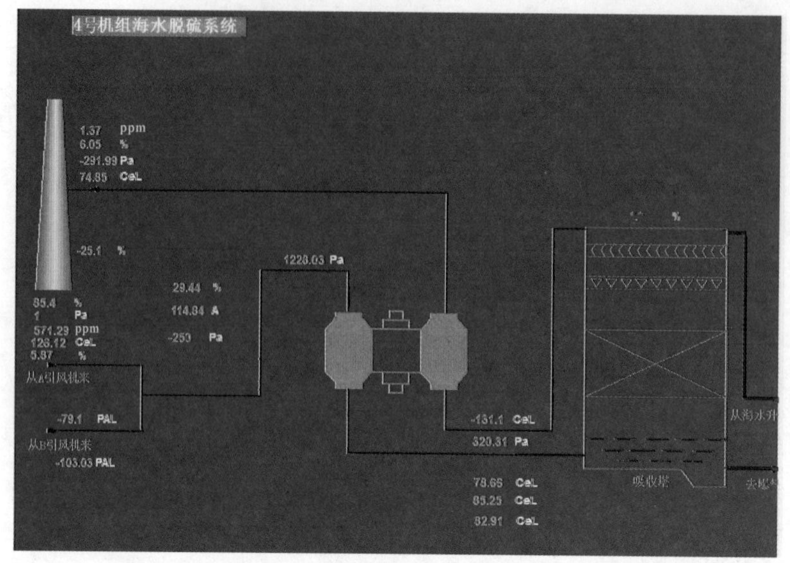

图 5-8 FGD 烟气系统实际运行画面（4 号 193MW）

5.2.2 浙江舟山电厂 350MW 机组海水法 FGD 超低排放

1. 概述

神华国华舟山电厂二期 4 号 350MW 超临界燃煤发电机组为 2014 年刚投产的机组，该机组按照国华环保标准同步配套建设：高效烟气脱硝装置（低氮燃烧器＋SCR 催化还原脱硝装置）、采用高频电源（常规四电场＋旋转电极）静电除尘装置、烟气海水脱硫装置、湿式电除尘装置，2014 年 6 月投产，成为国内首台“近零排放”的燃煤新机组。电厂充分利用沿海的有利条件，采用海水脱硫技术，是首个获得国家环保部环评中心评审通过的脱硫率不低于 97%的海水脱硫项目。

FGD 设计和校核煤种含硫量 S_{ar} 分别为 0.41%、0.58%，对应的 FGD 入口 SO_2 浓度分别为 950mg/m^3 和 1450mg/m^3，设计处理烟气量为 1 111 665m^3/h（标态，干基，实际 O_2），设计烟温 120℃；FGD 系统脱硫率皆不低于 98%，海水脱硫后 SO_2 排放浓度小于 35mg/m^3，海水出口 pH 不小于 6.8，耗氧量 COD 不大于 5mg/L，溶解氧 DO 不低于 3mg/L。

2. 海水超低排放的改造

原海水法 FGD 系统设计烟囱净烟气 SO_2 排放浓度的限值为 50mg/m^3，满足《火电厂大气污染物排放标准》（GB 13223—2011）关于重点地区火电厂 SO_2 排放浓度的限值，但还不满足浙江省新的超低排放要求。为了将 SO_2 排放浓度由 50mg/m^3 降低至 35mg/m^3，并能保障海水排放达标，舟山电厂对原来设计的吸收塔进行了扩容及对曝气池进行了优化，具体参数见表 5-5。

表 5-5　舟山电厂海水法 FGD 系统优化前后的对比

序号	项目	设计参数		备注
		50mg/m^3	35mg/m^3	
1	上塔水量（m^3/h）	10 000	11 000	优化喷淋层布置
2	塔高/直径（m）	20.5/15	21.9/17	增加反应时间
3	填料体积/高度（m^3/m）	920/4	1150/5	采用新型填料
4	海水增压泵扬程（mH_2O/h）	17	18.5	—
5	曝气管网曝气孔孔距调整（mm）	40	33	曝气管规格调整

与妈湾电厂不同，4 号机组海水法 FGD 系统的塔形为圆形截面而非传统的长方形截面，并取消了 GGH，在吸收塔出口配备了湿式电除尘器，如图 5-9 所示。吸收塔通过改用低压力大孔径喷嘴，防止了小颗粒物堵塞，覆盖“喷淋死区”，改善了烟气流场和海水配水流场的不均匀性，并改用了新型高效脱硫填料（如图 5-10 所示），设计脱硫率高达 98%。海水 FGD 系统按最不利季节、海水 pH 值 7.9、碱度 2.08mmol/L 核算，吸收塔脱硫用水量约为 11 000m^3/h，整台机组循环水量约 44 000m^3/h。

舟山海水法FGD系统　　海水曝气池

图 5-9　舟山海水吸收塔和曝气池

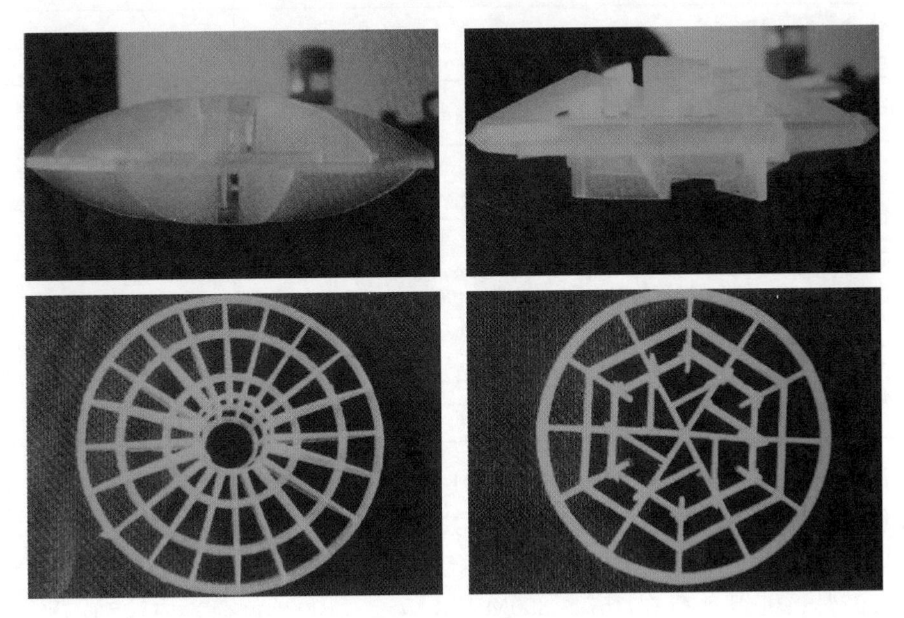

图 5-10　原采用填料（左）和新型填料（右）对比

3. 超低排放改造后的效果

2014 年 7 月，环境保护部环境工程评估中心等单位，在不同运行工况下，对 SO_2 等大气污染物的排放浓度进行实测，对海水脱硫装置 3 个月期间的在线监测数据与运行控制参数进行统计研究，分析该系统对 SO_2 的控制水平、排放特征与减排效益，综合评估该脱硫装置的性能达标性与稳定性，最后针对该项目提出技术改进措施、运行优化对策及监督管理建议。测试工况与煤质情况如下：测试工况：100%和 75%负荷，最大波动幅度不大于 5%；

测试时间：每台机组每种工况测试3天，每天8：00～20：00进行测试，8：00前将机组带到试验负荷，调整炉膛出口氧量到试验需求氧量；现场测试期间燃料配比不变，其中硫分S_{ar}范围为0.39%～0.52%。结果分析如下。

（1）SO_2及相关参数。在100%与75%负荷工况条件下，烟囱进口SO_2及相关参数测试结果见表5-6；海水脱硫装置进出口SO_2、烟尘、$PM_{2.5}$、SO_3、汞及其化合物等浓度测试结果见表5-7。从表中数据可看出：现场测试期间，机组海水脱硫装置出口的SO_2浓度小于3mg/m^3，低于35mg/m^{3}设计指标限值，满足SO_2超低排放要求。在100%和75%负荷条件下，脱硫率分别为99.70%和99.55%，均高于98%的设计指标；除尘率分别为69.42%和50.32%；SO_3脱除率分别为32.14%和48.08%；Hg脱除率分别为79.07%和80.73%。

表5-6　烟囱进口SO_2及相关参数试验结果

监测项目	监测结果	
	100%负荷	75%负荷
烟气温度（℃）	29	30
烟气量（m^3/h）	1.24×10^6	9.60×10^5
烟气含氧量（%）	6.1	6.7
过剩空气系数	1.41	1.47
SO_2实测浓度（mg/m^3）	<3	<3
SO_2折算浓度（mg/m^3）	<3	<3
SO_2排放速率（kg/h）	<3.7	<2.9

表5-7　FGD装置烟气监测结果

监测项目	100%负荷			75%负荷		
	进口浓度	出口浓度	脱除率	进口浓度	出口浓度	脱除率
	mg/m^3		%	mg/m^3		%
SO_2	992	<3	>99.70	668	3	99.55
SO_3	3.37	2.29	32.14	4.307	2.269	48.08
烟尘	7.88	2.41	69.42	6.34	3.15	50.32
$PM_{2.5}$	7.39	1.98	73.21	5.79	2.77	52.16
Hg	2.15×10^{-3}	4.5×10^{-4}	79.07	1.92×10^{-3}	3.7×10^{-4}	80.73

（2）海水FGD系统稳定性评估。提取2014年7～9月分散控制系统（DCS）与烟气连续监测系统（CEMS）在线监测数据及控制参数记录，进行达标能力及稳定性评估。电厂入炉煤硫分S_{ar}在0.3%～0.6%内波动，平均含硫量日均值为0.46%，超设计值（0.41%）时段约占76.92%；机组负荷在157～350MW（45%～100%负荷）内波动，平均负荷为240MW（69%负荷）。

烟囱出口SO_2排放情况如图5-11所示，评估期间烟囱出口烟气SO_2浓度为0.71～27.74mg/m^3，平均浓度2.13mg/m^3，低于35mg/m^{3}的小时浓度达标率为100%，装置稳定性较好。

评估期间海水脱硫系统脱硫率为97.45%～99.99%，平均99.76%，满足设计脱硫率（98%）的达标率为99.9%。图5-12是在A、B台泵在100%出力和A泵100%出力、B泵25%出力两种工况下，脱硫塔入口SO_2浓度与出口SO_2浓度的关系。

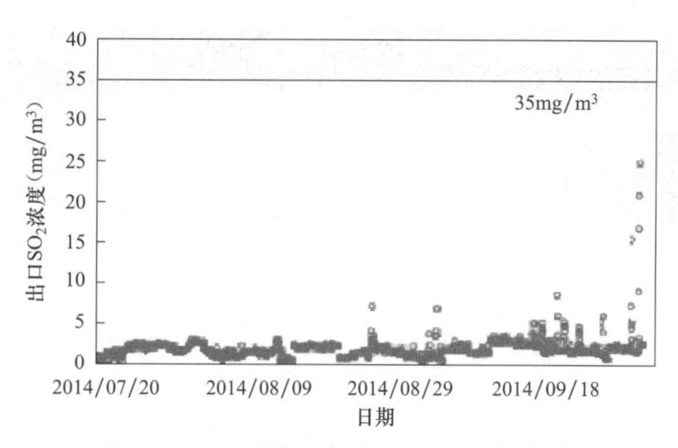

图 5-11　3 个月期间烟囱入口 SO_2 排放情况

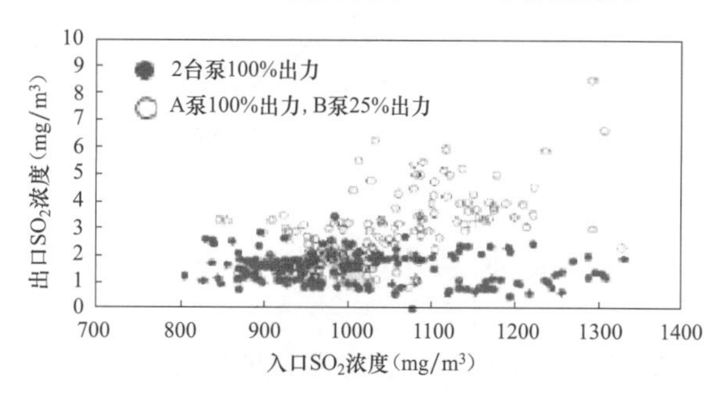

图 5-12　入口 SO_2 浓度对出口 SO_2 浓度的影响

可见在两种升压泵不同运行参数下，脱硫塔出口 SO_2 浓度均满足“超低排放”要求，且升压泵出力增大时，海水喷淋量增大，出口 SO_2 排放浓度减小。因此，当机组负荷和 SO_2 浓度变化时，可通过启停泵数量及变频调节的方式，改变进脱硫塔洗涤的海水流量，来调整吸收塔内填料层的持液量，从而改变洗涤液气比，在保证环保达标的前提下，提高运行的经济性。图 5-13 和图 5-14 为满负荷时舟山电厂海水 FGD 系统实际运行画面，在吸收塔入口 SO_2 浓度近 $1000mg/m^3$ 时，出口 SO_2 排放浓度不到 $3mg/m^3$。

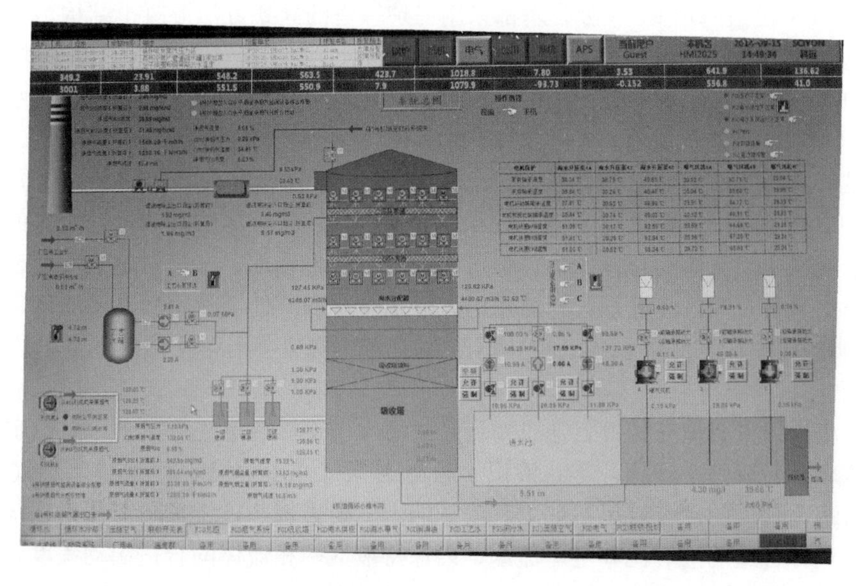

图 5-13　舟山电厂海水法 FGD 系统总运行画面

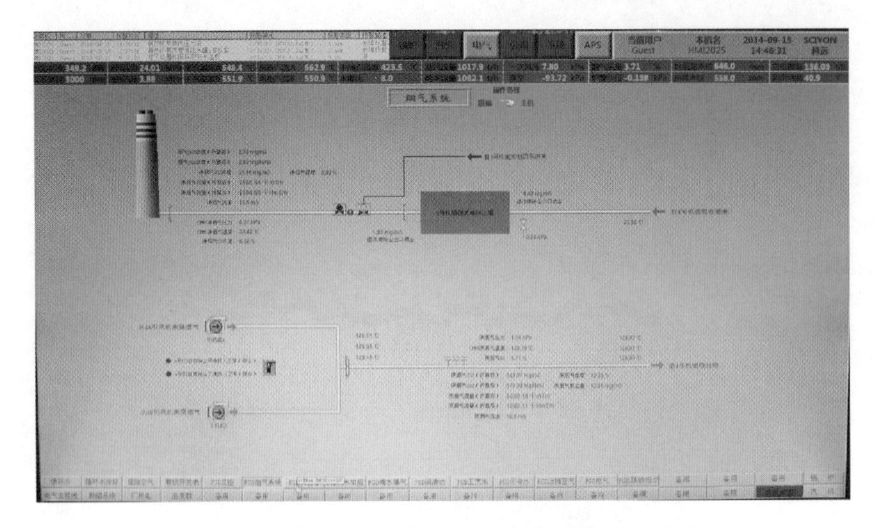

图 5-14　舟山电厂海水法 FGD 烟气系统运行画面

5.3　海水法 FGD 超低排放问题

电厂选用海水脱硫工艺有一定限制条件，除要有足够条件的海水资源、燃料中重金属元素含量低、除尘器率高及避免在海洋生态保护区和鱼类保护区选用外，要实现 SO_2 的超低排放，海水法 FGD 系统的脱硫率是一个关键。脱硫率与吸收塔的设计等内在因素有关外，还与一些外部因素有关。

5.3.1　影响海水法 FGD 脱硫率的内因

1. 吸收塔结构

吸收塔是 FGD 装置的核心设备，它的结构设计优劣直接关系到脱硫率的高低。海水脱硫常用吸收塔有填料塔、喷淋塔两种类型，例如，深圳妈湾电厂 300MW 机组和广东华能海门电厂 1000MW 机组海水 FGD 吸收塔都采用一炉一塔的立式方形混凝土结构填料塔，福建漳州后石电厂 600MW 机组和嵩屿电厂 300MW 机组分别采用一炉双塔和一炉一塔的立式圆柱形钢结构喷淋空塔。海水脱硫使用的吸收剂是天然海水，具有一定的碱性，海水的天然碱性使其对 SO_2 或酸性物质具有优良的溶解和缓冲能力，是其能脱除 SO_2 的动力。海水脱硫需要提供足够大的气液接触面积，有利于 SO_2 在海水中的溶解，填料塔是针对海水脱硫的较佳选择。填料塔内设多层填料，传质过程主要发生在填料表面的液膜内，众多的空心薄片填料保证了液气两相流体具有良好的、尽可能大的有效传质面，并通过填料不断改变水流方向，延长海水滞留时间，促进烟气与海水的充分结合，因此能够取得较高的脱硫率。另外和石灰石/石膏湿法相比，海水脱硫过程并不产生难溶的物质，不存在结垢倾向，因此也适合采用填料塔。

喷淋空塔内部没有填充构件，通过增压泵将海水引至吸收塔上部的若干层喷嘴，海水经喷嘴在吸收塔雾化成细小液滴，雾状液滴下行时与烟气逆流混合，达到脱除烟气中 SO_2 的目的，其海水与烟气的混合效果不如填料塔，但烟气阻力较小，维护较简便。在优化吸收塔设计时，应选择合适的液气比和空塔流速，以保持液气两相流体的合适湍动程度，保证高的脱硫率。

2. 吸收塔设备特性

塔内设备对于填料塔主要包括填料、海水分配器等。塔内设备的形式必须满足吸收理论，才能取得高的脱硫率。填料特性应具有高的比表面积、空隙率和润湿速率。填料的比表面积是指单位填充体积所具有的填料表面积，填料应具有尽可能多的比表面积以提供气液接触面，从而提高脱硫率；在填料塔内，气体是在填料间的空隙内通过的，为减小气体的流动阻力，提高填料塔的允许气速，填料层应有尽可能大的空隙率。高的润湿速率可提高填料的利用率和海水分布效果。此外，填料材质的选择应达到防腐、耐温和轻量化等目标。

相对填料来说，海水分配器的效果对吸收塔率的影响更为重要。海水分配器的作用是将吸收剂（海水）均匀分配至填料层，以达到与烟气均匀接触，有效脱除 SO_2 的目的。火电厂的吸收塔往往内径巨大，给海水的均匀分布带来极大的困难，导致影响脱硫率，因此有必要对海水分配器的设计进行优化和完善。同时，海水分配器还应注意防止喷淋系统堵塞的问题。

3. 脱硫水量（液气比）

吸收剂海水的流量对脱硫效果的影响是显而易见的，海水流量越大，液气比（吸收塔内海水的流量与通过烟气量的比值）就越大，脱硫率越高。某电厂海水法 FGD 系统液气比与脱硫率的关系曲线如图 5-15 所示。可知，当液气比为 5.8 时，脱硫率为 95%；当液气比为 5.3 时，脱硫率不到 90%。

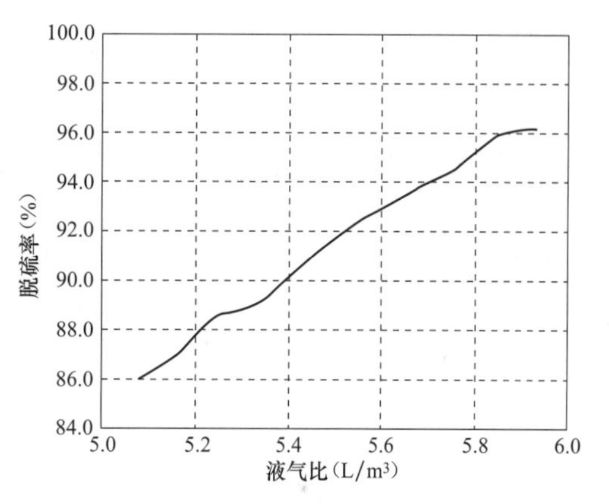

图 5-15 某海水 FGD 系统液气比与脱硫率的关系

但也需注意，增大脱硫水量会增加海水升压泵的能耗；海水增大到一定程度（一般液气比达到 8～10L/m^3）时，对脱硫率的贡献已不明显，也会造成能耗的浪费；脱硫水量太大，将出现脱硫水量与填料性能的不匹配，脱硫率得不到进一步提升，甚至会下降；另外，脱硫水量太大，吸收塔填料层阻力会大幅上升，影响烟气系统设备的稳定运行。在海水分配器的效果不佳时，海水不能均匀分配至填料层，造成部分烟气短路，不能在填料层中与海水充分接触，也就不能保证 SO_2 在海水中的充分溶解。此时增加吸收塔脱硫水量并不是解决脱硫率的根本措施，反而会在短时间内造成更严重的堵塞，形成恶性循环。因此，增加脱硫水量提高率的前提是必须具备优良的塔内海水分配效果和防堵塞措施。在实际的运行中，在保证 SO_2 浓度达标的前提下，选择一个较合适的海水流量，以使 FGD 系统经济运行。

4. 填料塔的喷淋密度等

喷淋密度为单位时间内单位塔截面积上喷淋的液体体积，为使气液两相在填料表面进行良好的逆流接触，获得高效脱硫率，应保证塔内液体的喷淋密度。同时要防止吸收塔内海水与填料存在接触死区，例如，受吸收塔入口烟气流场的影响，塔内的填料层可能会因气流分布和海水流量的影响而变得厚薄不均匀，严重的地方甚至出现较大的“漩涡”，此处的烟气阻力较低，烟气极易从此区域通流而过，产生烟气短路现象，严重影响脱硫率。

5.3.2 影响海水法 FGD 脱硫率的外因

1. 海水性质

研究表明，海水对 SO_2 的吸收容量主要与海水的 pH 值、含盐量、温度等有关，提高海水 pH 值和含盐量、降低海水温度有利于增大海水对 SO_2 的吸收容量。

pH 值对现有海水脱硫工艺影响主要体现在：①天然海水的溶硫能力；②吸收系统对烟气中 SO_2 吸收过程的影响；③对亚硫酸盐溶解和氧化的影响。天然海水的 pH 值变化一般在 7.55～8.1 之间，平均值约为 7.88，呈弱碱性，pH 值越高，海水吸收 SO_2 能力就越大，脱硫率就越高。某天然海水 pH 值随温度升高呈下降趋势，由于 pH 值降低，海水吸收 SO_2 能力下降，所以温度越低，海水溶硫能力越强，冬季海水比夏季海水更容易吸收烟气中的 SO_2。此外，因 SO_2 溶解度随着温度的升高而降低，我国北方沿海地区冬季和夏季海水温度相差约 20℃，且冬季海水的碱度和 pH 值均高于夏季海水，所以海水脱硫设计必须考虑冬、夏季海水温度及碱度、pH 值对脱硫率和排放海水水质的影响。例如，某电厂海水脱硫装置在冬、夏季在基本相同的工况下，夏季的脱硫率比冬季低约 3%。

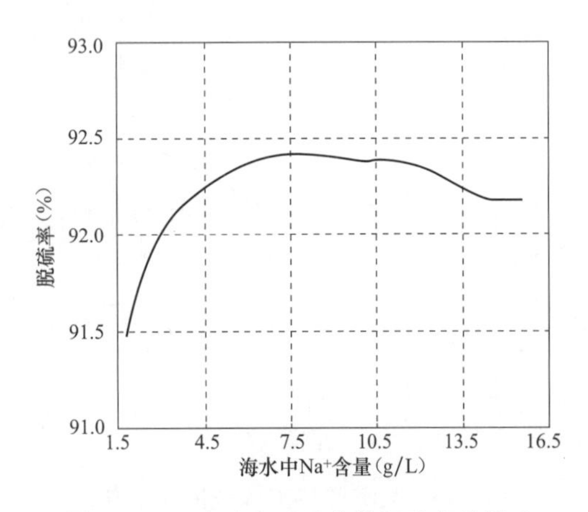

图 5-16 Na^+ 浓度对吸收塔脱硫率的影响

随着海水中 Na^+ 浓度的增加，某电厂吸收塔的脱硫率由逐渐增大的趋势变化到逐渐减小的趋势如图 5-16 所示，脱硫率最大点出现在海水中 Na^+ 浓度在正常范围时。海水中的 Na^+ 浓度对塔出口海水的 pH 值有一定影响，Na^+ 浓度越大，该塔出口海水的 pH 值越小，说明海水中 Na^+ 浓度的增加，有利于 SO_2 的溶解和反应。海水的正常含盐量约为 3.5%，具有一定的离子强度，这使得海水虽能吸收 SO_2，但吸收容量不太大。

2. 设备堵塞

海水生物堵塞设备。海水中含有大量的贝壳、海藻、鱼蟹等海生生物，为了防止海水生物堵塞脱硫设备，海水法 FGD 装置一般在前池处设置滤网。若滤网的孔径过大，海生生物会穿过滤网而堵塞喷淋管和喷淋口，并易在填料层中积累；若滤网的孔径过小，海水生物会堵塞前池滤网，严重时甚至造成海水升压泵吸入侧水位低位报警，导致海水升压泵保护动作。

如果吸收塔喷淋器出现堵塞现象，就造成进入吸收塔的海水喷淋不均，使填料层局部出现水量不足或无水情况，这样进入吸收塔填料层的烟气就会有部分没有进行脱硫或不充分脱硫，造成脱硫率降低，同时也增加了海水升压泵的能耗。

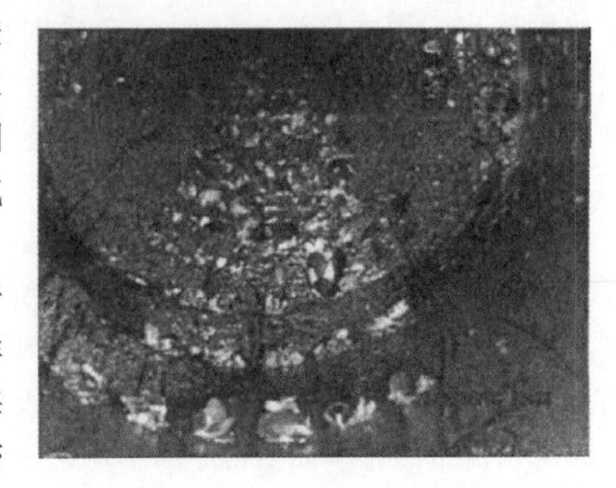
图 5-17 喷淋器内堵塞情况

某电厂在脱硫系统投入运行的几年中，由于因海水滤网损坏海草等杂物进入喷淋器，或海洋生物在喷淋器内繁殖生长，吸收塔多次出现过海水喷淋器堵塞而影响脱硫率降低及喷淋器封头密封损坏情况，如图 5-17 所见。堵塞物主要是海虹、牡蛎、海藻等海生物，特别是夏季海生物产卵或发生赤潮时更为严重。

早期一些海水法 FGD 系统在吸收塔海水分配器上采用大管道小孔喷淋的布水方式（如挪威 ALSTOM 在妈湾电厂），在海水中的杂质（主要是海生物）较多时，小孔对水草等杂质的疏通能力差，小孔的过流能力降低，随着时间的增加，海生物杂质在管道内逐渐堆积，导致小孔堵塞，从而影响了整个吸收塔内的布水均匀性和效果，引起烟气短路，脱硫率因此而下降。即使海水分配器没有堵塞，在海水分配器管道上的开孔部位考虑不够充分，也会导致烟气短路，脱硫率无法提升。例如，在进入吸收塔的主供水管道与分支管道之间存在较大的喷淋盲区，调试结果表明，正是这部分喷淋盲区导致脱硫率无法达到设计值，其偏差基本在 1%以内。

无论是散堆填料还是规整填料，填料层厚度对脱硫率都有直接影响，填料层越厚，脱硫率就越高。吸收塔运行时，烟气中的粉尘经过海水的冲洗积留在填料层中间，海水中的微小杂物和化学反应物及建设施工时的遗留物都是填料层的堵塞原因。检修时检修人员在填料层上施工作业，会加重填料的破碎损坏和堵塞，这些都对脱硫率产生负面影响。

3. 海水赤潮现象

海水水质的高低直接决定着 FGD 系统脱硫率的高低。近年来，随着现代化工农业生产的迅猛发展，沿海地区人口的增多，大量工农业废水和生活污水排入海洋，特别是沿海养殖业的大力发展，海水赤潮现象的发生越发的频繁，赤潮现象发生时，海水中的微量元素及含盐度等指标均会发生变化。如华能大连电厂赤潮后的海水进入脱硫吸收塔进行烟气脱硫，脱硫率将明显降低，最低时脱硫率仅达到 80%左右，目前还没有较好的方法来解决海水因赤潮而影响脱硫率的问题。自 FGD 系统正式投入运行以来，电厂每年都会有因为海水赤潮原因致使脱硫率降低的现象发生，仅 2011 年就发生过 4 次因海水赤潮而被迫停止 FGD 系统运行的情况，累计停运 805min。

4. 原烟气参数，包括入口 SO_2 浓度、烟气量、烟气温度、烟尘含量等

实践经验表明，当其他条件不变时，海水脱硫率随系统进口 SO_2 浓度的增加而降低。当进口烟气 SO_2 浓度变化时，吸收塔内吸收 SO_2 的量并无大的变化，低浓度烟气中的 SO_2 将被充分吸收，从而被吸收 SO_2 的比率增高，因而脱硫率提高。图 5-18 是华能大连电厂 350MW 机组海水法 FGD 系统脱硫率与入口 SO_2 浓度的关系，FGD 系统设计入口烟气量 1 300 000m^3/h（标态，湿基，实际 O_2）、SO_2 浓度 1900mg/m^3、烟尘浓度 100mg/m^3，引风机出口烟温 140℃，设计脱硫率不低于 92%。

在烟气其他成分基本不变的情况下，当烟气量变化时，烟气量和脱硫率的关系近似直线变化；随着烟气量的增大，液气比减小，脱硫率逐渐下降，如图 5-19 所示。运行中负荷越低，脱硫率越高。另外随着烟气量的增大，塔出口海水中 pH 值呈减小趋势。这是因为海水量不变、烟气中 SO_2 浓度不变时，随着烟气量的增大，溶于水中的 SO_2 生成的 H^+ 增多，pH 值减小。

图 5-20 是某海水法 FGD 系统脱硫率随原烟气温度的变化曲线，可见原烟气温度影响很大。实际运行证明，当吸收塔的工作条件已定时，海水吸收 SO_2 的能力主要与海水在吸收塔内的温度有关，温度越低，脱硫率就越高。

FGD 系统入口烟尘浓度也是影响脱硫率的主要因素之一，若运行中大量灰尘进入吸收塔并黏附在填料或除雾器上，会增大 FGD 系统运行压差，从而使得海水和烟气流动不匀畅及气液不能充分接触，减弱海水对 SO_2 的吸收效果；同时烟尘中不断溶出的一些重金属离子也会抑制 SO_2 的吸收，脱硫率也随之降低。

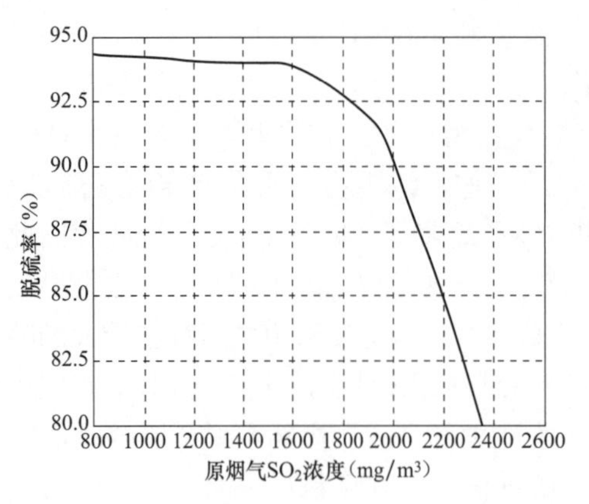

图 5-18　脱硫率与入口 SO_2 浓度的关系

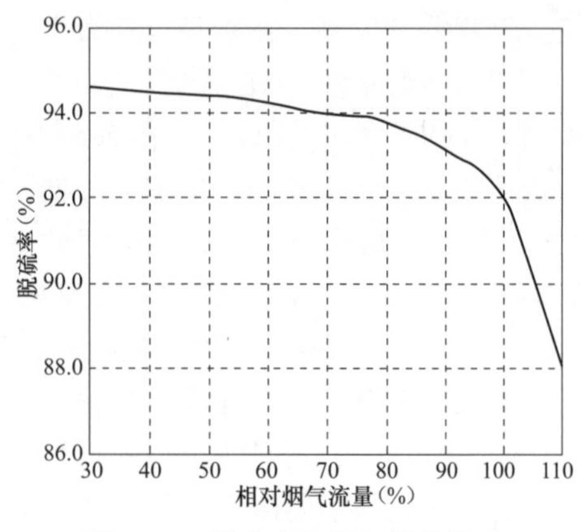

图 5-19　脱硫率与烟气量的关系

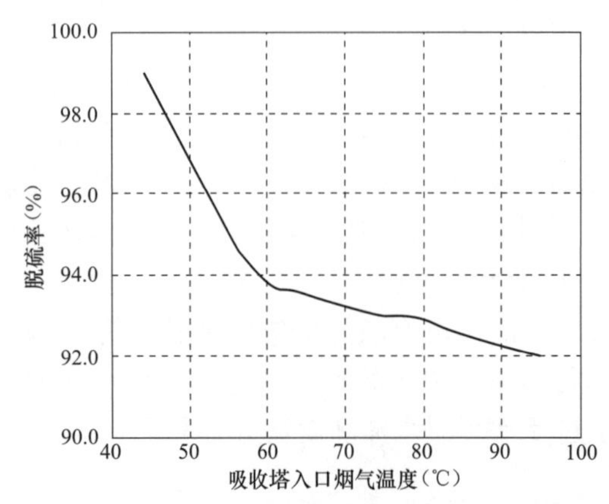

图 5-20　入口烟气温度对吸收塔脱硫率的影响

5. GGH 对脱硫率的影响

与其他类型 FGD 系统一样，对于配置 GGH 的脱硫项目，由于 GGH 的漏风率和其密封措施的效果不尽相同，GGH 的最终漏风对脱硫率的影响是十分显著的，例如，配置低泄漏系统和不配置的 GGH 漏风率前者比后者可低 1%以上，这样脱硫率比后者可高约 1%，在超低排放的要求下，1%的脱硫率提升已十分可观了。问题是，GGH 的漏风率是否能长期稳定控制，目前在技术上还不能给出充分的保证。GGH 的漏风与本体设计、安装施工、运行条件均有关，其所能控制的是一个漏风率的范围，这给脱硫率提升的空间带来了困难。对于必须设置 GGH 的项目，应考虑进一步降低 GGH 漏风率的措施。

5.3.3　海水法 FGD 超低排放的应对措施

从以上分析可知，海水法 FGD 装置脱硫率的提升与吸收塔本体的设计和运行密切相关，因此要从吸收塔填料、海水分配器的设计、液气比选择、GGH 的泄漏、燃煤的控制及运行维护等多方面考虑，采取适当的措施，最大限度地提升可用率和脱硫率。

1. 提高填料塔内海水和烟气的接触效果

这种方法中包括在压差允许的范围内适当提高填料层高度或使用比表面积大的填料，从而提高气液的有效接触面积；对烟气进行流场模拟，根据烟气流场情况，在烟道弯头处设置导流板，均匀分布进入吸收塔的烟气；在均整后的填料层上部加设固定填料的装置，避免因填料层不均影响气液接触；在喷淋母管下部增设海水分配槽，使海水均匀流落在填料层上，从而避免喷淋管内海水生物堵塞喷淋口而影响海水在吸收塔内的分布效果，有条件的可采用空心锥或螺旋喷嘴的方式。

要保证脱硫率不受喷淋器的堵塞状况影响，在日常的检修和设备维护中，必须做好喷淋器内部清洁保养工作。力争做到“逢停必查”，只要有机会能进入喷淋器内部检查，就要对喷淋器内部进行清理，更重要的是还要定期对海水滤网进行检查和清理维修，确保因滤网的损坏使杂物进入喷淋器内。尤其是在夏季海洋生物大量繁殖期间，加大海水中氯气的投放量，减少海洋生物幼卵成活率，也会减少喷淋器堵塞故障的频率。要定期地将填料层进行高压水冲洗，并将填料全部倒出清理去除损坏破碎的填料和施工遗留物，补充缺失部分的填料达到设计厚度，此举是保证 FGD 系统率不受影响极其必要的手段。

嵩屿电厂海水法 FGD 吸收塔虽为空塔，但设计时优化了吸收塔烟气的气流方向与扩散能力，同时选用耐腐蚀性强、分布均匀的 5 层喷嘴，利于海水与烟气的充分混合和有效传质，其脱硫率达到 95%以上。

2. 提高液气比

国内已建典型海水脱硫工艺的液气比为 6～8L/m^3（以吸收塔出口标态、湿基烟气量计），普遍较低，成为影响海水脱硫率的关键因素。为了提高海水法 FGD 装置对超出燃煤设计硫分的适应能力，应提高装置液气比，并对海水恢复系统进行扩容。

3. 提高 GGH 密封性能或取消 GGH，减少因 GGH 泄漏对脱硫率的影响

漳州后石电厂没有设置 GGH，是在吸收塔入口烟道设置预冷却器，降低吸收塔入口烟气温度，提高脱硫率，这也可减少系统阻力和一次性投资及运行成本，缺点是脱硫后的烟气温度较低（30℃左右），对净烟气烟道和烟囱的内部防腐要求更高，烟囱冒白烟，感观不佳。神华国神秦皇岛电厂 1、2 号 215MW 抽汽凝汽供热机组及 3、4 号 320MW 凝汽机组海水脱硫工程设计原烟气 SO_2 浓度为 1700mg/m^3，为达到 35mg/m^3 的超低排放要求，FGD 系统改造的内容之一就是将原回转式 GGH 改为水媒管式换热器（原烟气降温段采用氟塑料换热管，净烟气升温段采用聚乙烯管）。同样华能海门电厂 4×1000MW 机组海水脱硫系统提效改造也拆除原 GGH 而改为水媒管式换热器，并预留了湿式电除尘器位置。

4. 适当增大海水升压泵前池滤网的孔径，并在海水升压泵出口管道上加设二次滤网

这样既能保证前池海水水位的稳定，又能解决海水生物对塔内设备的堵塞问题，提高了设备运行的可靠性。

5. 优化曝气池

优化曝气池内曝气头的分布，适当提高曝气池的水位，合理调整旁路海水和进入曝气池海水的比例，增强曝气效果从而提高海水恢复系统出力。

6. 在运行中降低燃料中的含硫量，减少 SO_2 的生成是根本

降低燃料中的含硫量要从燃料的采购上下功夫，减少购买含硫量高的煤，加强混煤。实践证明，合理配煤掺烧，及时调整设备出力和正确地优化设备运行方式是提高脱硫整体率和降低厂用电率的最佳方案。

为保证脱硫设备正常运行，应重视并做好设备的定期检修和日常维护工作。脱硫设备检修过程中，填料和除雾器冲洗、烟气挡板和海水升压泵检修、海水分配器清扫等工作是重点内容。

7. 加入脱硫添加剂，充分发挥脱硫添加剂的作用

近年来，随着对脱硫添加剂研究的日益深入，以 Bechtel 工艺为代表的海水脱硫工艺得到了较好的应用。常用的脱硫添加剂有石灰、氢氧化钠等碱性物质。如山东黄岛发电厂对其 3 号机组海水生石灰 FGD 系统及 5、6 号机组海水法 FGD 系统进行了改造，利用青岛碱业股份有限公司废弃物白泥作海水脱硫的添加剂，提高了脱硫率。氧化镁也可极大地提高海水的溶硫性能，鼓泡吸收装置试验表明，在室温及氧化镁投加量为 0.5g/L 时，吸收体系对 SO_2 的吸收效果最好，吸收容量达到 1901.38mg/L，是普通海水的 3～6 倍。

第 6 章

氨法/有机胺法FGD超低排放技术

6.1 氨法 FGD 技术原理和特点

6.1.1 氨法 FGD 技术原理

氨法脱硫的主要反应为：

$$SO_2 + 2NH_3 + H_2O \longrightarrow (NH_4)_2SO_3$$

$$(NH_4)_2SO_3 + SO_2 + H_2O \longrightarrow 2NH_4HSO_3$$

$$(NH_4)_2SO_3 + 1/2O_2 \longrightarrow (NH_4)_2SO_4$$

$$NH_4HSO_3 + 1/2O_2 + NH_3 \longrightarrow (NH_4)_2SO_4$$

根据氨法工艺所得的副产品不同，氨法可分为氨-酸法、氨-亚硫酸铵法和氨-硫铵法，火电厂大多用氨-硫铵法，即以液氨作为吸收剂，在吸收塔内用氨水对烟气进行洗涤，SO_2 与 NH_3 反应，通过氧化形成硫酸铵溶液，经浓缩、结晶、分离、干燥，最终得到硫酸铵（AS，Ammonium Sulfate）化肥，作为产品出售，图 6-1 为颗粒状与标准结晶的 2 种硫酸铵产品。德国克虏伯公司、能捷斯-比晓芙公司、日本钢管公司（NKK 氨法）、玛苏莱公司（GE 氨法）等都是湿式氨法脱硫工艺的主要技术商，这些技术商采用的工艺流程的相似之处是利用了氨基溶液与溶解的 SO_2 进行化学反应，不同之处在于采用的吸收塔塔型、副产品的处理方式等。

图 6-1 颗粒状与标准结晶的 2 种硫酸铵产品

为满足超低排放要求，我国江苏新世纪江南环保股份有限公司目前已开发出第四代氨法 FGD 技术，即“超声波脱硫除尘一体化技术”，该技术应用了高效喷淋、高效浆液分布、高效氧化等吸收提效技术降低 SO_2 含量及现状来减少气溶胶和游离氨的产生，同时采用洗涤凝聚、声波凝并这两种细微颗粒物粒径增大技术，大大提升细微颗粒物的去除效果，最后采用多级高效除雾器，实现烟尘的超低排放。

6.1.2 特点

氨法脱硫的主要优点有：

（1）氨的脱硫率高，工艺成熟，对硫的适应性更广。氨是一种良好的碱性吸收剂，氨的碱性强于钙基吸收剂，氨吸收烟气中的 SO_2 是气-液或气-气反应，反应速率快、反应完全，吸收剂利用率高，对各种硫分都可做到很高的脱硫率，因而更易实现 SO_2 的超低排放。同时相对钙基脱硫工艺来说系统简单、设备体积小、能耗低。

（2）副产品为硫酸铵，可作为肥料使用，特别是对大容量、高硫煤的机组，有很好的经济性。

（3）无废渣排放，不需要水清洗，较容易设计成废水“零排放”。

（4）当与基于氨的选择性催化或非催化还原（SCR、SNCR）协同作用时，在上游除去 NO_x；在 FGD 系统中，从上游漏下来的氨即逃逸的氨可得到利用。

氨法脱硫的主要问题是：

（1）脱硫剂与副产品销售要进行市场分析，仅在脱硫剂与生产的肥料有可靠来源和市场，且运行成本合理时方可采用。

（2）氨逃逸和气溶胶即蓝色烟羽问题。氨逃逸是指 NH_3 与烟气中 SO_2 反应不完全，少量从氨水中或脱硫溶液中逸出，最终由烟囱排出的现象；而气溶胶是指以亚硫酸铵、亚硫酸氢铵、硫酸铵等组分为主的固液态小质点，分散和悬浮在烟囱所排放的烟气中，形成胶体分散体系的现象。其显著特点是烟囱冒出蓝烟在大气中拖的“尾巴”较长，久久不能扩散和消失。若要达到良好的脱硫效果，尤其是要求 $SO_2 \leqslant 35mg/m^3$ 时，则氨逃逸或气溶胶现象较为严重。目前国内外尚无根治氨逃逸和气溶胶的办法，主要是通过工艺调整和增加湿式电除尘器（WESP）予以消减。

（3）设备腐蚀的问题，与其他湿式工艺一样，在氨法脱硫工艺中也存在腐蚀，电化学腐蚀和化学腐蚀是脱硫塔中的主要腐蚀类型，不同之处在于氨法工艺系统没有废水排放，脱硫液中的氯离子会不断积累，久而久之造成氯离子腐蚀严重。

6.2 氨法 FGD 超低排放的应用

自 20 世纪 70 年代初，德国、日本等国家已开始研发氨法 FGD 工艺，并将该技术进行了工业化应用。在 70 年代中期，日本钢管公司建成了 200MW 和 300MW 两套氨法 FGD 机组；1989 年，Krupp Koppers 公司在德国建成规模 65MW 的示范装置。从 1990 年至今，美国通用环境系统研究所公司建成了规模从 50～300MW 的多个大型示范装置。目前，国外氨法 FGD 技术主要集中在美国、日本和德国。美国 Dakota 气化公司（DGC）下属的 Great Plains Synfuels Plant 煤气化厂燃用重油渣/燃气的氨法喷淋塔 FGD 系统已于 1996 年投入运行，烟气来源于 3 台锅炉，容量相当于 350MW 机组，它是美国 MET（Marsulex Environmental Technologies）公司获准硫酸铵技术专利的第一个应用的工厂，纯度 99%以上的副产品硫酸铵在船运之前储存在一个 50 000t 的拱形仓内，如图 6-2 所示。氨法 FGD 系统设计和性能参数见表 6-1，设有 1 个预洗涤塔，主吸收塔内安装有 MET 专利设备液体分布环

ALRD 来提高脱硫率，实际氨法 FGD 系统的脱硫率很高，可在 98%以上，但是烟尘（颗粒物）的含量未达到设计值，2002 年在吸收塔后增加了湿式电除尘器 WESP 才达到了要求。MET 的氨法 FGD 技术在 2006 年应用于加拿大 Alberta 的 UE-1 Expansion Plant 315MW 燃石油焦和锅炉废气 CO 机组；2009 年 7 月和 9 月应用于中国石化齐鲁热电厂 2×200MW 燃煤机组；2012 年应用于波兰 Pulawy 的热电联产 300MW 燃煤机组。

表 6-1　　美国 DGC 煤气化厂氨法 FGD 系统设计和性能参数

参数	单位	数值	参数	单位	保证值	实际值
相当的机组容量	MW	350	脱硫率	%	>93	>95
锅炉燃料	—	重油渣/燃气	氨逃逸	10^{-6}（体积，湿基）	<10	3～10
燃料中 S_{ar}	%	约 5.0	颗粒物	lb/h	<86	>100
FGD 入口烟气量	m^3/h	1 107 933	硫酸铵纯度	%	≥99.0	99.5
FGD 入口 SO_2 浓度	mg/m^3	10 567	硫酸铵水分	%	<1.0	<0.1
喷淋层数	层	4	硫酸铵硬度	%	<5	1～2
设计硫酸铵产量	t/a	145 000	硫酸铵粒度指数（Size Guide Number）	—	240～290	250～280
吸收剂	—	纯氨水	硫酸铵重金属含量	10^{-6}（质量）	—	<10

在我国，氨法脱硫技术曾在硫酸行业有着广泛的应用，但由于氨法脱硫工艺主体部分属化肥工业范畴，对电力行业来说比较陌生，加之锅炉烟气成分比较特殊，诸多因素使得氨法脱硫技术在当时的中国未得到广泛应用。随着氨法脱硫工艺的不断完善、改进及合成氨工业的不断发展，目前我国的氨法在电厂已取得了一定的研究成果和应用，例如 2009 年 8 月，江苏新世纪江南环保股份有限公司在广西田东电厂 2×135MW 机组建成了当时国内最大氨法脱硫工程，该工程按照二炉一塔方式建设，脱硫塔径 14m、高 95m（烟气塔顶直排，烟囱高 53m），如图 6-3 所示。设计总烟气量：$2\times550\,957m^3/h$（标态，湿基，实际 O_2），SO_2 含量 $7684mg/m^3$，烟气中的尘含量 $130mg/m^3$（标态，湿基，$6\%O_2$），原烟气温度 141℃，设计脱硫率大于 95%，实测脱硫率达 98%。

图 6-2　美国 DGC 煤气化厂及氨法 FGD 系统总貌

图 6-3　广西田东电厂氨法 FGD 装置

6.2.1　华能淮阴 330MW 机组氨法脱硫

江苏华能淮阴第二发电有限公司一期工程 2 台 200MW 国产燃煤机组分别于 1993 年 11

月和 1994 年 8 月投产，二期工程两台 330MW 国产燃煤脱硫机组先后于 2005 年 1 月 11 日和 3 月 13 日投产。三期工程两台 330MW 国产燃煤脱硫机组分别于 2006 年 8 月 26 日、9 月 30 日投产。3～6 号 330MW 机组原采用日本 CT-121 鼓泡塔石灰石/石膏 FGD 工艺，如图 6-4 所示。设计入口烟气量 1 140 000m^3/h（标态，湿基，实际 O_2），烟气温度 124℃，最大粉尘浓度 94.15mg/m^3，入口 SO_2 浓度 1900mg/m^3，设计脱硫率 96%，吸收塔（含除雾器）阻力 3196Pa，电耗 8080kW。鼓泡塔尺寸 ϕ18m×15m，浆池高度 4m，内有 PVC 喷射管（ϕ165mm×3mm 厚×3294mm 长）1794 根，FRP 上升管（ϕ650mm×6mm 厚×3900mm 长）84 根，设计喷射管浸没深度 145～165mm。

由于鼓泡塔运行不佳、阻力大、电耗大、结垢堵塞等问题严重，电厂决定采用氨法脱硫技术来进行改造，一炉一塔，项目被环保部列为国家氨法脱硫示范工程。改造全部拆除原有鼓泡塔，取消增压风机、GGH 和旁路烟道，新建一个 ϕ12.5m×37m 氨法吸收塔（总高 90m），净烟气经塔顶烟囱（ϕ5.3m×53m）直排，原烟气冷却系统拆除，3 台冷却泵（流量 1150m^3/h、扬程 35m）用作氨法一级循环泵，新增二级循环泵（1 运 1 备），更换氧化风机；液氨储供系统（2 个 650m^3 球罐及配套设施）、硫铵后处理系统单独厂外建设。设计煤 S_{ar} 为 1.5%，入口烟气 SO_2 浓度 3846mg/m^3，脱硫率 98.7%，净烟气 SO_2 浓度达到重点地区小于 50mg/m^3 的要求。2012 年底，6 号 FGD 系统率先完成改造。

图 6-4 淮阴 330MW 原 CT-121 鼓泡塔和改造后氨法吸收塔

改造后达到了如下效果：

（1）脱硫率高，SO_2 稳定达标排放。

（2）系统阻力降低，吸收塔阻力仅约为 900Pa，系统总阻力降低至 1400Pa，这样电耗也大幅降低 50%以上。

（3）4 套 FGD 装置检修维护费用降低 50%以上，年减少约 700 万元。

（4）无废水排放，降低了电厂废水处理系统运行负荷和运行费用。

（5）社会环境效益显著，无 CO_2 排放，无二次污染，硫铵可作化肥使用。

江苏新世纪江南环保股份有限公司采用氨法“超声波脱硫除尘一体化技术”，已应用于宁波万华热电有限公司 410t/h 锅炉、山东德州华鲁恒升热电厂 2×480t/h 锅炉及辽阳国成热电有限公司 3×460t/h 锅炉等的超低排放，其中万华热电的设计参数及 2015 年 9 月性能测试效果见表 6-2，氨利用率达 99.88%。

表 6-2　超低排放氨法的设计参数及实际测试效果

序号	参数	设计数据	测试数据
1	烟气量（m^3/h）	510 000	388 800
2	进口烟气温度（℃）	150	127.3
3	吸收塔进口 SO_2 浓度（mg/m^3）	4500	811.78
4	吸收塔进口粉尘浓度（mg/m^3）	≤20	9.7
5	吸收塔出口 SO_2 浓度（mg/m^3）	≤35	15.73
6	吸收塔出口粉尘浓度（mg/m^3）	≤5	1.9
7	脱硫率（%）	≥99.2	98.06
8	除尘效率（%）	≥75	80.4

6.2.2　国电宿迁热电有限公司 135MW 机组氨法脱硫

2010 年 6 月 28 日，由北京国电龙源环保工程有限公司自主研发的氨法脱硫技术在江苏国电宿迁热电有限公司 2×135MW 机组投运，二炉一塔配置，相当于 300MW 烟气量，如图 6-5 所示。吸收塔本体 ϕ12m×35m，塔顶烟囱 ϕ5.0m×55m，塔内设 3 层 FRP 喷淋层，2 级屋脊式除雾器，浆液循环泵流量 4900m^3/h，扬程 19m/21m/23m。预洗涤塔体 ϕ10.5m×21m，设 2 层 FRP 喷淋层，1 级除雾器。设计入口烟气量 952 000m^3/h（2 台炉），烟气温度 134.2℃，粉尘浓度 133mg/m^3，入口 SO_2 浓度 3000mg/m^3，脱硫率不低于 95%。

随着电厂供热面的不断扩大，供热量的逐年增加，机组已无法实现全停检修，FGD 装置始终处于没有停运检修的局面；同时为满足 GB 13223—2011 的新环保要求，北京国电龙源环保工程有限公司于 2013 年对原 FGD 装置进行一炉一塔改造。技改工程于 2013 年 6 月 18 日开工，2014 年 4 月 19 日 1 号塔内设备安装完成，4 月 29 日 1 号 FGD 系统开始通烟气，最终于 2014 年 5 月 11 日～15 日完成了 FGD 系统的 72h+24h 试运工作。1 号采用新增单塔双循环氨法技术，如图 6-6 所示，同步进行原混凝土烟囱加装钛钢复合板内筒、取消原塔顶烟囱改造。试运期间，脱硫效率在 96%以上，副产品硫酸铵产出正常，各项指标达到设计要求。而 2 号炉采用了双塔双循环技术，原脱硫塔从标高 90m 至 40m 处拆除并封堵，塔体开孔接引净烟气烟道后经新增湿式电除尘器后引至钛钢内筒烟囱进行排放。

图 6-5　宿迁热电原氨法装置

图 6-6　宿迁热电新单塔双循环氨法装置

6.3　有机胺离子液 FGD 技术

6.3.1　有机胺离子液 FGD 技术概述

离子液循环吸收法（ILCA，Ionic Liquid Circulating Absorption）采用离子液作为吸收剂，离子液是以特定的有机阳离子、无机阴离子为主，添加少量活化剂、抗氧化剂和缓蚀剂组成的水溶液，使用过程中不会产生对大气造成污染的有害气体。离子液在常温下吸收 SO_2，高温（105～110℃）下将离子液中的 SO_2 再生出来，从而达到脱除和回收烟气中 SO_2 的目的。其脱硫机理如下：

$$SO_2 + H_2O \rightleftharpoons H^+ + HSO_3^-$$

$$R + H^+ \rightleftharpoons RH^+$$

总反应式：

$$SO_2 + H_2O + R \rightleftharpoons RH^+ + HSO_3^-$$

上式中 R 代表吸收剂，是可逆反应，常温下反应从左向右进行，高温下从右向左进行。室温离子液体是在室温或近室温下呈液态的熔盐体系，与固体材料相比，它呈现出液态；与传统的液态材料相比，它又是离子的。因而离子液体有其独特的物理化学性质和特有的功能，如在室温条件下其蒸汽压力低、不易燃烧、稳定性好、液态温度范围宽、导电性好、溶解能力强，并可通过结构的改变调节其物化性质。由于离子液体的低蒸汽压力，可用离子液体对气体混合物进行吸收分离，能最大限度地降低对气相的污染。依据阳离子的不同可将室温离子液体分为季胺盐类、季磷盐类、胍盐类、咪唑类、吡啶类、噻唑类、三氮唑类、吡咯啉类等。目前在 FGD 领域中研究最多的是季胺类离子液体、胍盐类离子液体和咪唑类离子液体。

有机胺是指有机物质与氨水反应生成的有机类物质，有机胺离子液 FGD 技术就是采用有机胺作为吸收剂，该吸收剂对 SO_2 气体具有良好的吸收和解吸能力。在低温下吸收 SO_2，高温下将有机胺中的 SO_2 解吸出来，从而达到脱除和回收烟气中 SO_2 的目的，同时有机胺得到再生。能够被使用于循环吸收的有机胺品种有很多，关键是在所有能使用的品种中找到可以有足够高的吸收容量（以便于减小设备规模，节省造价），迅速并基本上能完全释放所吸收的 SO_2；低的吸收热、低比热（节省解吸所需要的能耗）；引起 SO_2 的氧化歧化反应少（减少 Na_2SO_4 在溶剂中累积造成后续处理的麻烦）；尽量低的蒸汽压力（避免挥发损失，节省溶剂补充量）。国外对有机胺法脱硫的研究起步较早，起源于 20 世纪 50 年代，相继成功开发以乙醇胺（MEA）、二乙醇胺（DEA）、甲基二乙醇胺（MDEA）及现在加拿大 Cansolv 公司研制生产有机二元胺（专利产品）作为脱硫吸收剂，Cansolv 技术于 2004 年 10 月通过中加技术合作办公室进入中国。中铝贵州分公司热电厂第二热电站 4×160t/h 循环流化床锅炉在国内首家采用了 Cansolv 公司再生胺吸附-解析法工艺，2009 年 8 月投产。

Cansolv 法烟气脱除 SO_2 是以一种独特的二元胺为吸收剂，使 SO_2 的吸收和再生之间的平衡关系最佳化。在吸收容量上，达到了 100g/kg 溶剂，并且在解吸时的能耗做到 4kg 蒸汽/kgSO_2，即 4～10t 蒸汽/tSO_2。该技术处理 SO_2 浓度范围较广，脱硫率高，用的二元有机胺不仅对 SO_2 具有高度选择性，且无毒、无害、无腐蚀性，常温下不挥发，此外该吸收剂较好地解决了吸收剂氧化问题。

有机胺 FGD 工艺流程如图 6-7 所示，脱硫工艺由预洗涤器、吸收装置、解吸装置、胺净化装置组成。大致流程为：烟气在水喷淋预洗涤器中急冷和饱和，同时去除小颗粒灰尘及大部分强酸，预洗涤器中洗涤液为 pH 值低的酸性环境，防止 SO_2 的水解，并使其以气相形式进入吸收塔。贫胺与 SO_2 逆流接触反应。净化后的烟气排入大气。吸收 SO_2 后的富液经富液泵加压后进入溶液换热器，与热贫液换热后进入再生塔上部，在再生塔内被蒸汽汽提，并经再沸器加热再生为热贫液。热贫液经换热后进贫液泵加压，再生出来的贫胺液返回吸收塔循环利用。从再生塔解析出来的 SO_2 经冷却、分离后纯度达到 99%以上（干基），可作为硫酸或硫磺生产中所需原料。贫液的旁路上增加的一套"胺液净化装置"作用在于去除烟气中带来的杂质（如灰尘和热稳定盐），以保证贫胺液浓度。热稳定盐，即是 SO_3、NO 等胺盐，当热稳定性胺盐聚集到一定浓度时，会降低有机胺液的吸收效率，甚至导致"吸附液中毒、失效"，所以过程中必须对有机胺液进行除盐再生，维持有机胺液系统保持一定的平衡，除盐可通过离子交换树脂装置再生有机胺。

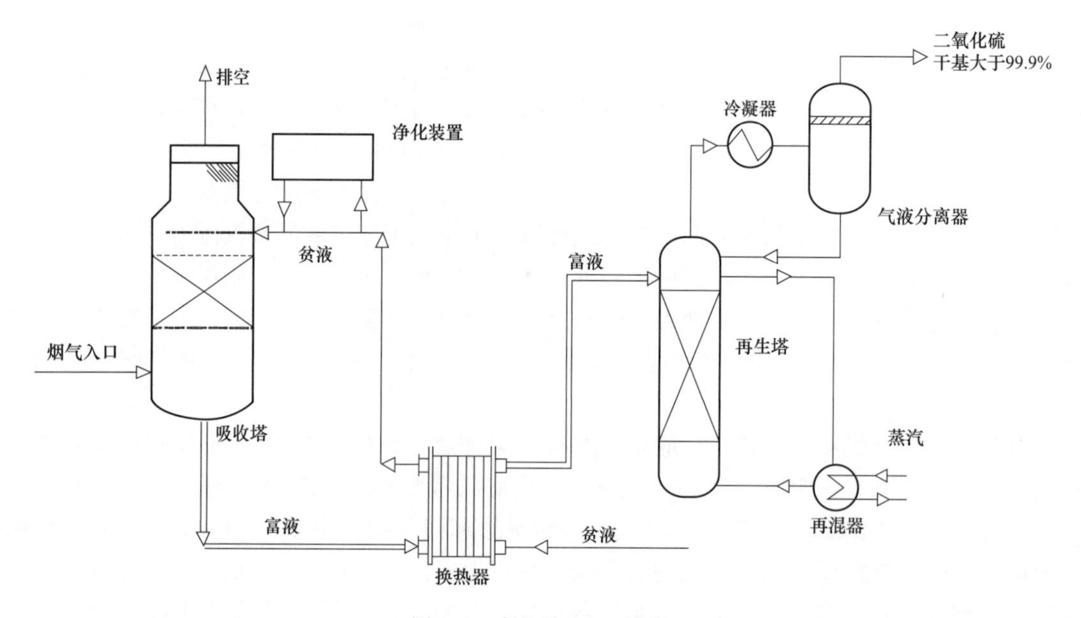

图 6-7　有机胺 FGD 流程

有机胺再生 FGD 工艺不足之处在于：①一次性投资费用高；②需要硫磺或硫酸回收等下游配套装置；③脱硫剂再生蒸汽消耗量大，能耗成本较高；④高温加热解吸过程中有机胺易挥发并容易生成热稳定性盐，需要及时去除；⑤对进入吸收系统的杂质含量要求高，如烟尘、气体中会形成热稳定性盐的杂质等。

6.3.2　有机胺 FGD 技术的应用

国电都匀发电有限公司福泉电厂位于贵州省黔南布依族苗族自治州福泉市，电厂 2×600MW 级超临界机组同步建设脱硝、脱硫设施，三大主机均由东方电气集团制造。项目主要燃用当地燃煤，设计煤种含硫量 S_{ar} 为 2.27%，校核煤种含硫量 4.51%，项目所在地周边地区煤炭资源 S_{ar} 基本在 3%～8%范围内，平均在 4%～6%之间。若采用主流的石灰石/石膏湿法 FGD 技术路线，要达到环保要求，在工艺技术上有较大难度，且 FGD 装置的设备容量、能耗和复杂性将大大提高，对电厂的运行将造成很大影响。为此采用有机胺脱硫工艺，并取得科技部“十二五”国家科技计划项目立项，同时为科技部 863 示范工程。2010 年 12 月，由国电北京龙源环保工程有限公司、瓮福集团有限责任公司、国电都匀发电有限公司三方按 55%、30%、15%比例出资共同兴建国电都匀发电公司 2×600MW 机组有机氨脱硫特许经营项目，并在贵州省福泉市马场坪注册国电龙源瓮福环保科技有限公司。为回收利用烟气中的硫资源，脱除的 SO_2 输送到 2.7km 外的瓮福磷矿硫酸厂，配套建设 2×35 万 t（按年利用 8000h 计算）的硫酸生产线，2012 年 2 月 17 日，制硫酸项目正式开工。2013 年 12 月 16 日，1 号有机胺 FGD 装置顺利通过 168h 试运行，试运行期间，各项指标满足设计要求，成为目前世界上最大的有机胺 FGD 系统。

1. 有机胺 FGD 设计原则

（1）当锅炉燃用 S_{ar} 为 4.51%含硫量燃煤时，烟囱出口的 SO_2 浓度不大于 200mg/m^3，满足 GB 13223—2011 的要求。

（2）FGD 装置入口烟气量为 2 215 956m^3/h，入口 SO_2、SO_3 浓度分别为 11 756mg/m^3、300mg/m^3，设计烟温 130℃，脱硫率不小于 98.3%。

（3）利用有机胺液循环吸收烟气中的 SO_2，再利用热解析法解析胺液中 SO_2 并制取硫酸，通过输酸管道送至硫酸用户。有机胺吸收剂为进口化学药剂，属专利产品，100%水中可溶、稳定的黄色透明液体。

（4）FGD 系统采用单元制，每台炉配备 1 套独立的有机胺 SO_2 吸收装置，1 套 SO_2 再生解析系统，容量按照锅炉 100%BMCR 处理考虑；不设置烟气换热器（GGH），脱硫增压风机与锅炉引风机合并设置；水处理系统、废水处理和胺液净化系统为公用系统。

（5）考虑到此工艺初次应用于大型火电机组，设置启动烟道系统，保证锅炉启动、调试期间有足够的灵活性。

（6）FGD 装置年利用小时数按 5500h 计，可用率大于 98%。

（7）尽量缩小设备、材料进口范围，降低工程投资费用。

2. 有机胺 FGD 工艺流程

福泉电厂有机胺 FGD 工艺系统按功能划分为预洗涤系统、吸收系统、解析系统、蒸汽加热系统、胺液过滤及净化系统、制酸系统及相应的热控系统和电气系统等，具体工艺流程如图 6-8 所示，现场设备如图 6-9 所示。

（1）预洗涤系统。烟气预洗涤塔起到强化烟气降温和净化的效果，能降低烟气温度至饱和温度，并有效去除烟气中氟、氯、粉尘等有害杂质，减少进入吸收系统的杂质含量。

（2）吸收系统。吸收塔与预洗涤塔合并为一座塔，吸收塔采用规整波纹板填料，能够增大胺液与烟气的接触面积，提高 SO_2 吸收率。脱硫后的烟气经过塔顶除雾器去除携带的液滴后达标排放。在吸收塔内，通过上部的胺液分配槽将贫胺液均匀地淋在填料层上，并沿着塔体向下流动，胺液与烟气进行充分的逆流接触。吸收了 SO_2 的胺液称为富胺液，通过布置在填料层下部的集液斗收集后自流进入富胺罐，由富胺泵送至贫富胺热交换器及解析系统。

（3）解析系统。这是有机胺 FGD 装置稳定运行的核心，SO_2 的分离效果直接影响到脱硫率甚至机组负荷，解析塔主要功能是完成 SO_2 的解析和胺液的再生。吸收 SO_2 的富液的解析温度为 110～120℃，富胺进入塔之前，先流经贫/富胺热交换器，从热贫胺液中回收显热，温度由 55℃提升到 95℃左右。然后，富胺被送入解析塔的中段，从塔底向上源源不断输送的蒸汽对富胺液继续加热。解析塔内装有规整填料，实现高的传质效率及低的压力降。

当富胺沿着塔流下时，与从塔底部上升的蒸汽接触，蒸汽提供的热量使吸收反应逆转解析出 SO_2，将 SO_2 返回到气相（汽提工艺），气态的 SO_2 被蒸汽携带上升并从顶部排出。外界供应的热量决定了解析深度，而不同的脱硫率需要不同的解析深度。

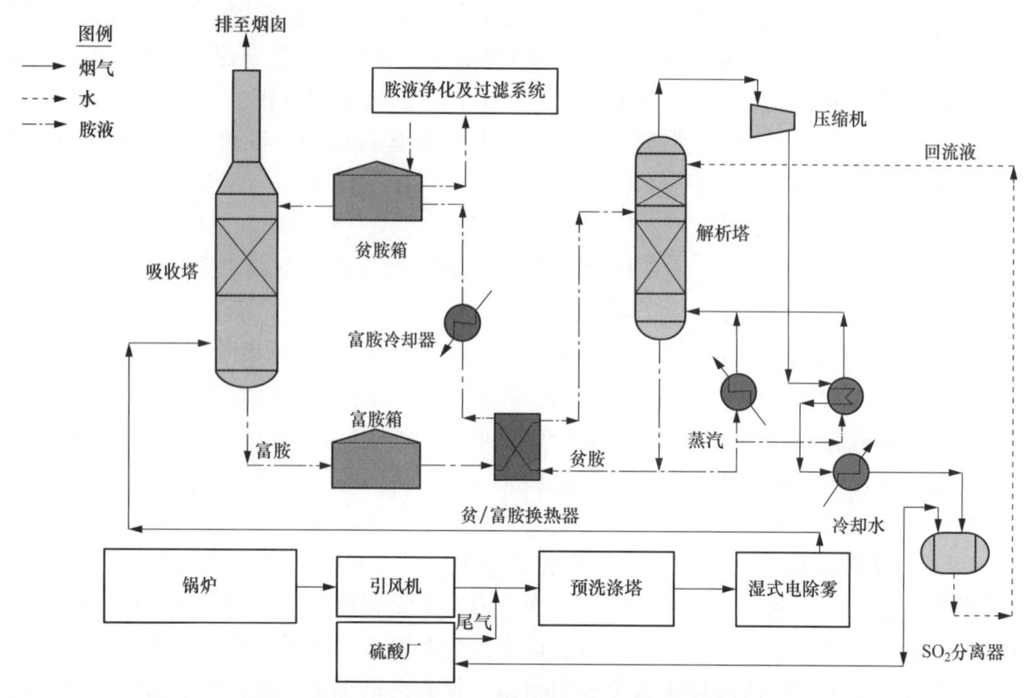

图 6-8　福泉电厂有机胺 FGD 工艺流程

图 6-9　福泉电厂 600MW 有机胺 FGD 系统

（4）蒸汽加热系统。蒸汽加热系统主要设备为蒸汽再沸器和 MVR（蒸汽压缩机）再沸器，热源分别为饱和蒸汽（蒸汽参数为 0.35MPa/147.6℃，来源主要是电厂汽轮机四段抽汽及硫酸厂副产蒸汽）和经 MVR 增压后的 SO_2 和水蒸气的混合物（即贫胺液），两者加热效果相同，另外 MVR 再沸器也可兼做蒸汽再沸器使用。蒸汽再沸器换热后冷凝成的疏水返回电厂及酸厂，MVR 再沸器换热后的 SO_2 饱和水进入 SO_2 分离系统。

（5）胺液过滤及净化系统（APU）。APU 由过滤装置和离子交换装置（除盐装置）两部分组成，按公用系统设计。过滤装置是利用微孔过滤器去除胺液中的固体颗粒，避免在系统内富集；再利用空气对滤棒进行擦洗，粉尘松脱后压饼外运；最后利用清水对过滤器进行洗涤，进入下一个过滤周期。当完成一个过滤周期后，先将过滤器中的胺液收集下来，以降低胺液损耗。离子交换装置是利用离子交换树脂置换胺液循环使用过程中产生的热稳定盐。当树脂失效后，需要进行再生。再生之前，利用除盐水将树脂中残留的胺液置换出来，并收集到贫胺缓冲罐内，尽量降低胺液损耗。然后用 4%NaOH 对树脂进行再生，树脂再生完毕后，继续用除盐水置换其中的碱液，置换结束后可进入下一个周期。因为胺液的净化不需要连续进行，故系统不考虑备用的离子交换柱。再生废水作为补充水进入预洗涤塔。

（6）制酸系统。制硫酸系统工艺本身非常成熟，目前国内有常年无故障运行的实例。制酸工序采用“一转一吸”流程，SO_2 蒸汽经过逐级冷却，通过 SO_2 汽水分离器后，富含 SO_2 的低温混合气体进入干燥塔干燥后，由鼓风机依次送往转化、吸收工段，生成浓度为 98% 的工业级浓硫酸，最后通过管道输送至化工厂生产磷肥。塔顶未被吸收的 SO_2 气体与空气的混合物返回洗涤塔前的烟道进行循环脱硫。

3. 创新设计

该项目是有机胺脱硫技术在 600MW 级机组上的首次应用，烟气处理量大，SO_2 排放浓度标准严，烟气复杂成分高。针对以上问题，项目设计中采用一些创新思路，以更好地适用于火电厂烟气特点，不仅能达到安全可靠的运行，还实现节能降耗。主要体现如下：

（1）采用了大型填料塔。受电厂大烟气量的影响，如采用传统的圆形钢吸收塔，则塔当量直径达到了 ϕ23m，吸收塔荷载大，且荷载又集中在较高的位置，设计很难达到所承担地震力和竖向荷载。本项目采用长×宽×高为 22.5m×19m×60m 的方型混凝土结构塔，这是目前世界上最大的脱硫填料塔，填料选用的是规整填料。塔内液体分布器选用的是溢流式防冲槽作为主槽、分槽为侧孔挡板式布液装置，该结构防冲性能好、分布质量高，具备均匀分布液体、气体通过的自由截面积大、阻力小、操作弹性大、不易堵塞、不易造成雾沫夹带和发泡、易于制作等优点。塔内安装百叶窗挡板式除沫器可有效减少烟气中胺液的夹带。

（2）采用了湿式电除雾器。在技术支持方加拿大 Cansolv 公司以往的工程中，预洗涤塔仅采用空塔喷淋技术，喷淋后用机械式除雾器，但配制这种系统只能降温除尘，对酸雾的去除没有作用，而酸雾含量对以后的吸收系统有很大的影响。因此，在本项目中预洗涤塔后安装了高速湿式电除雾器，能去除大部分的 SO_3，使后续程序中减少对胺液的消耗，减少再生碱液的消耗。经测算，采用高速湿式电除雾器，每小时胺液的损耗量减少 28%，且再生碱液的消耗量减少 47%，可大大降低有机胺系统的运行费用。电除雾器为立式结构，主要由电晕电极装置（阴极）、阳极装置、上下气室和供电系统组成。本项目将电除雾器置于吸收塔内部，是吸收塔的一部分，而不是采取单列的方式。电除雾器的主要工作原理是通过静电控制装置和直流高压发生装置，将交流电变成直流电送至除雾装置中，在电晕线和酸雾捕集极板（阳极）之间形成强大的电场，使空气分子被电离，瞬间产生大量的电子和正、负离子，这些电子及离子在电场力的作用下做定向运动，构成了捕集酸雾的媒介。同时使酸雾微粒荷电，这些荷电的酸雾粒子在电场力的作用下，做定向运动，抵达捕集酸雾的阳极板上。之后，荷电粒子在极板上释放电子，于是酸雾被集聚，在重力作用下流到除酸雾器的储酸槽中，送样就达到了净化酸雾的目的。

（3）采用了蒸汽压缩机 MVR 技术。为合理利用能源，变废为宝，在 SO_2 解析系统中，率先采用了离心式蒸汽压缩机 MVR，利用电力驱动将解析出的饱和 SO_2 气体进一步压缩，过热蒸汽经减温后作为解析汽源的有效补充，从而进一步降低 FGD 系统蒸汽消耗。该设备以消耗较少的机械能为代价，将低温热源转为高温热源，使大量不可用或废弃的低温热源得到利用，虽然系统电耗有所增加，但总能耗降低30%以上，从而产生巨大的节能效益。

（4）在FGD装置末端增设制酸装置。采用“高气浓转化＋一转一吸＋低位热能回收”一体化先进工艺配置，设备尺寸和能耗大幅降低，副产蒸汽量提高0.5t/t。同时制酸含SO_2尾气（仅相当于吸收塔入口硫浓度的3%以下）返回吸收塔进行再循环吸收，既减少了国内现有硫酸生产企业尾气治理难题，又能更好地回收硫资源。

4. 有机胺FGD系统运行情况

1号FGD系统168h试运行期间主要运行参数见表6-3，从脱硫率来看，运行中达到了不小于98.3%的设计要求。

表6-3　　1号FGD系统168h试运行期间主要运行参数

序号	项目	参数	单位	数值
1	烟气参数	原烟气流量	m^3/h	130～145
		原烟气温度	℃	2 287 404
		原烟气SO_2浓度	mg/m^3	10 000～12 000
		净烟气SO_2浓度	mg/m^3	80～189
		原烟气粉尘浓度	mg/m^3	90
		净烟气粉尘浓度	mg/m^3	20
		脱硫率	%	98.4
2	MVR风机	电机电流	A	490～578
		入口压力	kPa	50
		出口压力	kPa	191
		流量	m^3/h	94
3	预洗涤塔	1/2/3号预洗泵电流	A	54/51/备用
		液位	m	5.8
4	吸收塔	填料压差	Pa	380
		入口烟温	℃	48
5	贫胺供给泵	电流	A	29.8
6	富胺输送泵	电流	A	17
7	解析塔	压力	kPa	59
		温度	℃	110
8	贫胺液	pH	—	5.1
		流量	t/h	1100
		温度	℃	47
9	富胺液	pH	—	4.6
		流量	t/h	1100
		温度	℃	48
10	机组来蒸汽	流量	t/h	100
		压力	MPa	0.92
		温度	℃	368
11	蒸汽联箱	压力	MPa	0.43
12	凝结水	温度	℃	29
13	SO_2汽水分离器	压力	kPa	30～50

6.3.3 有机胺 FGD 工艺常见问题

1. 硫代硫酸根（$S_2O_3^{2-}$）超标

有机胺 FGD 工艺中，用作 SO_2 吸收剂的有机胺液经吸收、解析工序循环使用，价格不菲。有机胺液各项指标的监控、调整，关系到脱硫能否正常运行，对胺液系统中的管道、设备是否会产生不良影响，是否满足脱硫率及 SO_2 排放达标等关键因素。因此，控制胺液中各项指标在合理范围内，是调试及运行过程中非常关键的工作内容。其中，胺液中硫代硫酸根浓度正常范围在 0.25%以下，0.35%为报警值。一旦超标严重，不仅胺液吸收 SO_2 能力大大降低，更严重的是将会造成胺液中单质硫的析出，堵塞胺液系统的管道及设备（如填料等），后患无穷。

福泉电厂 2 号有机胺 FGD 装置在调试期间发生了胺液中硫代硫酸根超标，系统析出单质硫的现象。单质硫析出前，化验贫胺液中硫代硫酸根浓度达到 1.28%。继续运行后，开始有胺液单质硫析出，贫富胺换热器贫胺侧差压升高至 0.4MPa，脱硫暂停运行。停运后贫胺液中硫代硫酸根为 1.06%。再次通烟运行后，提高 APU 阴床运行周期，胺液浓度降低，同时伴随着单质硫析出，胺液系统堵塞严重，尤其是贫富胺换热器贫胺侧差压急剧升高。脱硫终止运行，并对贫富胺换热器、贫胺冷却器及相关胺液管道进行蒸汽吹扫，清除单质硫。在未通烟的情况下，启动胺液循环，检查单质硫的清除效果，同时化验胺液中硫代硫酸根浓度为 0.93%。

分析硫代硫酸根超标的原因为：

（1）运行过程中胺液解析不充分。在高温环境下（80℃及以上），由于胺液中的 SO_2 气体未能充分解析出去，在胺液中溶解以 HSO_3^- 形式存在。HSO_3^- 浓度较高时，有利于歧化反应。

（2）FGD 装置停机时胺液未充分解析、冷却。由于管道泄漏等紧急情况，未能按照正常程序对胺液进行充分解析、冷却，造成停机后，热胺液中的歧化反应仍在进行。歧化反应方程式如下：

$$4HSO_3^- \longrightarrow HSO_4^- + SO_4^{2-} + S_2O_3^{2-} + H^+ + H_2O$$

（3）胺液净化单元（APU）未能连续、稳定运行，歧化反应在正常运行过程中不可避免。胺液中总是伴随着硫代硫酸根的生成。通过控制 APU 阴床的运行周期数，除去胺液中相关阴离子，达到阴离子的生成与脱除速率的平衡，从而控制硫代硫酸根在合理范围内。当 APU 不能正常运行时，阴离子脱除效果低，该项目显示，一旦硫代硫酸根超过 0.40%，由于自催化作用明显，硫代硫酸根相对较难控制。

针对 2 号有机胺 FGD 装置胺液中硫代硫酸根超标问题，采取了如下处理步骤：

（1）对现存的 2 号系统胺液引入蒸汽，进行解析，将其中的一部分硫代硫酸根转化为单质硫，初步降低硫代硫酸根的浓度（$S_2O_3^{2-} + H^+ \longrightarrow HSO_3^- + S$）。

（2）将解析处理后的 2 号系统胺液，分批次经过滤系统，滤除单质硫颗粒后，送往 APU 阴床进行 1 个周期的硫代硫酸根脱除处理后，混合到 1 号系统胺液中。

（3）混合后的 1 号系统胺液经过滤及 APU 系统处理，硫代硫酸根浓度降低至正常范围内，根据化验结果再将 2 号系统胺液分批次经过滤、APU 逐步混到 1 号系统中。根据 APU 阴床每个周期硫代硫酸根的脱除量及 1 号胺液系统正常运行时硫代硫酸根的生成量评估，处理时间约 18 天，实际处理时间 14 天。主要控制指标：混合后 1 号系统胺液硫代硫酸根含量在0.3%左右，最高不超过0.35%。在混合胺液经APU系统处理后，硫代硫酸根降到0.25%以下，才可加入需处理的2号系统胺液混合。同时，需尽量提高混合后的胺液pH值至5.0以上。该措施的关键在于防止2号胺液进入1号胺液系统混合后，硫代硫酸根过高不可控。

防止胺液中硫代硫酸根超标的预防措施为：

(1) 保证启动、运行及停机全过程的解析热足量提供。

(2) 停机冷却，将胺液温度降至60℃以下。

(3) 做好APU系统的维护，通过控制阴床的运行周期数，维持胺液中硫代硫酸根浓度的平衡。

(4) 尽量降低胺液中过渡金属（如铁）离子浓度，减小过渡金属对硫代硫酸根的催化影响。

(5) 做好胺液成分的分析、化验工作，及时掌握胺液成分的变化情况，调整运行参数。

国内处理锅炉烟气的Cansolv首个有机胺FGD系统应用于中铝贵州分公司第二热电站4×160t/h循环流化床锅炉，2009年8月开始投运，在投产初期，烟气曾短时间达标排放，脱硫率高达95%。随后系统就出现了腐蚀、结晶、结垢、胺液消耗高等问题，系统长期处于不稳定运行状态，烟气中SO_2排放浓度常在2000～4000mg/m^{3}之间，大大超过国家的排放标准，运行费用也远高于预期。

2. 腐蚀问题

由于胺液运行的pH值在4.5～5.5之间，文丘里，吸收塔，解吸塔，贫、富胺罐多处出现严重腐蚀，通过对材质等级低的部件采用316L不锈钢替换，对焊接等级低的焊缝采用316L不锈钢焊条进行补焊处理、加装防腐设施等大量的整改，设备腐蚀已基本得到控制，没有再出现大面积或严重腐蚀。

同样，福泉电厂有机胺FGD装置胺液管道（254SMO复合管）、法兰垫片、预洗涤泵均出现过不同程度的腐蚀泄漏。经过试验摸索，胺液管道材质换为316L，预洗涤泵体前盖改为陶瓷、采用2507材质叶轮，法兰垫片采用四氟垫片，彻底解决了泄漏问题。MVR风机也出现腐蚀现象，由于MVR风机碳环密封泄漏，溶解有SO_2的蒸汽遇冷后凝结，在风机轴承座积水。轴承座积水浸入油系统，化验发现油箱水分严重超标且pH值低至2.0，高、低速转轴均有腐蚀现象，高速轴运行温度升高且波动大，造成跳闸。后将碳环密封气改用压缩空气，问题得以解决。

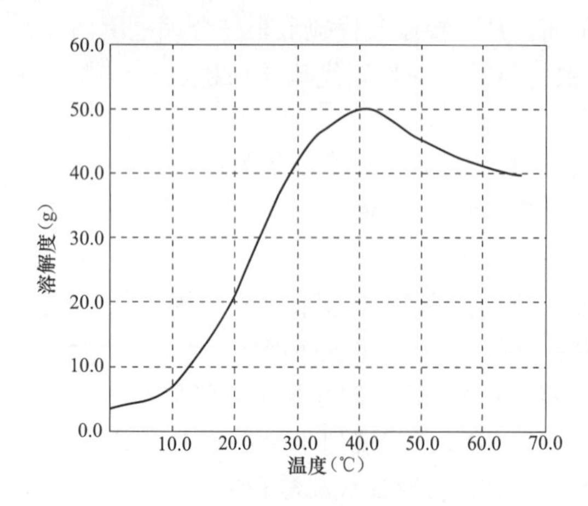

图6-10　Na_2SO_4的溶解度曲线

3. 结晶问题

2009年冬天，由于系统内胺液钠离子浓度高，最高时达到30g/L，从Na_2SO_4的溶解度曲线可看出（图6-10），其溶解度随温度变化波动很大，Na_2SO_4在低温段很快结晶析出。间断运行的管道设备、各换热器、解吸塔都出现了严重的结晶或结垢，首先采取用蒸汽加热管道及阀门，最后在2010年7月通过全系统置换胺液（耗资1100万元）、增设除铁装置、用回流液间断冲洗树脂（减缓树脂中毒速度）、加快阴树脂更换频次（由原来的半年一次改为每月一次）等手段，再加上2012年9

月阳离子去除装置的安装投运，使胺液污染控制在基本可承受的范围内。钠离子含量至今维持在 10g/L 左右，结晶现象暂时得到控制。

4. 结垢问题

FGD 系统吸收塔，再沸器，贫、富胺热交换器等关键设备结垢堵塞，是破坏系统正常运行的主要原因之一。经多次分析，垢样主要成分包括硫酸钙 $CaSO_4$、氟化镁 MgF_2、冰晶石 Na_3AlF_6、石英 SiO_2，元素含量见表 6-4，其中氟离子含量达到 14%～20%。这些大量的钙、镁、钠、铁等阳离子及氟、氯等阴离子是来自于烟气，在文丘里洗涤过程中被洗涤下来又带入胺液中的。

表 6-4 垢样主要成分分析 (%)

项目	SO_3	CaO	F	MgO	Na_2O	Al_2O_3	Fe_2O_3	SiO_2
吸收塔	46.57	29.17	0.56	0.18	3.53	0.47	0.52	0.82
再沸器	5.06	4.34	20.76	1.20	18.56	13.29	4.82	19.57
贫、富胺热交换器	34.58	25.04	14.10	10.31	2.33	1.56	1.47	0.77

(1) 吸收塔填料结垢。吸收塔选用的是装填规整填料的填料塔，内装有 28 层共 5.5m 的规整填料，这些规整填料是将极薄的 316L 不锈钢板压制为波纹形状，再交错重叠安放，起到分配流体、承载反应的重要作用，是目前反应速度最快的填料之一，因此可将空塔气速大大提高，从而缩小吸收塔直径。但填料一旦受损、堵塞，将严重影响胺液布膜，使胺液不能和烟气中的 SO_2 充分接触（吸附难以进行），从而降低脱硫效率，且垢层表面较为粗糙，容易吸收固定胺液及烟气中的烟尘颗粒，使堵塞进一步恶化。

当吸收塔处于良好状态时，即使胺液系统稍有异常，也可将这些异常消解在系统内部。在热电站脱硫投运初期，加水运行导致了吸收塔及填料严重腐蚀，后将 4 台吸收塔填料整合拼接后装入 1～3 号吸收塔，4 号吸收塔补充为全新填料，投运后 4 号吸收塔脱硫效率明显高于 1～3 号。目前，热电站通过每次停炉清洗吸收塔来减轻堵塞，但填料拆片清洗，不锈钢片极易变形，再次组装后吸收效果会受较大影响。若每年对吸收塔填料进行更换，又需付出高昂成本（更换 1 套吸收塔填料的费用为 180 万元）。

(2) 再沸器结垢。再沸器即立式热虹吸式再热器，是 FGD 工艺解吸再生工序中的主要设备，承担着产生蒸汽加热贫胺液，由解吸塔底部向上逐渐与富胺液进行热交换，使得富胺液达到解吸温度充分解吸的作用。所以再沸器一旦结垢堵塞，富胺液会因达不到解吸温度而影响解吸效果，严重时甚至无法解吸威胁整个系统运行。在现有情况下，一台价值 200 万元的阿法拉伐再沸器运行 4 个月就严重堵塞，而价值 160 万元的兰石再沸器运行不到 2 个月即告堵塞。目前只好采取频繁更换用回流液清洗来维持。

(3) 贫、富胺热交换器结垢。贫、富胺热交换器包括贫胺再冷器，贫、富胺热交换器，是 FGD 工艺解吸再生工序中的主要设备，承担着流通胺液，保证贫、富胺温度的重要作用，均为流道极窄的板式换热器，一旦堵塞，将导致胺液流量下降、贫胺温度升高、富胺温度下降、能耗增加等问题，持续下去，流量下降到一定程度，系统无法维持，就必须停运处理，此时化学清洗一般已无法解决问题，拆卸板片进行机械清洗不仅耗时长且不易恢复，FGD 系统曾有因为机械清理后安装贫、富胺热交换器不合格，反复拆装近两周的经历。一般情况下，所有使用板式换热器的装置三个月至一年都必须停运进行清洗，以使系统维持在良好状态。根据脱硫运行经验，至少半年应清洗一次。

5. 胺液退化、损耗过大的问题

新胺液运行 10 天左右脱硫率很快降至较低水平，原因是随着胺液中的结垢杂质不断增加，与胺液降解产生的有机物共同作用，致使胺液品质发生退化。2012 年 9 月，完成阳离子去除装置的安装试投，但从运行情况来看，阳离子去除装置在除钠的同时也会消耗胺液（因为胺液也属阳离子），同时阳离子去除装置也担负除胺液结垢杂质中的其他阳离子（如 Fe、Ca、Mg 等），除钠能力有限，需要重新评估和升级改造。

原设计中一年仅需补充胺液 37.5t，但是实际运行中胺液损耗则远远不止，从实际运行情况看，每年至少需补充胺液 200t，才能维持设计所需胺液浓度指标。损失原因包括烟气夹带、胺液净化装置废水携带、过滤系统湿滤饼排放、正常机械泄漏等。

经过近 3 年的摸索、多次调研、持续攻关，发现了 FGD 系统运行不稳定的根本原因：因再生胺脱硫技术首次应用于热电锅炉烟气脱硫，对燃煤烟气的复杂程度估计不足，FGD 系统预洗涤设计存在缺陷，旋液分离器去除烟气中的酸雾能力有限，致使烟气夹带洗涤液进入到吸收塔，并与可溶性的灰尘在胺液中相互发生了化学反应，而 FGD 系统内部的过滤系统只能除去胺液的悬浮物颗粒，不能除去可溶性的颗粒，其中铁离子又能使 APU 中的阴离子树脂中毒，使离子交换树脂失去离子交换作用，这就不可避免地带来胺液退化、换热器堵塞、填料结垢及系统不能连续运行带来的腐蚀等问题，这些问题互为条件、相互加强，导致整体系统十分脆弱，不能承受超过一周以上停运的风险。

热电站 FGD 系统因为严格的环保要求，没有设置旁路烟道，只要氧化铝连续生产，锅炉就不能停止运行，预洗涤就不能停运（必须靠文丘里喷水将烟气温度降低，以保护后段玻璃钢设备及砌砖烟囱），吸收塔也就必须运行（没有胺液循环，填料将快速腐蚀）。大系统停运时（如检修再沸器、贫富胺热交换器或贫胺再冷器），吸收塔只能靠胺液自循环保护填料，但胺液不断吸收 SO_2 不解吸，pH 值将很快下降，最多 48h 就必须更换一次胺液，整个系统的胺液也只能维持一周左右，超过一周，解吸不能恢复，FGD 系统就会由于循环液酸度过高而发生大面积腐蚀。即使解吸能够及时恢复，由于胺液自循环期间 pH 值下降，腐蚀也会比正常运行时高，随着时间的推移，其不良影响极可能突然爆发，导致整个系统的崩溃。

中铝贵州分公司热电站 Cansolv 有机胺 FGD 系统的经验和建议如下：

（1）改造预洗涤工序。从上游烟气减轻烟尘、酸雾进入到胺液中是有效控制工艺设备结垢的根本方法，这要求改进 FGD 系统的预洗涤工序。在现有的文丘里洗涤器和旋液分离器后段增加湿法静电除雾器就是可行的方法之一，可进一步去除烟尘和烟气中所带的富含阳离子液滴、清除烟气中的酸雾，这将在很大程度上减轻设备结垢的速率，各种工艺设备结垢清理时间间隔将延长，同时可减轻后续工艺过滤装置的运行负荷。

该经验在福泉电厂 2×600MW 机组有机胺 FGD 项目中得到了应用，预洗涤塔后安装了高速湿式电除雾器。

（2）增加填料清洗装置。吸收塔填料处于良好运行状态，对提高 FGD 系统 SO_2 的吸收效率起到至关重要的作用，所以建议增加一套简易填料清洗装置用于吸收塔填料结垢的清洗，并以捆为单位来清洗填料，避免将填料拆分成单片清洗造成重组困难，致使填料变形的问题。

（3）胺液净化系统改造。对胺液过滤净化系统、除阳离子系统进行收整改造，增强净化系统对氟、氯、钠、铁等离子的去除能力。使氟、氯、钠、铁等离子维持在系统能承受的范围内，保证系统稳定运行。

(4) 国产化脱硫剂代换。FGD 系统的核心技术即是作为脱硫剂的再生胺，是加拿大 Consolv 公司的技术垄断产品，生产基地在国外，且价格昂贵，使用成本和供应中断的风险都较高。所以，应尽快与国内相关科研院所合作，加速推进国产化脱硫剂投入工业化应用的步伐。

有机胺吸附解吸 FGD 的方法是一种新的、先进的技术，但由于其在国内烟气脱硫领域的大型工业化应用尚少，自然会出现很多预料不到的问题，经过不断的总结和实践，继续优化 FGD 系统运行，有机胺 FGD 技术可望在高硫煤火电厂的超低排放中发挥作用，从而推动我国火电厂 FGD 技术的发展。

第 7 章

SO_2超低排放其他问题

7.1 GGH 的作用与缺点

我国湿法脱硫工艺的建设起步于重庆珞璜电厂的脱硫示范工程和 3 个中德技贸合作脱硫工程项目，虽然我国没有烟气排放温度的要求，但由于早期建设的这 4 个项目采用的是日本和德国的技术，均采用了 GGH，使得其后建设的脱硫项目仿效其设计理念，也采用 GGH 来对湿法脱硫吸收塔出口 50℃左右的低温烟气进行加热。《火力发电厂烟气脱硫设计技术规程》（DL/T 5196—2004）规定：烟气系统宜装设烟气换热器，设计工况下脱硫后烟囱入口的烟气温度一般应达到 80℃及以上排放，但同时也说明：在满足环保要求且烟囱和烟道有完善的防腐和排水措施并经技术经济比较合理时也可不设烟气换热器。《火电厂烟气脱硫工程技术规范　石灰石/石灰-石膏法》（HJ/T 179—2005）“5.2.5 烟气换热器”中规定：现有机组在安装脱硫装置时应配置烟气换热器。新建、扩建、改建火电厂建设项目，在建设脱硫装置时，宜设置烟气换热器，若考虑不设置烟气换热器，应通过建设项目环境影响报告书审查批准。因此，我国从 2003 年开始掀起脱硫工程建设高潮以来，大部分都采用了 GGH 进行加热后排放。GGH 的功能主要有：①提高污染物的扩散程度；②降低烟羽的可见度；③避免烟囱降落液滴；④减轻对下游侧设备造成的腐蚀。

但 GGH 表现出来的缺点也是十分明显的：

（1）降低了脱硫率。GGH 原烟气侧向净烟气侧的泄漏会降低系统的脱硫率，尽管 GGH 的泄漏率可控制在 1.0%以下，但对于超低排放 SO_2 排放浓度要求在 35mg/m^3 以下时，设置 GGH 的 FGD 系统难以稳定达标。而对电厂来说，达标排放是第一位的。

（2）投资和运行费用增加。首先是安装 GGH 的直接设备费用，如计及因安装 GGH 而增加的风机提高压力、控制系统增加控制点数、烟道长度增加和 GGH 支架及相应的建筑安装费用等，其总和约占 FGD 总投资的 20%。GGH 本体对烟气的压降约 1.0kPa。为了克服这些阻力，必须增加风机的压头，使 FGD 系统的运行费用大大增加。据德国火力发电厂的统计，热交换器占总投资费用的 7.0%；珞璜电厂 3、4 号脱硫装置在主要设备进口的情况下，2 台国产光管和螺旋肋片管烟气加热器（GGH）占总设备费的 3.5%左右。若取消 GGH，则降低了 FGD 系统总压损、增压风机容量和电耗，可大大减少运行和检修费用。根据经验，燃用高硫煤的 GGH 检修、改造费用相当高。

（3）FGD 系统运行故障增加，表现在堵塞和腐蚀，如图 7-1 所示。原烟气在 GGH 中降低到 80℃左右，在热侧会产生大量黏稠的浓酸液，这些酸液不但对 GGH 的换热元件和壳体有很强的腐蚀作用，而且会黏附大量烟气中的飞灰。另外，穿过除雾器的微小浆液液滴在换热元件的表面上蒸发后，也会形成固体结垢物，这些固体物会堵塞换热元件通道进一步增加GGH的压降。国内早期存在因GGH黏污严重而造成增压风机振动过大、机组降负荷运行的情况。对于目前取消旁路烟道的FGD系统，FGD系统故障意味着机组要停运，这显然是难以接受的。

（4）设备庞大，烟道系统复杂。

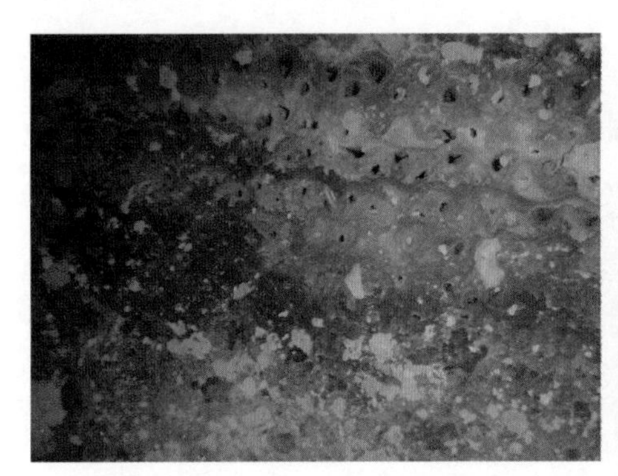
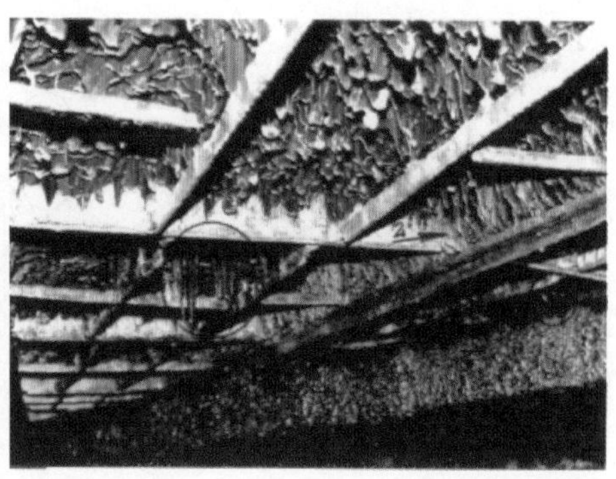

图 7-1　GGH 的堵塞和腐蚀

除GGH外，其他的烟气再加热方式有MGGH、蒸汽管式加热器、热管式加热器、热空气混合加热等。如取消再加热系统，则可采用湿烟囱排放或“烟塔合一”技术，目前德国新建火电厂中，已广泛地利用冷却塔排放脱硫烟气，成为没有烟囱的电厂，如图7-2所示为德国Neurath电厂2×1100MW机组烟塔合一FGD系统，同时部分老机组也完成改造工作。我国首个实施“烟塔合一”技术的电厂是位于北京市东南郊的华能北京热电厂，这也是亚洲首个烟塔合一工程，4套830t/h锅炉FGD系统于2006年底通过168h试运行。

图 7-2　德国 Neurath 1100MW 机组烟塔合一 FGD 系统

总体来说，对于超低排放，除燃用低硫煤机组外，在中、高硫煤机组的FGD系统中，GGH已越来越少，而MGGH或湿烟囱成了首选。

7.2　MGGH 的应用

7.2.1　MGGH 技术原理与布置

无泄漏型烟气热交换器（MGGH，Mitsubishi recirculated nonleak type Gas-Gas Heater）技术首先由日本三菱公司开发成功，是对传统GGH技术的改进，国内也有称热媒循环水烟气加热器（WGGH，Water Gas-Gas Heater），福建龙净环保自主研发的热媒体管式气气换热器叫LMGGH（Longking Media Gas-Gas Heater）。一个典型的MGGH系统工艺流程如图7-3所示，换热形式为两级烟气-水换热器，第一级换热器（烟气冷却器）利用锅炉空气预热器出口高温烟气加热热媒介质；第二级换热器（烟气加热器）利用热媒介质加热脱硫塔出口低温净烟气，通过热媒介质将高温烟气热量传递给吸收塔出口低温烟气。热媒介质一般采用除盐水，闭式循环，增压泵驱动，热媒辅助加热系统一般采用辅助蒸汽加热。另外，MGGH 系统还包含必要的支撑悬吊结构、热媒介补充系统、吹灰系统、水冲洗系统及系统所需的所有阀门、控制系统所需的测温、测压装置及其他控制装置。

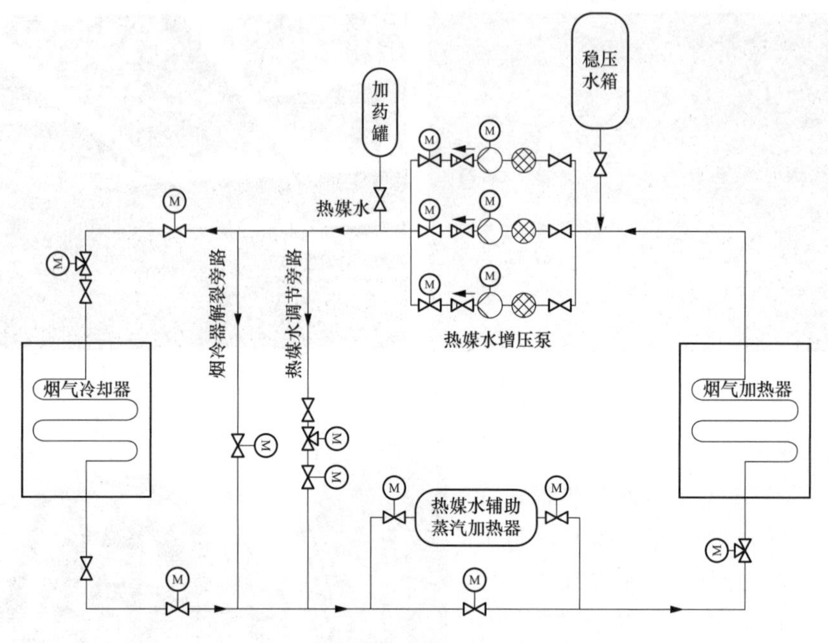

图 7-3　MGGH 系统工艺流程

MGGH 的 1 个优点是布置方式灵活，MGGH 按热回收段布置位置的不同分为前置式和后置式两种，前置式即将 MGGH 热回收段布置在静电除尘器之前，如图 7-4 所示；后置式即将 MGGH 热回收段布置在静定除尘器之后，如图 7-5 所示。

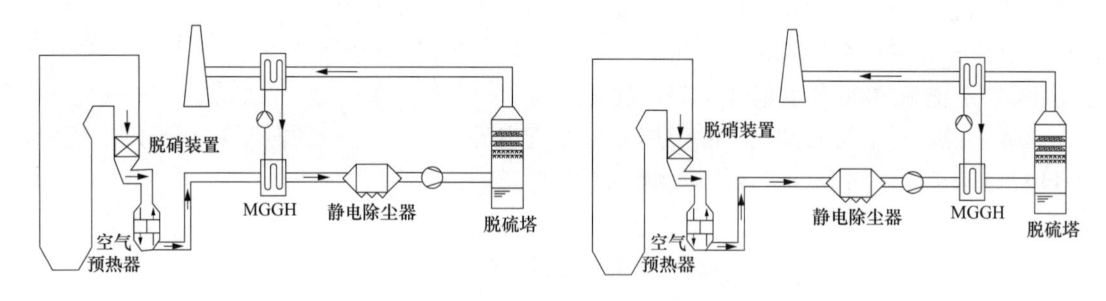

图 7-4　前置式 MGGH 工艺流程　　　　图 7-5　后置式 MGGH 工艺流程

最早的 MGGH 采用后置式布置，这种布置形式显著的缺点在于热回收段腐蚀问题较为严重，不但加大了系统的运行成本和维护费用，同时也降低了系统的可用率，如我国华能珞璜电厂一、二期（4×360MW）机组 FGD 装置。为了解决 MGGH 热回收段的腐蚀问题，日本三菱公司 1997 年之后将 MGGH 热回收段移至电除尘器之前，即采用前置式 MGGH，前置式 MGGH 的优点为：

（1）降低电耗和运行费用。MGGH 热回收段布置在电除尘器之前，使烟气温度由

130℃左右降低到 90℃左右后，实际烟气体积流量大大减少，有利于引风机和增压风机电耗的降低。

（2）可除去绝大部分 SO_3，减轻了烟气对后续设备的腐蚀。在该系统的除尘装置中，烟温已降到酸露点以下，而烟气含尘质量浓度很高，一般为 15～25g/m^3 左右，平均粒度仅有 20～30μm，因而总表面积很大，为硫酸雾的凝结附着提供了良好的条件。通常情况下，灰硫比（D/S）大于 100 时，烟气中的 SO_3 去除率可达到 95%以上，使下游烟气酸露点大幅度下降，基本不用专门考虑 SO_3 的腐蚀问题，日本橘湾等 9 个电厂的实践已证明了这一点。

（3）提高电除尘器除尘率。由于进入电除尘器的烟气温度降低，烟气体积流量变小，烟速降低，同时烟尘比电阻也有所下降，因而提高了除尘率，该技术称为低低温电除尘器高效除尘技术。同时，由于进入脱硫塔的烟尘粒度变粗，使脱硫塔的除尘率也有所提高，有利于脱硫率和石膏质量的提高。

（4）可实现最优化的系统布置。目前，几乎所有的 FGD 系统设计都是将脱硫增压风机放在吸收塔之前，主要考虑了风机的工作条件，即磨损、腐蚀和污染的问题。采用防腐的 MGGH 工艺系统，就具备了把脱硫风机放在吸收塔之后的条件：它不受场地布置的限制，不再承受高温、磨损和腐蚀等恶劣工作条件，可提高系统的可用率，并且吸收塔和升温换热器等均在负压状态下运行，因此可降低其结构和密封的要求，同时其能耗下降约 5%，成为 FGD 系统最优化的系统布置，日本电厂应用很普遍。

传统的 GGH 由于泄漏问题无法根本解决，很难保证粉尘及 SO_2 的超低排放要求。在对污染物扩散要求不严格的地区可通过取消 GGH 来实现，但对于污染物扩散有严格要求的地区，MGGH 技术由于其零泄漏的特点，就使其成为一条可行的改造途径。目前国内已开始大规模应用 MGGH 了，以前置式布置居多。

7.2.2 MGGH 应用实例

浙江某电厂 1000MW 机组是国内最早实现超低排放的百万级机组，其 FGD 系统就采用了前置式 MGGH，如图 7-6 所示。FGD 系统设计烟气量 3 210 840m^3/h（标态，湿基，实际 O_2），入口 SO_2 浓度 2111mg/m^3（对应 S_{ar} 为 0.99%），脱硫率 98.35%。MGGH 系统的设备及作用见表 7-1。

图 7-6　1000MW 机组前置式 MGGH 现场布置

表 7-1　MGGH 系统的设备及作用

序号	构成设备	设备作用说明
1	烟气冷却器	从空气预热器出口的原烟气回收净烟气加热所需的热量。 循环水使用除盐水
2	烟气加热器	用在烟气冷却器回收的热来加热净烟气
3	循环泵 循环水配管	连接烟气冷却器和烟气加热器间的配管，内部充满循环水，用泵使之强制循环。 循环水在烟气冷却器升温，在烟气加热器降温，重复该过程，在循环水配管内不断循环

续表

序号	构成设备	设备作用说明
4	循环水补水罐	循环水升温时，体积膨胀，膨胀量用循环水补水罐做缓冲。 启动时，通过循环水补水罐对整个系统进行注水。 系统管道泄漏被排除后，通过循环水补水罐补水至水罐正常运行液位
5	循环水加热器	在烟气冷却器回收热量不足时，用辅助蒸汽补不足部分。 循环水冷端温度降到一定值以下时，烟气冷却器/烟气加热器的低温部分的粉尘等易附着及设备易腐蚀，为防止上述现象，需加热循环水。 机组启动前/停止后，配合循环水在暖机模式运行
6	加药罐	循环水加药（N_2H_4）时使用
7	烟气冷却器吹灰器	向传热面喷射蒸汽，去除附着的粉尘
8	烟气加热器裸管	设置在烟气加热器的最上游侧，预热低温、水分饱和的净烟气，缓和翅片管子的腐蚀环境。另外使烟气中含有的石膏等固体成分附着在裸管上，防止翅片管固体成分的附着和堵塞

1套完整的MGGH换热器包括6台烟气冷却器、1台烟气加热器，其设计参数见表7-2（100%THA，环境温度20℃时，表中为1台烟气冷却器和1台烟气加热器的数据）。

表7-2　烟气冷却器和烟气加热器的设计参数

参数	单位	烟气冷却器	烟气加热器
入口烟气温度	℃	119	48
出口烟气温度	℃	85.6	80
入口实际烟气量	m^3/h	768 815	3 797 400
交换热量	kW	6828	39 461
烟气侧压损	Pa	420	845
入口烟气流速	m/s	4.3	5.17
传热面积	m^2	9392	32 367
进水温度	℃	70	96.3
出水温度	℃	96.3	70
热媒水流速	m/s	2.5	2.5
循环水循环流量	t/h	218	1330
水侧压损	MPa	0.15	0.33

烟气冷却器和烟气加热器都为翅片管水平多管式，单台烟气冷却器尺寸（长×宽×高）：7280mm×6718mm×7000mm；烟气加热器尺寸（长×宽×高）：14 148mm×16 402mm×12 500mm，翅片管规格和材质见表7-3，换热管模块规格及材质见表7-4，烟气冷却器集箱为DN100，20G；烟气加热器集箱为DN200，20G。

表7-3　翅片管规格和材质

项目	烟气冷却器	烟气加热器	
	翅片管	裸管	翅片管
管外径（mm）	38.1	38.1	38.1
管壁厚（mm）	2.6	2.6	2.6
翅片管种类	螺旋翅片管	—	螺旋翅片管
翅片管外径（mm）	66.1	—	66.1
翅片高度（mm）	14.0	—	14.0
翅片厚度（mm）	1.6	—	1.6
翅片间隔	3片/寸	—	3片/寸
翅片管配列	错列	错列	错列
管间隔：垂直烟气流向/顺着烟气流向（mm）	83/100	76/66	83/100

续表

项目	烟气冷却器	烟气加热器	
	翅片管	裸管	翅片管
设计温度（℃）	120	120	120
设计压力（MPa）	1.6	1.6	1.6

表 7-4　　换热管模块规格及材质

项目	高温段模块		低温段模块		裸管段模块
	冷却器	加热器	冷却器	加热器	加热器
模块数	4	6	4	6	6
列数（沿烟气方向）	14	10	14	10	4
排数（高度方向）	18 排/模块	32 排/模块	18 排/模块	32 排/模块	34 排/模块
有效长度（m）	6.875	12.375	6.875	12.375	12.375
管材质	ND 钢	ND 钢	ND 钢	316L	2205
翅片材质	ND 钢	ND 钢	ND 钢	316L	—
管板、型钢等材质	ND 钢	ND 钢	ND 钢	316L	316L

循环水泵为离心式，2 台（一运一备），泵流量：1330t/h，扬程：70mH_2O。循环水补水箱为竖直圆筒型，1 台 ϕ2.4m×6.08m 高，有效容积 20m^3。循环水蒸汽加热器为管壳式，1 台 ϕ0.6m×6.5m，容量：蒸汽 19t/h，传热面积：60m^2，每台烟气冷却器有 4 台摆动式半伸缩蒸汽吹灰器和 2 台回转式半伸缩蒸汽吹灰器。

图 7-7 和 7-8 为 MGGH 实际运行画面，可见在机组负荷 800MW 时，烟气冷却器入口烟温从 126℃左右下降到约 92℃，降温 34℃；净烟气经过烟气加热器时烟温从 52℃左右上升到约 86℃，升温 34℃，达到了预期效果。

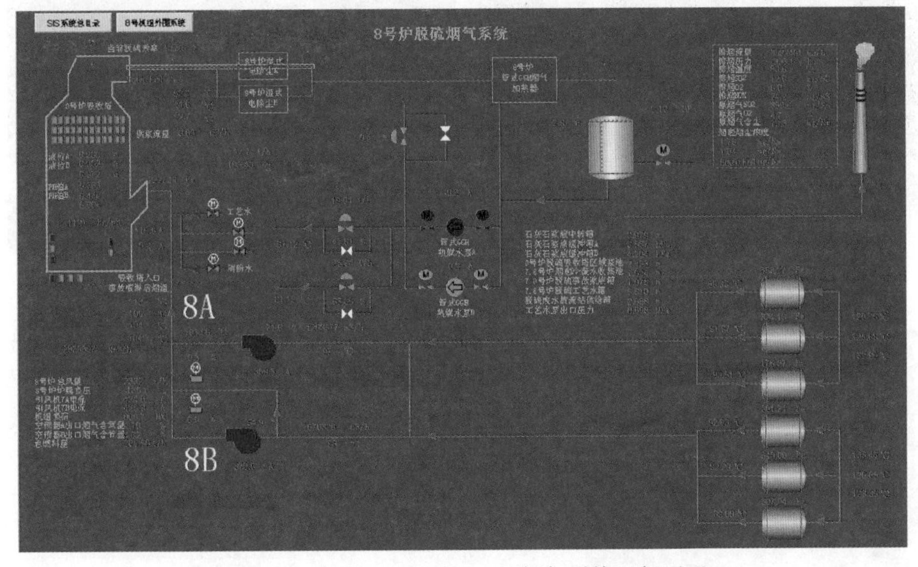

图 7-7　采用 MGGH 的 FGD 烟气系统运行画面

7.2.3　MGGH 应用问题

1. MGGH 的腐蚀

MGGH 换热器布置于锅炉尾部烟道和脱硫吸收塔后，长期在酸露点温度以下服役，面临低温腐蚀、飞灰积垢等问题，工作环境恶劣。我国珞璜电厂一、二期燃煤采用重庆松藻煤矿的无烟煤，煤中硫含量为3.5%～5%，是国内最早采用MGGH来加热FGD净烟气的电厂，在运行过程中进入FGD系统烟气中的SO_3体积分数比设计值要增大许多倍，大量SO_3（气态）在气-气换热器鳍片管束的表面结露而形成硫酸，加剧了管束的酸性腐蚀，投运后一两年时间就在大修时出现了MGGH热回收段管束鳍片严重腐蚀且大量脱落的情况，管壁明显减薄，换热效果变差，甚至穿孔泄漏，如图7-9所示。管束腐蚀的另一后果是易造成管束积灰，使换热效果变差，烟气阻力升高。MGGH换热效果的降低，将使进入吸收塔的烟温升高，脱硫效率下降，甚至危及塔内构件的安全。

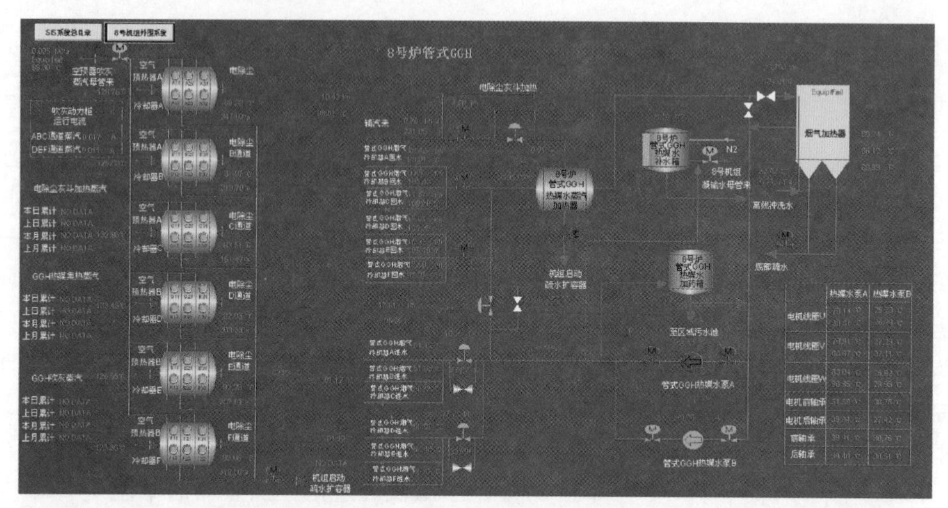

图7-8　MGGH运行画面

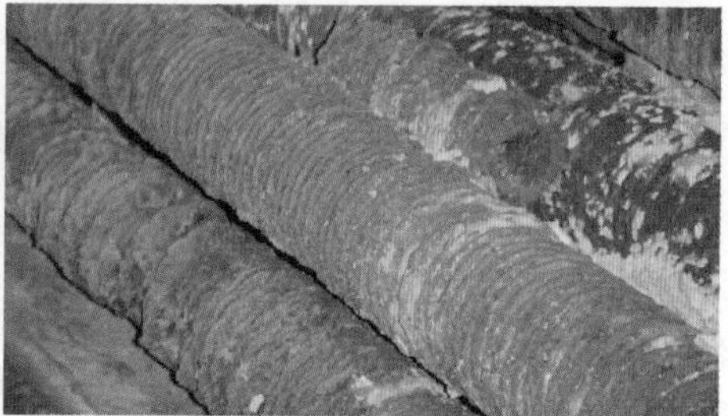

图7-9　MGGH管子和腐蚀

图7-10　某MGGH烟气加热器管壳的腐蚀

目前已投运超低排放机组的MGGH换热器一般采用ND钢、316L等金属管材制造，由于腐蚀引起的泄漏、积垢导致的换热效率下降等问题较为突出。图7-10为某1000MW机组于2014年完成超低排放改造运行8个月后的照片，可以看到MGGH烟气加热器的316L管壳发生了严重的点蚀。表7-5为该机组MGGH不同位置垢样的等效pH值及离子浓度（每份垢样取1g，溶解于50mL去离子水中测得的数据）。测试结果显示，烟气加热器垢样的pH值较低，且含有较高的Cl^-及SO_4^{2-}。

表 7-5　　1000MW 机组 MGGH 不同位置垢样分析

检测项目	取样位置			
	冷却器管积垢	加热器管积盐	加热器管积垢	加热器烟道管积垢
pH 值	5.91	4.4	3.3	3.2
Na^+ (mg/L)	95.8	2205.2	190.8	1885.9
Mg^{2+} (mg/L)	59.2	568.4	82.4	201.4
Ca^{2+} (mg/L)	645.7	1282.4	871.5	351.9
F^- (mg/L)	54.5	29.9	7.2	19.3
Cl^- (mg/L)	39.9	261.2	230.1	325.1
SO_4^{2-} (mg/L)	1796.7	3709.2	2194.9	5655.5

日本从 2000 年以来，其新建燃煤电厂锅炉排烟大部分采用低低温烟气处理工艺，将除尘器入口烟气温度降低到 90℃左右，结合湿法脱硫，可达到 10mg/m^3 以下的烟尘排放。实践证明，机组运行十多年来，电除尘器及下游设备的低温腐蚀问题并没有想象中的严重，腐蚀问题虽然存在，但并没有影响设备的可靠运行。需要注意的是，由于日本电厂负荷及电煤来源相对比较稳定，且为了保证除尘、脱硫设备的安全稳定运行，日本各家电厂不会轻易改变燃煤种类，因而日本电厂可长期维持超低水平的烟尘排放，这与中国电厂煤种变化大不同。因而，MGGH 工艺在国内进行普及应用时，应当根据工程实际情况，合理优化设计。

在使用金属换热器受到低温酸腐蚀问题限制的情况下，氟塑料换热器以其超强的耐腐蚀能力、传热系数大、换热器使用寿命长、相同负荷下换热器质量轻等特点，近年来受到广泛关注。氟塑料 MGGH 系统，第一级热回收器布置在电除尘器后、吸收塔前的烟道上，可全部或部分采用氟塑料换热管材质；布置在吸收塔与烟囱之间的第二级换热器则全部可为氟塑料换热器。

氟塑料是部分或全部氢被氟取代的烷烃类聚合物，具有极为优异的耐腐蚀、抗老化、非黏附等特性，被称为“塑料王”，其特殊性能使之成为 MGGH 的理想候选材料。氟塑料在化工行业中作为防腐材料已得到广泛应用，但作为换热器应用于火力发电厂则是一个全新的领域，国内的相关研究较少。目前工业化生产的氟塑料主要有 PTFE（聚四氟乙烯）、PFA（可熔性聚四氟乙烯）、FEP（氟化乙烯丙烯共聚物）等。其中 PTFE 在所有氟塑料中具有最好的耐腐蚀、耐高温性能，应用最为广泛。PFA 是新开发的氟塑料品种，在具备良好的耐腐蚀、耐高温性能的基础上，还有较好的热加工性能，可用于制造氟塑料焊条及毛细换热管。FEP 的耐腐蚀、耐高温性能不如前两者，但热加工性能很好，一般用于防腐要求不高的领域。由于燃煤锅炉尾部烟道温度通常在 70～250℃范围，因此，采用耐高温性能最好且应用广泛的 PTFE 制造烟气换热器较为合适。

（1）耐腐蚀性能。PTFE 只含有氟与碳两种元素。由于氟原子的电负性在所有化学元素中最高，氟碳键的键能非常大，使得氟塑料的分子结构非常稳定，呈现化学惰性，在常温下几乎不会被任何酸、碱或盐类溶解。

某研究设计了浸泡试验，模拟低温腐蚀工况，对 PTFE 及常用金属材料的耐腐蚀性进行定量对比。腐蚀液成分：30% H_2SO_4 + HCl（3000mg/L）+ HF（20mg/L），试验温度 70℃，时间 72h。图 7-11 给出了各种材料在浸泡试验中的腐蚀速率，可看到，所有金属材料在浸泡 72h 后均发生了腐蚀，其中 316L 的腐蚀速率为 1.9g/(m^2·h)，而 PTFE 无任何腐蚀失重，表现出极佳的耐腐蚀性能。

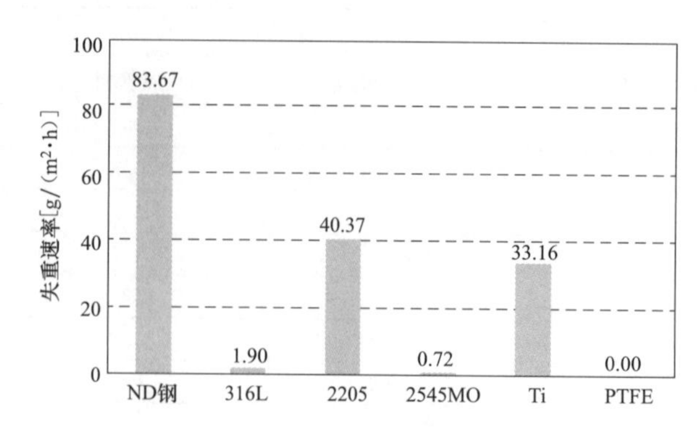

图 7-11　各种材料浸泡试验失重速率

即使是昂贵的高镍耐蚀合金，如 C22 与 Alloy59 等，在含有氯离子的硫酸溶液中的耐腐蚀性能也不甚理想。由于氟塑料的耐腐蚀性能极为优异，若采用氟塑料代替传统的金属材料制作换热器，则能够有效地解决 MGGH 的腐蚀问题。

(2) 抗积垢性能。PTFE 聚合物中的碳原子链被氟原子完全覆盖，表面能非常低，难以与其他物质发生吸附作用，也不会被水、油等液体所润湿，因此具有极佳的抗积垢性能。图 7-12 为德国 Lippendorf 发电厂于 1995 年对 PTFE 换热管进行清洁度测试的照片，试验证明 PTFE 换热管在锅炉尾部烟气中工作较长时间后，表面仍能保持清洁，仅有少量浮灰附着。

图 7-12　PTFE 换热管清洁度测试

采用氟塑料换热器，可解决 MGGH 的积垢问题。此外，由于氟塑料不会被水润湿，因此可取消传统的蒸汽吹灰器，采用喷淋装置对换热管进行在线清洗，清除换热管表面的浮灰，令换热器在运行过程仍能保持良好的清洁度。

(3) 传热性能。PTFE 热导率 (λ) 较低，仅为 0.24W/(m·K)，而金属材料的 λ 一般为 10～50W/(m·K)，如图 7-13 所示，可见 PTFE 的热导率与金属材料相比有较明显的差距。

但是，较低的热导率并不会影响氟塑料作为换热器材料的工程应用。因为氟塑料可制作成小直径薄壁管密集布置的结构，从而提高换热管的传热系数，弥补材料热导率的不足。通过选择合适规格的管材，氟塑料换热器的传热性能可接近金属换热器的水平，但管壁不能太薄，以保证有足够的耐压能力；管束也不宜太密，以免增加烟气侧的压损。由于氟塑料管具有柔性，水平放置时会产生弯曲，因此换热管适宜采用 U 型垂直布置，并采用框架和夹具对换热管束进行固定以防止振动和磨损；取消传统的蒸汽吹灰器，改用喷水装置对换热器进行定期的在线清洗；对换热器壳体的内壁、支撑梁等金属部件包覆氟塑料，以提高换热器整体的耐腐蚀等级。

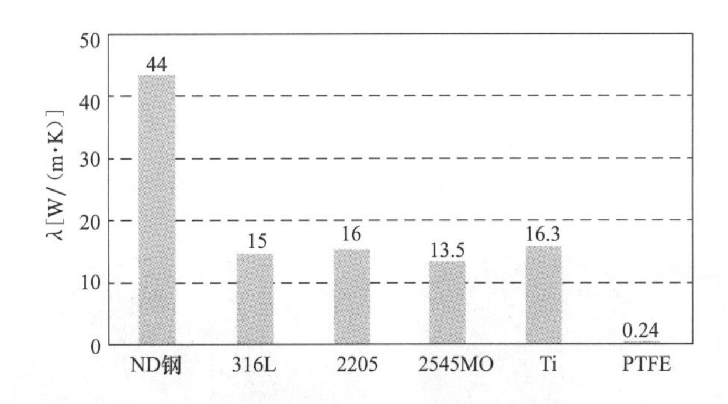

图 7-13　常用换热器材料在 25℃时的热导率

氟塑料换热器由于原材料价格较高，制造工艺也相对复杂，因此投资费用高于传统的金属换热器。但氟塑料换热器的后期维护成本显著低于金属换热器。因此，不能单纯考虑初期投资，而应以全寿命周期成本来比较氟塑料换热器与传统的金属换热器的经济性。研究表明，1000MW 超低排放机组采用氟塑料 MGGH 时，其 20 年的全寿命周期成本低于金属 MGGH。20 世纪 80 年代，氟塑料低温省煤器在欧洲就有应用，已成为欧洲电厂的标准配置，如图 7-14 所示，德国 Wallstein 公司在 800、1000MW 机组中均有 20 多年成功的应用，表 7-6 列出了部分应用案例，图 7-15 和图 7-16 是氟塑料换热器现场安装和运行后的照片。国内华能集团、大唐集团等电厂也开始应用，浙江格尔泰斯（Kertice）环保特材科技股份有限公司也开始引进 PTFE 换热管技术等。

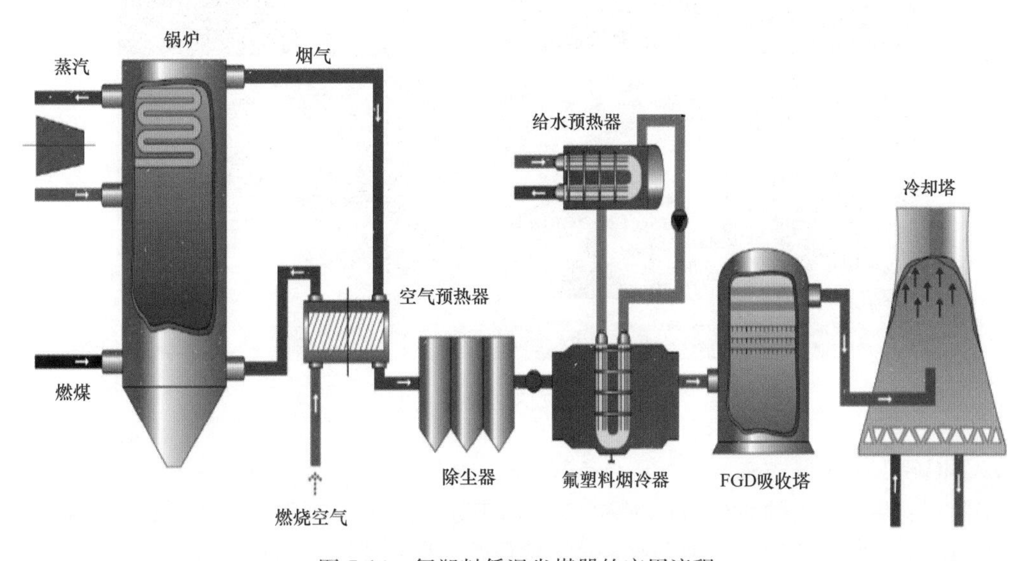

图 7-14　氟塑料低温省煤器的应用流程

表 7-6　　PTFE 氟塑料换热器部分应用案例

电厂名称		德国 Schwandorf	德国 Schwarze pumpe	德国 Mehrum	泰国 Mae Moh
机组容量（MW）		400	2×800	712	4×300
换热器作用		脱硫烟气降温和加热	预热给水	预热燃烧空气	脱硫烟气降温和加热
应用时间		1988 年	1997 年	2003 年	1996 年
烟气成分	SO_3（mg/m^3）	165	85	60	165（10，净烟气）
	HCl（mg/m^3）	10	30	200	10（9）
	HF（mg/m^3）	10	30	20～30	10（9）
	烟尘（mg/m^3）	150	50	50	150（750）

图 7-15　氟塑料换热器的安装

2. MGGH 的磨损

布置在电除尘器前的 MGGH 烟气冷却器由于处于高灰浓度下运行，加上烟气流场有时很不均匀，造成磨损严重，特别是弯头等，致使管子穿孔泄漏，影响换热效果。防止磨损采取的技术措施包括采用合理的钢材、大管径、厚壁管子；设计上控制烟气流速，避免出现烟气走廊、烟气偏流、局部漩涡；在所有弯头、烟气走廊部分，设计安装防磨设施；选用防磨损性能优异的 H 翅片管；电除尘前烟气换热器进风侧安装假管和防磨护瓦。

图 7-16 运行后的氟塑料换热器

3. MGGH 的结灰和堵塞

高灰浓度下运行的 MGGH 烟气冷却器可能会结灰，特别 MGGH 烟气换热器工作区域的烟气温度较低，在换热管表面产生的酸性冷凝液不仅会腐蚀换热器，还会黏附飞灰形成灰垢。灰垢在金属管壁上不断积累，会形成坚硬的水泥状包覆层，牢牢附着在管壁上，很难进行彻底的清理。图 7-17 为某 1000MW 超低排放机组运行约 8 个月左右，MGGH 换热器金属管表面的积垢情况。

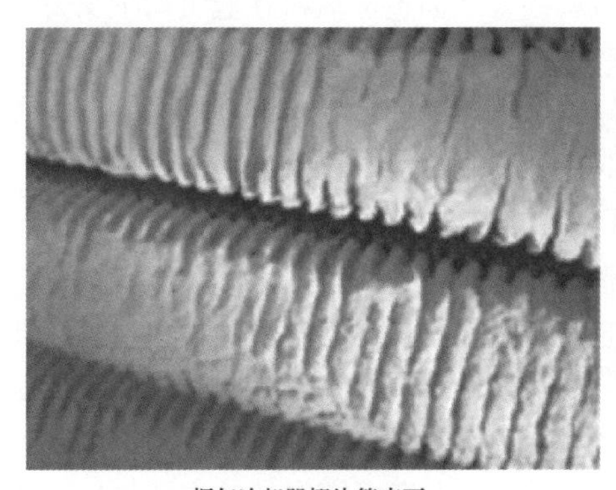

烟气冷却器翅片管表面

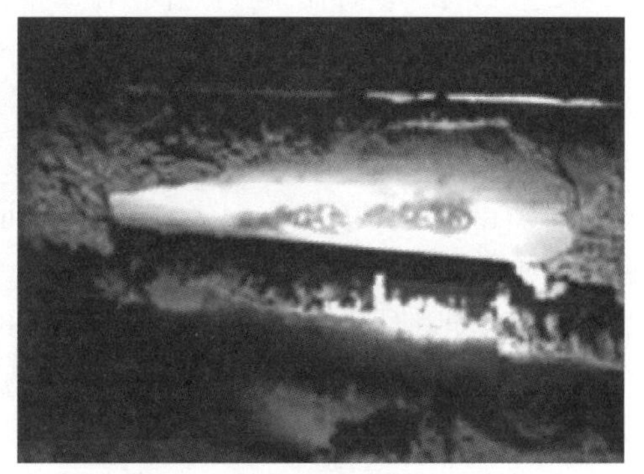

烟气加热器裸表面

图 7-17 某 1000MW 机组 MGGH 换热器结垢

积垢会对 MGGH 的换热率造成显著影响，该机组运行时间不到 1 年，由于金属换热管积垢严重造成换热率下降，需要频繁投用蒸汽补热才能使排烟温度达到设计值（≥80℃）。MGGH 换热管的积垢问题在新建及改建的超低排放机组中普遍存在，已成为困扰 MGGH 安全运行的一大难题。

防止积灰采取的技术措施包括设计合适的烟速，保证将烟气中灰分带出；设置蒸汽吹灰器系统；运行中定时吹灰，减少积灰发生；机组小修、事故停运或大修时检查积灰状况，并利用压缩空气或高压水进行人工清灰；选用防积灰性能优良的H翅片管。日本电厂在高温热回收段采用钢球连续清灰方式，直径5mm钢球从热回收器顶部自由下降碰撞下降管，使飞灰从换热管上脱离并沉降，钢球在热回收器底部回收再由传送机构送回顶部。

在吸收塔后高湿度运行的MGGH烟气加热器则可能会结垢堵塞，由于吸收塔出口净烟气中携带有一定量的石膏浆液，特别是在除雾器故障时更严重，加热器管子除腐蚀外，浆液会在管壁上不断积累，也形成坚硬无比的垢层。

MGGH系统阻力增加所带来的风险不容忽视：若MGGH两侧压差增大，会引起引风机负荷增加，甚至引起引风机跳闸。某1000MW燃煤烟气超低排放环保示范机组的FGD系统增容改造内容如下：原脱硫吸收塔设置3层喷淋层、1层托盘，配置3台浆液循环泵；增容改造为两层交互喷淋层、2层托盘，配置4台浆液循环泵（3开1备），在脱硫塔后增设湿式除尘器、管式烟气加热器；同时在空气预热器与除尘器之间增设了管式烟气冷却器。这样FGD系统及锅炉烟气系统阻力增加，所以对增压风机进行了提高出力改造，但由于种种原因并没有对引风机进行提高出力改造。改造完成后，机组在约650MW以下发电负荷运行时，引风机、增压风机时常出现失速（抢风）情况，严重影响了机组安全运行。热态试验表明在500MW试验工况，引风机、增压风机工作点非常接近于风机理论失速线；而在满负荷工况时，A/B侧空气预热器阻力均偏高；管式冷却器阻力（含空气预热器至除尘器之间烟道阻力）平均值为890.5Pa，较设计值694Pa高196Pa；引风机入口静压平均值为5339Pa，较设计值4812Pa高527Pa。空气预热器及管式冷却器可能存在较严重阻塞情况，此外引风机出口至增压风机进口间的烟道阻力也高于设计值。在增设管式冷却器前引风机很少有失速情况，显然增设管式冷却器后使烟风阻力增加，同时烟气经过冷却器后温度下降约38.5℃，这使进入引风机的烟气体积流量减少了10%以上，加上空气预热器阻力较正常值高较多。阻力增加、体积流量减少双重因素使引风机的运行点向不稳定区域移动，从而造成风机在低负荷工况失速。

4. MGGH的其他问题

某电厂MGGH投用以来遇到的问题有：

（1）烟气冷却器泄漏。系统调试时发现MGGH稳压水箱水位多次下降，隔离烟气冷却器模块后，稳压水箱水位稳定。停运风烟系统证实了烟气冷却器第四个模块泄漏，泄漏原因主要是安装质量问题。

（2）烟尘浓度瞬时超标。正常运行中，在进行烟气加热器吹灰时，发现烟尘浓度会瞬时超标，分析原因是烟气加热器有积灰，吹灰时脱落引起烟尘浓度瞬时超标，防范措施是严格控制MGGH烟气温度，保证低低温除尘器的除尘性能，优化吹灰方式等。

（3）MGGH水质化验显示铁和电导率均高。溶解氧是水汽系统腐蚀的主要原因，为了防止MGGH设备发生氧腐蚀，需要通过清除循环水中的溶解氧，维持循环水系统的pH值，对水质进行控制和管理，需要添加缓蚀剂，去除水中的溶解氧，使金属表面形成保护膜。水质变差时要通过换水改善水质，平时要监测热媒水水质，维持好循环水系统的pH值，控制氧腐蚀。

（4）由于MGGH本体及其管道为室外布置，必须考虑冬季寒冷天气情况下，机组停运时MGGH内会因存有大量积水而造成换热管冻坏。因此，机组冬季停运时，采取以下措施：系统投运前供水管道及排气、排污阀均设置好保温层；设备本体各管组的集箱和母集箱、供水管道均设置排污阀，停运后及时开阀排污；在设备本体各管组集箱的排气阀处引入厂用压缩空气，利用压缩空气加快管束内的积水排出。MGGH系统运行中其他一些问题见表7-7。

表 7-7 MGGH 系统运行故障原因及应对措施

序号	故障现象	可能原因	对策
1	烟气冷却器出口烟气温度低	温度计异常； 循环水旁路量控制异常； 冷却器入口烟温低； 循环水泄漏； 循环水循环量异常	检查温度计； 检查循环水流量调节阀、旁路流量调节阀及控制回路； 冷却器入口烟气温度确认； 补水箱液位检查及泄漏修补； 循环水循环量确认
2	烟气冷却器差压高	差压计异常； 烟气量过大； 传热管积灰	检查差压计、确认导压管是否堵塞； 烟气冷却器烟气量确认； 提高吹灰器蒸汽吹扫压力
3	烟气加热器差压高	差压计异常； 烟气加热器烟气量过大； 传热管积灰	检查差压计、确认导压管是否堵塞； 烟气加热器供给烟气量确认； 传热面水洗
4	烟气加热器出口循环水温度低	温度计异常； 蒸汽流量调节阀控制系统异常； 供给蒸汽异常； 蒸汽加热器传热性能低	检查温度计； 检查蒸汽调节阀及控制回路； 确认供给蒸汽压力、温度； 检查循环水蒸汽加热器
5	循环水补水箱压力高	压力计异常； 初期 N_2 压力过剩； 液位高； 烟温、循环水温度异常	检查压力计； N_2 压力调整； 液位调整； 检查烟气温度、循环水温度
6	循环水补水箱液位高	液位计异常； 初期循环水投入量过剩； 烟温、循环水温度异常	检查液位计； 热媒保有量调整； 确认烟气温度、循环水温度
7	循环水补水箱液位低	液位计异常； 初期循环水投入量不足； 循环水泄漏； 循环水温度异常	检查液位计； 检查循环水量补充； 泄漏处修复； 循环水温度确认
8	吹灰器蒸汽压力/流量低	蒸汽供给系统异常	检查蒸汽供给源

7.3 FGD 吸收塔污染物协同脱除技术

烟气处理污染物的“协同脱除”技术，是指在同一设备内实现两种及以上的烟气污染物的同时脱除，或为下一流程设备的污染物脱除创造有利条件，以及某种烟气污染物在多个设备间高效联合脱除的技术。

7.3.1 FGD 吸收塔协同脱除 NO_x

氮氧化物包括 NO、NO_2、N_2O、N_2O_3、N_2O_4、N_2O_5 等，统称为 NO_x。其中，对大气造成污染的主要是 NO、NO_2 和 N_2O。在煤粉炉产生的 NO_x 中，NO 占 90%以上，NO_2 占 5%～10%，N_2O 占 1%左右。

NO_x 脱除技术包括：

（1）低 NO_x 燃烧技术，即通过改变燃烧条件来控制燃烧关键参数，以抑制生成或破坏

已生成的 NO_x，达到减少 NO_x 排放的技术。

（2）烟气脱硝技术，包括干法脱硝技术和湿法脱硝技术，干法脱硝技术常用的有选择性催化还原法（SCR，Selected Catalytic Reduction）、选择性非催化还原法（SNCR，Selected Non-Catalytic Reduction）、活性焦法等；湿法脱硝技术包括气相氧化液相吸收法、液相氧化吸收法等，例如用臭氧氧化 NO，再用氨吸收：

$$NO + O_3 \longrightarrow NO_2 + O_2$$

$$4NO_2 + 4H_2O + O_2 \longrightarrow 4HNO_3 + 2H_2O$$

$$HNO_3 + NH_3 \longrightarrow NH_4NO_3$$

由于 NO 不溶于水，因此 FGD 吸收塔难以脱除。加入 NO 氧化剂［如 H_2O_2、NaClO（或 KClO）、$NaClO_2$、$NaClO_3$、$NaClO_4$ 等］或利用微波、超声波、光催化氧化等方法产生活性物种及类气相氧化剂，在 FGD 吸收塔之前将 NO 转化成 NO_2，然后利用吸收塔吸收，实现一体化脱除。

7.3.2 FGD 吸收塔协同脱除粉尘

在湿法 FGD 过程中，一方面，通过脱硫浆液的洗涤作用可协同脱除烟气中的颗粒物；同时，由于存在脱硫浆液雾化夹带、脱硫产物结晶析出，以及脱硫剂/细颗粒物与烟气中的 SO_2 等气态组分之间的复杂非均相反应过程，本身又会形成 $PM_{2.5}$，使得经湿法脱硫后 $PM_{2.5}$ 性质产生显著变化。利用外场作用使 $PM_{2.5}$ 长大及对传统污染物控制设施进行过程优化以增强其对 $PM_{2.5}$ 的脱除效果、抑制控制设施本身 $PM_{2.5}$ 的形成，以及增强 FGD、SCR 设施脱除 SO_2、NO_x 等气态前体物的捕集效果是控制燃煤 $PM_{2.5}$ 的重要技术发展方向。

（1）增强除尘设施脱除 $PM_{2.5}$ 的方法。电除尘：针对影响电除尘率的主要因素，利用外场作用使 $PM_{2.5}$ 长大再脱除及其对传统电除尘器加以升级改造，是增强 ESP 脱除 $PM_{2.5}$ 的重要技术途径。外场作用如电凝并、化学团聚、声波团聚等；新型除尘技术包括移动电极式电除尘器、低低温电除尘器、电袋复合除尘器、湿式电除尘器、新型电源、烟气调质、复式双区电除尘器等。

（2）利用过程优化增强 WFGD 系统脱除 $PM_{2.5}$ 技术，低低温电除尘器结合高效除尘 FGD 吸收塔（这里称之为“超净吸收塔”）就是协同脱除粉尘的很好的例子。

超净吸收塔依据 WFGD 中形成的 $PM_{2.5}$ 主要源于细小脱硫结晶产物的夹带及其与脱硫过程间的内在关联，利用脱硫工艺参数和塔内件结构的优化，抑制脱硫浆液夹带、增强 $PM_{2.5}$ 脱除效果，并协同增强 SO_3 酸雾和 SO_2 脱除。可采用 3 种技术措施：

1）优化运行参数。改变气液传质平衡条件，优化浆液 pH 值、液气比、浆液雾化粒径、钙硫比等参数，以及提高吸收剂石灰石品质和活性。

2）塔内部结构改造。与常规的湿法吸收塔比较，超净吸收塔需要做以下改进：

a. 降低吸收塔内的烟气流速，一般不要超过 3.6m/s。

b. 采用增强气液接触的强化装置（如第 3 章介绍的各种技术托盘、旋汇耦合等，这也是提高脱硫率的要求）。

c. 优化吸收塔喷嘴选型（如双向喷嘴）及喷嘴布置方案（如交互式喷淋技术），尤其注意吸收塔周边的喷嘴布置设计。在喷淋层下方增设聚气环等，防止烟气从塔壁周边逃逸。

d. 采用数模及物模手段优化吸收塔空气动力场设计，塔入口设置导流板，优化塔内流场分布。

e. 注重吸收塔制造、安装精度，尤其是塔内件的制造、喷嘴布置定位的安装尺寸等。

f. 采用高效的吸收塔除雾器（管式除雾器＋高效屋脊式除雾器，常规要求出口雾滴浓度 $75mg/m^3$，高效除尘要求低于 $40mg/m^3$，甚至更低）。

3）利用外场作用增强湿法吸收塔脱除 $PM_{2.5}$。如水汽相变技术，水汽相变是结合湿法 FGD 过程中烟气水汽含量较高及 $PM_{2.5}$ 在过饱和水汽环境中可发生凝结长大的特性（图 7-18）、增进 $PM_{2.5}$ 脱除的技术。它借鉴大气环境中暖湿气流和冷空气交汇形成降水的原理，在湿法脱硫净烟气中注入适量湿空气或蒸汽建立过饱和水汽环境，如图 7-19 所示，再通过高效除雾器脱除长大的液滴。

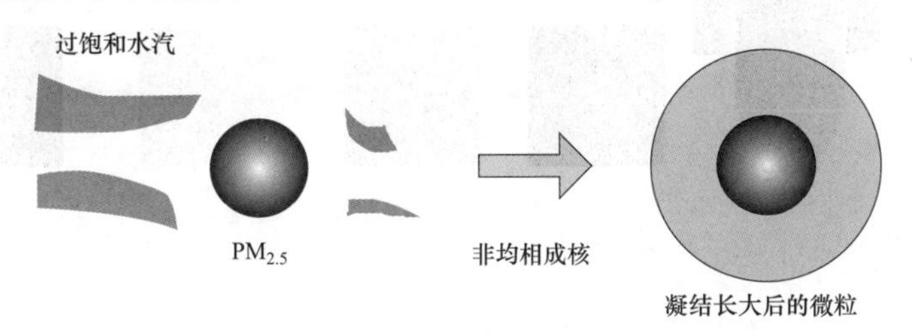

图 7-18 过饱和水汽环境中 $PM_{2.5}$ 凝结长大示意

添加蒸汽方式已在 440t/h 规模的湿法 FGD 装置中成功开展了工程应用试验，$PM_{2.5}$ 浓度可降低 50%以上，已通过科技部及相关企业组织的技术成果鉴定。在第 3 章介绍的陕西华电杨凌热电有限公司 2×350MW 机组 FGD 吸收塔在一级和二级除雾器之间增加翅片管式冷凝器；在二级和三级除雾器之间增加雾化系统就是水汽相变技术的应用。

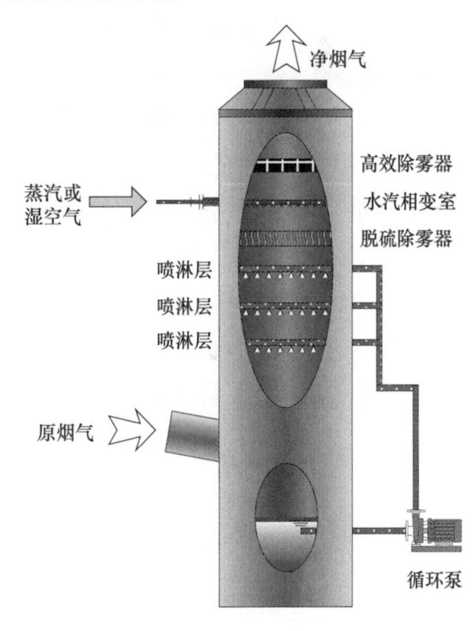

图 7-19 吸收塔中的水汽相变技术

采用 FGD 协同除尘的技术理念，在湿法 FGD 吸收塔的设计中充分考虑其除尘效应，减少出口雾滴携带的浆液量；同时脱硫率要求的提高引起的设计变动如气液比的增大、脱硫增效装置的采用也对除尘效果有改善作用；在设计、制造、施工和验收等环节进行精细化控制，以最大限度地利用湿法吸收塔来除尘，从而减轻后续 WESP 的压力，或可直接达到 $10mg/m^3$ 的烟尘超低排放要求。

7.3.3 FGD 吸收塔协同脱除 SO_3

1. SO_3 的来源和危害

煤燃烧过程中 SO_3 的主要来源有两方面，如图 7-20 所示。

（1）煤燃烧过程中生成的 SO_2 少量会被氧化成 SO_3，其反应式为

$$SO_2 + \frac{1}{2}O_2 \longrightarrow SO_3$$

该反应受到以下几方面影响：

1）高温燃烧区氧原子的作用。在第三体 M（起吸收能量的作用）存在时，氧原子会与 SO_2 发生反应：

$$SO_2 + O + M \longrightarrow SO_3 + M$$

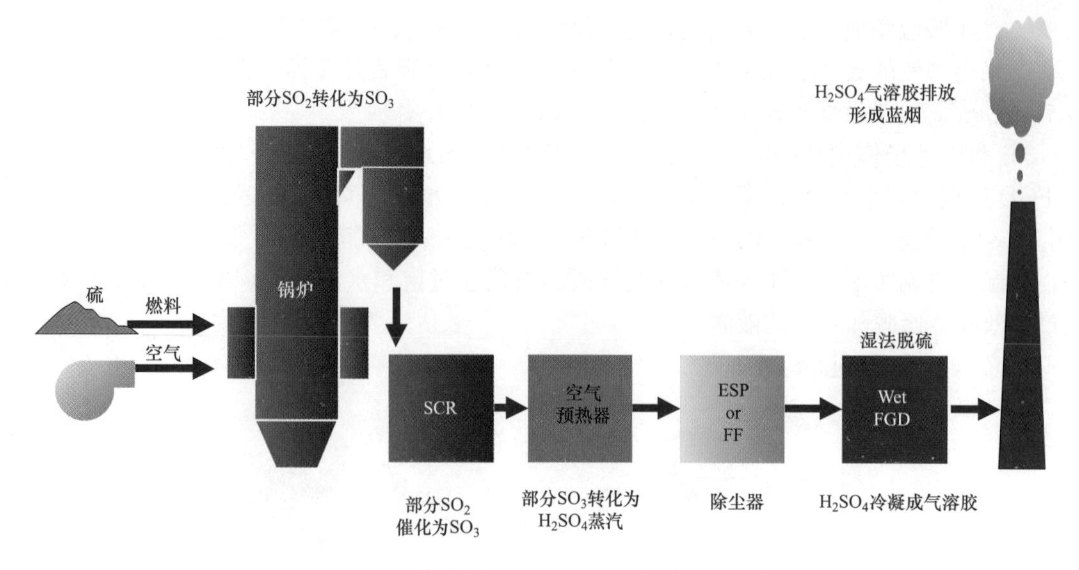

图 7-20 燃煤电厂 SO_3/H_2SO_4 的形成和排放

炉膛火焰温度越高，火焰中氧原子浓度越高，且烟气在高温区的停留时间越长，SO_3 的生成量就越多。

2）过量空气系数的影响。过量空气系数降低可使烟气中与 SO_2 反应的氧原子质量浓度降低，从而降低 SO_3 的生成量。

3）催化物质的影响。煤燃烧过程产生的飞灰中，含有氧化铁、氧化硅、氧化铝等物质，受热面的金属氧化膜中含有 V_2O_5 等物质，这些氧化物对 SO_2 的氧化起催化作用，会促使 SO_3 的生成量增加。

因此，大型锅炉 SO_2 转化为 SO_3 的转化率变化范围很大，约为 0.4%～4.0%。

（2）对装有 SCR 系统的锅炉，此时的烟气未经脱硫，含有大量的 SO_2 气体，SCR 的钒基催化剂 V_2O_5 对 SO_2 的氧化过程具有强烈的催化作用，反应催化机理如下：

$$SO_2 + V_2O_5 \longrightarrow SO_3 + 2VO_2$$

$$2VO_2 + \frac{1}{2}O_2 \longrightarrow V_2O_5$$

V_2O_5 的催化作用使得在 SCR 装置中 SO_3 有着较高的转化率，其他氧化物如 SiO_2、Al_2O_3、Na_2O 等对 SO_2 的氧化也有一定的催化作用。因此脱硝过程中，在催化剂的作用下，SO_2 不可避免地会被氧化成 SO_3，特别是在低负荷下，SO_2 的氧化率会快速增加。一般情况下，烟气每经过一层催化剂，SO_2 的氧化率在 0.2%～0.8%之间，因此当使用两层催化剂时，总的氧化率在 0.4%～1.6%之间。研究表明催化剂中 V_2O_5 含量的增加，导致 SO_2 的氧化率增高，同时随着催化剂中 V_2O_5 含量和烟气温度的升高，SO_2 氧化率也逐渐增加。

同时，部分 SO_3 在进入烟囱排放前也会被目前电厂典型配备的装置脱除，包括：

1）空气预热器的积灰会减少 SO_3 的排放约 10%～15%，SO_3 的减少量取决于烟气的温度和空气预热器的类型（回转式还是管式），烟气的冷却速度越快，空气预热器出口的烟温越低，SO_3 的减少量越大。但在烟温降低的同时，生成 H_2SO_4 风险就会增大。

2）常规静电除尘器也会减少 SO_3 的含量，减少的程度取决于烟气温度和飞灰的成分，

如果飞灰对 SO_3 的脱除率太高，会影响 ESP 的除尘率，通常对 SO_3 的脱除率为 10%～15%。低低温电除尘器 SO_3 除去率更高，可达 90%以上；布袋除尘器脱除 H_2SO_4/SO_3 效率也较高，若灰中的碱性成分多的话，碱性促进了 H_2SO_4 和灰形成灰饼在滤袋中收集，效率能达到 90%。

3）湿法脱硫单塔对 SO_3 的脱除率大约有 30%～40%，双塔大约 50%～65%，这取决于洗涤塔的设计。FGD 塔提供了气溶胶理想的形成场所，因为当烟气进入塔后，温度降至露点以下，烟气湿度很大，SO_3/H_2SO_4 快速冷凝产生了超细气溶胶（0.4～0.7μm），微粒尺寸取决于冷凝的速度；在塔内脱除气溶胶也取决于粒径，粒径小的难以除去，因此，通过吸收塔烟气中的 SO_3 都是以硫酸气溶胶的形式排放的，在烟囱的测量中很难将 SO_3 和硫酸分开，因此一般这两个组分的量是不分开计算的。随着煤中硫分与灰分的增加，SO_3 酸雾脱除效率有所提高。

SO_3 给电厂带来的危害主要有：

1）烟气酸露点温度升高，设备腐蚀加剧。烟气的酸露点主要取决于烟气中 SO_3 和水蒸气的含量，可用下列公式计算

$$t_{ld} = 186 + 20\lg V_{H_2O} + 26\lg V_{SO_3}$$

式中 V_{H_2O}——烟气中 H_2O 的体积份额,%；

V_{SO_3}——烟气中 SO_3 的体积份额,%；

t_{ld}——酸露点温度,℃。

由上式可知，随着烟气中 SO_3 含量的增加，烟气的酸露点会明显升高。酸露点的升高，必然要求提高锅炉的排烟温度，否则会使烟气中的酸性气体凝结在烟道壁面上，造成严重的腐蚀；但在提高排烟温度的同时，必然增加了锅炉的排烟损失，从整体上降低了锅炉的热效率，造成了能源的浪费。

2）SCR 催化剂和空气预热器的不利影响。当 SCR 装置中 NH_3 过量时，便会与烟气中产生的 SO_3 反应生成铵盐，进一步堵塞催化剂表面的空隙，使其活性降低甚至失效，从而影响 NO_x 脱除效率。燃烧高硫煤时，烟气中 SO_3 经空气预热器的换热作用会使酸雾凝结，进一步与烟气中的 NH_3 发生反应：

$$2NH_3 + H_2SO_4 \longrightarrow (NH_4)_2SO_4$$

$$NH_3 + H_2SO_4 \longrightarrow NH_4HSO_4$$

生成的硫酸铵和硫酸氢铵呈黏稠状且不易清理，会造成空气预热器的腐蚀和堵塞。另外，若烟温低于酸露点，也会有硫酸冷凝附着在飞灰上，形成沉淀物，使空气预热器积灰和结垢，甚至影响到电除尘器。这种堵塞会增加烟道的阻力，增加引风机的功率消耗，甚至迫使停炉清理空气预热器堵灰。为预防这种现象的发生，就必须增加空气预热器定时清洗系统，这必然会增加设备投资。

（3）降低 SCR 催化剂对汞的氧化能力，增加烟气脱汞的难度；影响灰和活性炭（如有）吸附汞的效果，因为 SO_3 也会和汞争夺活性炭。

（4）由于灰饼变黏，如有布袋除尘器，则清灰困难，造成堵塞，系统阻力增大。

（5）SO_3 对环境的影响是硫酸气溶胶会造成烟囱的排烟出现蓝色或黄色（蓝色烟羽/黄色烟羽，见图 7-21），并加长可见烟羽轨迹，降低当地大气的能见度，图 7-22 显示了脱除 SO_3 前后烟羽的对比。

图 7-21　电厂蓝烟/黄烟例子

图 7-22 某电厂脱除 SO_3 之前/之后烟囱烟羽的对比

首次发现 SO_3 引起的蓝烟是在 2000 年，美国电力公司的 Gavin 电厂的总容量为 2600MW 锅炉上安装了 SCR 之后，发现出现蓝烟现象，国内多家电厂也已报告出现了蓝烟/黄烟。电厂的蓝烟/黄烟问题主要是由两个因素造成的：

1）烟气中 SO_3 的浓度过高。

2）采用了湿法 FGD 工艺，使得烟气中的水分处于饱和状态。蓝烟/黄烟不是 NO_x 引起的。

原因为：

1）烟气中 95%以上的 NO_x 是 NO，NO 是无色透明的气体。

2）NO 在空气中会被氧化生成棕黄色的 NO_2，在空气中氧化速度很慢，但是在有臭氧存在的条件下，可很快被氧化；美国纽约州的一个电厂发现在离烟囱出口较远处出现了黄烟，但仅仅出现在夏季，即臭氧季节。

3）很多案例是在安装 SCR 之后，NO_x 的浓度大大降低后才出现了蓝烟/黄烟问题，因此在逻辑上也不成立。很多电厂发现，只要停运湿法 FGD，就不会出现蓝烟/黄烟了，这证明了蓝烟/黄烟是由湿法 FGD 引起的。

如果不形成硫酸的气溶胶，SO_3 是无色的气体，即使 SO_3 浓度很高，也不会出现蓝烟/黄烟，这就是不采用湿法脱硫的电厂不会出现蓝烟/黄烟原因。湿法 FGD 即使安装了 GGH，由于再热后的烟气温度仍低于烟气的硫酸露点温度，因此不能解决蓝烟/黄烟问题。

蓝烟/黄烟对人体影响为：

1）由于硫酸的出口浓度只有 10^{-6} 数量级，经过大气的稀释之后，没有证据发现低浓度的硫酸气溶胶对人体有害；但是硫酸气溶胶与烟气和大气中的金属微粒相结合，形成 $PM_{2.5}$ 对人体有毒害作用。

2）硫酸气溶胶对环境有一定的影响，进入大气后烟气中的硫酸气溶胶会成为凝结中心并生成霾，降低了大气的能见度。即使很低浓度的硫酸气溶胶对于局地的大气能见度的影响也是非常显著的。

出现蓝烟/黄烟的具体原因是：

1）湿烟气中含有 SO_3 生成的硫酸气溶胶。

2）湿烟气中亚微米粉尘颗粒，作为 H_2SO_4 的凝结中心，加强了凝结过程。

3）硫酸气溶胶的直径很小，对光线产生散射，散射强度与波长的 4 次方成反比。

4）颗粒直径越小，对于短波长的散射越强，因此使得烟羽呈现蓝色；而在烟羽的另一侧会呈现黄褐色，蓝烟/黄烟实际上是一个问题。

烟羽的颜色和不透明度（浊度）取决于：气溶胶的浓度、大小；太阳光的角度；烟气的温度及大气环境条件。

经验表明，当烟气中的硫酸气溶胶的浓度超过（5～10）$\times10^{-6}$（体积）就有可能会出现蓝烟/黄烟，（10～20）$\times10^{-6}$时，出现蓝烟/黄烟的概率很高；硫酸气溶胶的浓度越高，则颜色越浓且烟羽的长度也越长，严重时甚至可落地。对于燃煤含硫量 $S_{ar}<1\%$的煤，如采用湿法 FGD 吸收塔，但不安装 SCR，那么出现蓝烟/黄烟的概率不大；但是如果加装了 SCR，那么就有很大的可能出现蓝烟/黄烟问题；对于燃煤 $S_{ar}>1.5\%$，即使不安装 SCR，只安装静电除尘器和湿法 FGD 吸收塔，烟囱入口烟气中的 SO_3/硫酸浓度就将超过 10×10^{-6}，出现蓝烟/黄烟的可能性很高。今后蓝烟/黄烟对电厂运行和周边环境的影响将会日益受到重视，原因是机组都安装了 SCR 脱硝系统和湿法脱硫系统，据美国 EPA 估计，约 75%的安装了 SCR+湿法 FGD 的电厂会受到蓝烟问题的困扰；$PM_{2.5}$与蓝烟之间的关系将更加受到公众的关注。

2. SO_3 的控制策略

在了解 SO_3 的形成和问题后，可采取一个三步控制 SO_3（蓝烟/黄烟）的策略。

第一步：摸底测试。弄清现有电厂的设计和运行中 SO_3 的产生和脱除的情况；需要进行一些测试，以便了解各个子系统 SO_3 的增加和减少的实际情况；检查试验得到的数据是否和电厂的历史数据相一致是非常重要的。

第二步：评估。对所提出的改变电厂设备和运行方式对 SO_3 排放的影响进行评估，这就需要以电厂的具体条件和类似配置的电厂的经验为基础，研究一个最有可能发生的 SO_3 生成和脱除情况，为了得到优化的控制策略，需要借助一些分析工具（如 CFD）来研究多种工况下的控制效果。

第三步：选择可用的 SO_3 控制工艺。这些可选工艺包括：

（1）燃烧低硫煤。电厂使用低硫煤、混煤是降低烟气中 SO_2 和 SO_3 最直接的方法。燃烧低硫煤可降低烟气中 SO_2 的浓度，从而减少在炉膛内或 SCR 反应器中生成的 SO_3 的量。当全部更换为低硫煤较困难时，可进行不同比例的低硫煤掺烧。掺烧低硫煤的可行性取决于电厂的具体情况，如长期的低硫煤的供应、磨煤机出力、炉内结渣倾向、SCR 催化剂中毒、静电除尘器的适应能力等。同时，还需要解决如混煤场、输煤皮带、设备的磨损等问题。

（2）选用低转换率的 SCR 催化剂。在选择 SCR 催化剂时，尽量选用对 SO_2 氧化率低的催化剂材料，但是价格会高许多。

（3）喷碱性吸收剂。喷射碱性吸收剂的位置有多种选择，可采取炉内喷射和炉后喷射两种方式。

1）炉内喷射碱性吸收剂。通过向炉内喷射碱性吸收剂，如 $Mg(OH)_2$，可有效脱除燃烧过程中产生的 SO_3。在炉膛上部喷入 $Mg(OH)_2$ 浆液，浆液迅速蒸发变成 MgO 颗粒，然后与 SO_3 反应生成 $MgSO_4$。美国 Gavin 电厂长期的现场运行数据表明，当 Mg/SO_3 摩尔比为 7 时，SO_3 的脱除率可达 90%。

炉内喷镁技术可有效地脱除燃烧过程中产生的 SO_3，降低 SCR 反应器入口烟气中 SO_3 的浓度，避免在低负荷运行时产生硫铵盐，可拓宽 SCR 运行温度窗口，使 SCR 在低负荷下运行。同时，可降低酸露点，降低空气预热器出口烟气温度，提高锅炉热效率；降低尾部受热面的腐蚀，减少设备的维护。但该技术对 SCR 中产生的 SO_3 的脱除率相对较低。

2）炉后喷碱性吸收剂。如安装烟道喷射系统（DSI，Dry Sorbent Injection），可用的喷射吸收剂有天然碱、消石灰、氢氧化镁浆液、亚硫酸氢钠、倍半碳酸钠等。

（4）采用干法/半干法 FGD 工艺，如旋转喷雾法、CFB-FGD 法，它们以 CaO 为吸收剂，类似 DSI 系统，脱除烟气中 SO_3 的效果更佳。

（5）采用比常规电除尘器脱 SO_3 效果更好的低低温电除尘器系统或布袋除尘器。

（6）增加湿式电除尘器 WESP。WESP 的工作原理和干式的类似，都是高压电晕放电使得粉尘荷电，荷电的粉尘在电场力的作用下到达集尘板。一般是在入口气体含尘浓度很低、要求的排放标准又相当严格时（$5mg/m^3$）才采用。

干法和湿法 ESP 有二处关键的不同点：

1）经过脱硫洗涤后的湿烟气在 WESP 中，细粉尘表面被饱和水蒸气润湿活化使其比电阻降低，容易荷电，改善了 ESP 的伏安特性，提高了运行电压和电流。烟气中 SO_3 以 H_2SO_4 气溶胶形式也容易被荷电并收在集尘板上，效果比干式 ESP 效果要显著得多。

2）WESP 集尘极表面可采用连续水喷洗，不像干 ESP 那样采用震打方式，湿式除尘的最大优点是捕集到的灰粒被再次携带的数量减少了。WESP 能有效地收集细灰粒和像 H_2SO_4 样的酸雾，对 SO_3 酸雾脱除率在 50%～65%，低于固体细颗粒；不过燃用高硫煤时，即使安装 WESP，也可能出现明显蓝烟现象，并会影响 WESP 系统的运行电压。

在选择了对电厂适用的控制工艺后，需要进行技术经济分析，以便选出性价比最好的，并能满足环保要求的方案。下面重点对烟道喷射 DSI 和干法 FGD 来脱除 SO_3 做介绍。

3. 烟道喷射 DSI 法

在烟道中喷入碱性干式吸收剂与 SO_3/H_2SO_4 气体反应形成硫酸盐固体颗粒，颗粒物最终被收集下来，这可有效降低 SO_3 的质量浓度。干式吸收剂在常态下可安全存放和输送，且系统投资不高，未喷射吸收剂粉时，喷枪仍然喷空气以避免烟气反窜。配合布袋除尘器和电除尘器，SO_3 的脱除率可达到 90%以上，和 WESP 比较，简易且投资低。炉后喷射碱性吸收剂的位置有多种选择，如图 7-23 所示。

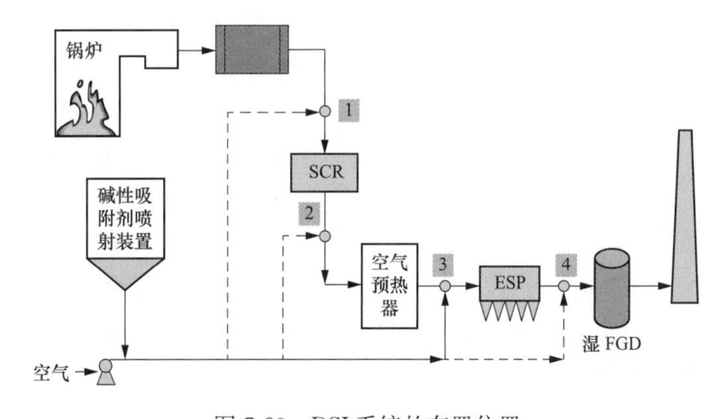

图 7-23 DSI 系统的布置位置

（1）SCR 之前喷射（位置 1）。

1）SCR 之前喷射可使烟气进入 SCR 中 SO_3 的含量保持较低浓度，保证 SCR 在低 SO_3 浓度下脱硝的正常工作，减少与氨的反应，从而在一定程度上避免了硫酸氢铵在催化剂表面的沉积。

2）SCR 入口烟气中 SO_3 含量降低还可扩宽 SCR 运行温度范围，降低 SCR 催化剂的最低运行温度，可保证 SCR 在锅炉低负荷运行时脱硝的能力。

美国 AECOM 公司通过在 SCR 的上游喷射 Na_2CO_3 溶液，SCR 出口 SO_3 浓度可降低到 1×10^{-6}（体积）以下，SCR 催化剂的最低运行温度降至 280℃，已成功安装在 25 台锅炉上，总装机容量超过 15 000MW。

但是如果 SCR 前端烟气气流组织不好，会引起 SCR 积灰，造成吸附剂未能有效吸附 SO_3，运行成本增加。

（2）SCR 与空气预热器之间喷射（位置 2）。位置 2 是炉后常用的喷射位置，即在空气预热器前喷入碱性吸收剂。

研究发现，在空气预热器前喷入碱性吸收剂脱除烟气中的 SO_3，可减少硫酸氢铵的生成，避免空气预热器的堵塞；降低酸露点，降低空气预热器出口的烟气温度，提高了锅炉的热效率，降低了尾部受热面的腐蚀，减少了设备的维护。

美国 D&G 公司的“清洁烟囱”技术就是通过往烟气中喷入粒径为 2～3μm 的石灰石粉，喷入位置在空气预热器前，细小的颗粒物能为烟气中的 SO_3 酸雾和水分的凝结提供核心（载体），因而能够降低 SO_3 的质量浓度。

D&G 公司在 Chester-field 电厂使用了该技术，运行数据表明在静电除尘器入口，SO_3 的脱除率为 49.3%。

（3）空气预热器与电除尘器之间喷射（位置 3）。美国电力科学研究院通过在空气预热器与静电除尘器之间喷 $Ca(OH)_2$、$NaHCO_3$ 等碱性吸收剂脱除烟气中的 SO_3，但该技术需要高的吸收剂喷射量才能达到较高的 SO_3 脱除率，同时，钙基吸收剂增加了飞灰的比电阻，降低了电除尘器的效率。

在空气预热器与静电除尘器之间喷氨可达到较高的 SO_3 脱除率，工程应用结果表明，当 NH_3/SO_3 摩尔比为 1.5～2.0 时，SO_3 脱除率可达 95%以上；同时，反应生成的硫铵盐可对飞灰进行调质，提高静电除尘器的性能。

该技术面临的最大问题是飞灰处理问题，由于飞灰中含有 $(NH_4)_2SO_4$ 和 NH_4HSO_4，在飞灰处理和应用过程中会不断地释放氨气，对人体健康带来危害。

（4）在电除尘器之后吸收塔前喷射（位置 4）。在湿法吸收塔前喷射吸收剂不能避免 SO_3 对 SCR 催化剂、空气预热器等的不利影响，无法缓解吸收塔前的设备的腐蚀、积灰、堵塞。

可有多种钙、镁、钠基碱性吸收剂供优化选择，常用的吸收剂是天然碱、$NaHCO_3$、Na_2CO_3、消石灰 $Ca(OH)_2$、高比表面积的生石灰（CaO）、$NaHSO_3$、$Mg(OH)_2$、氨和其他类似特性的产品，表 7-8 列出了常用吸收剂的性价比。美国巴威公司的移动式试验设备可将吸收剂粉喷射在烟道中，如图 7-24 所示。

表 7-8　常用吸收剂的性价比

吸收剂	效果	相当的投资费用	相当的运行费用	相当的维护费用
天然碱	好	低	低	低
氨 NH_3	适用于低浓度的 SO_3	低，因在 SCR 中已有 NH_3	低	低

续表

吸收剂	效果	相当的投资费用	相当的运行费用	相当的维护费用
Mg $(OH)_2$	好，但适宜炉膛内喷射	中等—喷浆液	高	中等
消石灰 Ca $(OH)_2$	好，但对 ESP 性能有影响	低	低	中等偏低
$NaHSO_3$	好	中等—喷浆液	高	高
CaO	好至优良	低	低	中等偏低

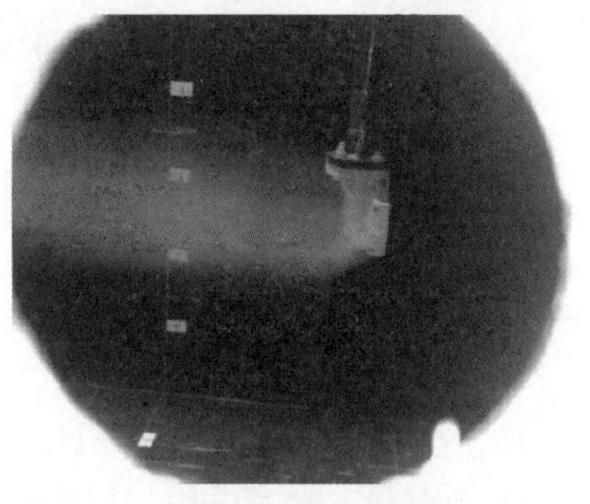

图 7-24　移动式设备喷射吸收剂粉

1）天然碱。分子式为 $Na_2CO_3 \cdot NaHCO_3 \cdot 2H_2O$，平均粒径 35～40μm，水分小于 0.04%，如图 7-25 所示。在 ESP 前喷入天然碱可对灰粒的物理化学特性进行调质，降低灰的比电阻，加强捕捉 SO_3/H_2SO_4，也加强了 ESP 对细灰粒的捕捉能力。大多数是喷入干粉，也有将粉调制成浆液雾化喷入。天然碱中的碳酸钠喷入烟道中被加热会引起“爆米花”现象，快速增加了反应表面积和活性，如图 7-26 所示。

天然碱中的碳酸钠吸收 H_2SO_4 反应如下：

图 7-25　天然碱吸收剂

$$2Na_2CO_3 \cdot NaHCO_3 \cdot 2H_2O \longrightarrow 3Na_2CO_3 + CO_2 + 5H_2O$$

$$Na_2CO_3 + H_2SO_4 \longrightarrow Na_2SO_4 + CO_2 + H_2O$$

$$Na_2SO_4 + H_2SO_4 \longrightarrow 2NaHSO_4$$

Na/SO_2 摩尔比是 3，此值越高，SO_3 脱除率越高。如同其他的钠基吸收剂，天然碱的活性强，有利于吸收 SO_3，但必须考虑推荐的烟气温度范围：135～177℃和 216～371℃。在 177～216℃之间，可考虑用液态 $NaHSO_3$，如果烟温高于 177℃，也可喷空气快速冷却烟气。

2）碳酸氢钠 $NaHCO_3$（俗称小苏打）。如图 7-27 所示，平均粒径 100μm，呈结晶状态运输，物料输送最便利，来源于天然碱。

碳酸氢钠吸收酸雾最有效，但是由于价格原因一般用于脱除 SO_2。碳酸氢钠必须磨细才有高活性，如同天然碱，它能提高飞灰的碱性，也能在烟道呈“爆米花”现象迅速增加反应表面积和活性。吸收反应如下：

图 7-26 天然碱的“爆米花”现象

图 7-27 碳酸氢钠粉

$$2NaHCO_3 + SO_2 + \frac{1}{2}O_2 \longrightarrow Na_2SO_4 + 2CO_2 + H_2O$$

$$2NaHCO_3 + SO_3 \longrightarrow Na_2SO_4 + 2CO_2 + H_2O$$

$$NaHCO_3 + HCl \longrightarrow NaCl + CO_2 + H_2O$$

3）消石灰。分子式 $Ca(OH)_2$，平均粒径 2～3μm，如图 7-28 所示，其反应活性低于钠基吸收剂，可能会增加灰的比电阻，使 ESP 的性能受影响。

图 7-28 石灰石和消石灰 $Ca(OH)_2$

吸收反应如下：

$$Ca(OH)_2 + H_2SO_4 \longrightarrow CaSO_4 + 2H_2O$$

$$Ca(OH)_2 + SO_2 + \frac{1}{2}O_2 \longrightarrow CaSO_4 + H_2O$$

$$Ca(OH)_2 + 2HCl \longrightarrow CaCl_2 + 2H_2O$$

喷吸收剂系统设计要点为：

a. 数台锅炉数量可共用一套 DSI 系统，从一个共用的大粉仓中气力送粉到喷射点附近的日用粉仓。

b. 采用流化风或仓振动器促使粉流出日用粉仓，重力下流至连续运行的计量式给料机。正压稀相输粉管上设一系列的分支管将粉送到独立的烟道喷射枪中。为了提高 SO_3 脱除率，也可安装管道磨机进一步降低粉的粒径。

c. 为了连续喷入足量的吸收剂粉，设备配置要有冗余度。根据吸收剂品种，选择设备时应考虑到与水分有关的潜在问题。也可考虑喷活性炭脱 Hg 的功能。

d. 为保证喷入的吸收剂有最佳的分布和高利用率，往往采用 CFD 模型来设计吸收剂喷嘴的布置。

4. 干法与湿法 FGD 联合的 IAQCS 工艺

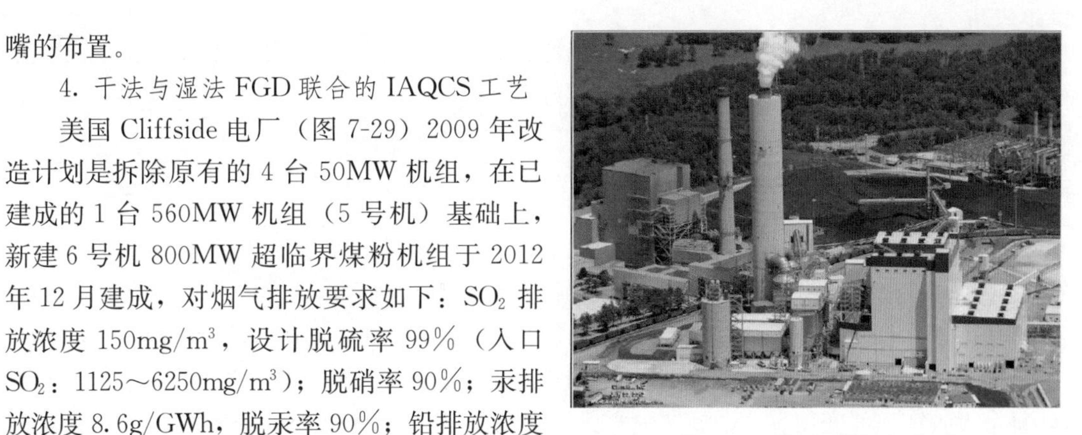

图 7-29　美国 Cliffside 电厂

美国 Cliffside 电厂（图 7-29）2009 年改造计划是拆除原有的 4 台 50MW 机组，在已建成的 1 台 560MW 机组（5 号机）基础上，新建 6 号机 800MW 超临界煤粉机组于 2012 年 12 月建成，对烟气排放要求如下：SO_2 排放浓度 150mg/m^3，设计脱硫率 99%（入口 SO_2：1125～6250mg/m^3）；脱硝率 90%；汞排放浓度 8.6g/GWh，脱汞率 90%；铅排放浓度 2.75μg/m^3；硫酸烟雾排放浓度 6.25mg/m^3；总粉尘（PM_{10}）排放浓度 22.5mg/m^3；烟气浊度 20%。为达到当时严格的环保排放要求，通常需要安装：ESP 或 FF 用于除尘；湿法 FGD 脱除 SO_2 和酸性气体；湿式电除尘器 WESP 以除去硫酸气溶胶。Cliffside 电厂经过比较，最终决定采用美国 Alstom 公司的干法与湿法 FGD 联合的集成空气质量控制系统（IAQCS，Integrated Air Quality Control System）工艺，其流程图如 7-30 所示。IAQCS 由干法 FGD 和湿法 FGD 结合而成，这是两种成熟工艺的结合，因而系统可靠。干法 FGD 负责硫酸烟雾、HCl、汞的脱除；湿法 FGD 负责脱除 SO_2，并对汞、HCl 进行进一步脱除；湿法脱硫石膏的冲洗水返回到干法系统，在干法吸收塔内被干燥，固体物由布袋除尘器收集，系统没有废水排放，省去了湿法的废水处理系统。IAQCS 的设计满足很宽范围的煤种变化，见表 7-9，同时锅炉采用 SCR 脱硝工艺。

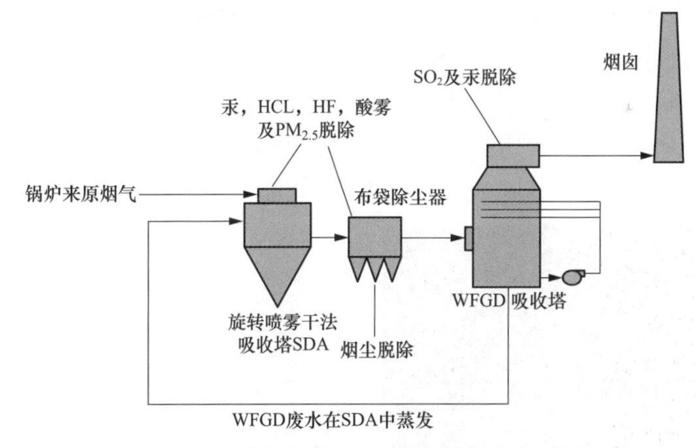

图 7-30　干法与湿法 FGD 联合的 IAQCS 流程

表 7-9　Cliffside 电厂的燃煤和烟气数据

项目	最低	最高
高位发热联 HHV（kJ/kg）	23 192	30 833
全水分（%）	4.57	19.99
应用基灰分（%）	2.81	27.36
应用基含硫量（%）	0.52	3.34
原烟气 SO_2 浓度（mg/m^3）	1125	6250
应用基含氯量（10^{-6}，质量分数）	156	3000

续表

项目	最低	最高
应用基含汞量（10^{-6}，质量分数）	0.03	0.18
SO_3 浓度	最高为 SO_2 含量的 1.7%	
烟气量（m^3/h，实际）	4 422 470	
烟气温度（℃）	135±5	

IAQCS 工艺流程的要点如下：

（1）干法 FGD 系统。采用 Alstom 典型的旋转喷雾干法 SDA（Spray Dry Absorber），工艺设计，烟气在 SDA 系统中因喷入了 CaO 浆液被冷却；烟气中的 SO_3 凝结为硫酸烟雾，与吸收剂反应生成 $CaSO_4$，并被 FF 捕集。干法 FGD 系统共有两个直径为 20m 的 SDA 吸收塔，每个吸收塔顶部安装有 3 个旋转喷雾头，如图 7-31 所示；SDA 的蒸发能力同时满足 5、6 号机的湿法 FGD 冲洗水水量。根据经验和试验装置的测试，估计 SDA 系统出口的烟气硫酸烟雾浓度低于 1×10^{-6}，大约有 85%～90%的汞可在干法系统中被捕集；大部分的 HCl 和 HF 在 SDA 系统中与吸收剂反应，生成物被 FF 捕集；为了节约吸收剂石灰的耗量，SDA 系统的脱硫率被降到最低。脱硫产物 $CaSO_3$ 和 $CaSO_4$ 由 FF 捕集。由于湿法 FGD 系统使用廉价的石灰石作为吸收剂，因此 SO_2 的脱除主要在湿法 FGD 中进行；Alstom 的湿法 FGD 脱硫率可达到 99%；HCl、HF 和氧化汞可在湿法洗涤塔中得到进一步脱除。湿法 FGD 石膏冲洗水返回到干法系统，用于石灰的消化或烟气降温，其中的溶解盐和固体颗粒，在水分被蒸发后由 FF 捕集；湿法 FGD 系统不再设置废水处理系统，不但节省了投资费用，也降低了有关的运行费用，包括能源、药品和维护费用。

（2）湿法 FGD 系统。设计脱硫率为 99%，采用变径喷淋空塔，如图 7-32 所示，浆液池的直径比喷淋段大，以保证浆液有足够的停留时间；吸收塔材料为 2205，允许浆液中 Cl^- 浓度为 12×10^{-6}（质量分数）；设置 5 层喷淋层和 5 台循环泵，烟气流速为 3.96m/s；为避免浆液循环泵故障或其他原因造成脱硫下降，安装了有机酸添加系统。6 号机的湿法 FGD 的公用系统与 5 号机的公用系统合用；采用两台出力为 48t/h 卧式球磨机磨制石灰石浆液；石膏一级脱水为水力旋流器，二级脱水为真空皮带机。

图 7-31　SDA 旋转喷雾头

图 7-32　湿法 FGD 吸收塔

（3）布袋除尘器。采用 Alstom 的 LKP 中压脉冲冲洗设计，共两列，每列有 12 个小室；布袋长度为 8m，布袋材料为带涂层的 PPS/P84 混合编织材料。

现场 IAQCS 烟气系统流程（图 7-33）如下：烟气从两个空气预热器出来后，烟道合并为一个烟道，垂直上升到两个分别处理 50%烟气量的干法 FGD（喷雾干燥吸收工艺，SDA）入口，干法 FGD 处理后的烟气各自进入相应的袋式除尘器 FF；从 FF 出来的烟气进入两个增压风机；经增压的烟气合并后进入湿法 FGD 洗涤塔；洗涤后的净烟气进入双管烟囱的一个排烟筒后排放到大气。

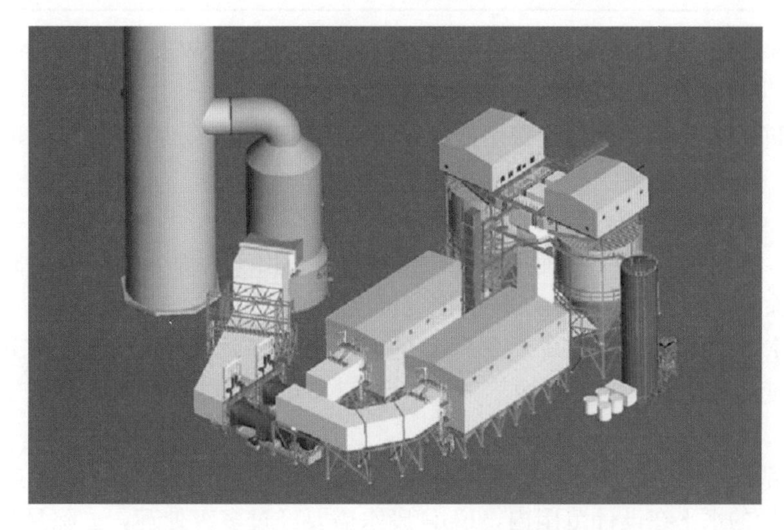

图 7-33　美国 Cliffside 800MW 机的 IAQCS 系统示意

尽管 IAQCS 的主要部分是非常成熟的干法和湿法 FGD，但还是在 Cliffside 电厂进行了中试，如图 7-34 所示，中试的目的是：①确立 SO_3 和 HCl 的脱除效率和极限；②明确洗涤塔排出浆液的干燥特性；③钙硫比、温度和排出浆液参数有关的研究；④考察微量污染物的影响；⑤收集并分析灰样。中试的结果表明：SO_3 排放很低（$<1\times10^{-6}$）；在存在 SO_2 时，可进行 HCl 的选择性脱除；明确了石灰作为吸收剂时的钙硫比；湿法 FGD 的废水可得到有效的干燥；对灰样的分析表明可满足水泥生产的要求。

图 7-34　Cliffside 电厂的 IAQCS 中试装置

2012 年 12 月，对投运后的 IAQCS 进行了测试，结果见表 7-10，可见系统完全达到了预期目标。

表 7-10　Cliffside 电厂 IAQCS 测试结果

项目	允许值	测试值
SO_2 排放浓度（mg/m^3，30 天滚动平均）	150	24.6
NO_x 排放浓度（mg/m^3，30 天滚动平均）	86	61.5
PM_{10}（可过滤）（mg/m^3）	14.75	2.2
PM_{10}（可过滤和可凝结）（mg/m^3）	22.5	5.4

续表

项目	允许值	测试值
浊度（%）	20	4.6（连续浊度仪监测）
硫酸雾（mg/m^3）	6.25	2.6
汞（lb/GWh，12个月滚动平均）	0.019	达标
铅（$\mu g/m^3$）	2.75	0.58
HCl（t/年）	<10	低于仪器测量下限
CO（mg/m^3）	147.6	80

IAQCS中采用干法FGD来脱除粉尘和硫酸烟雾，与采用WESP相比，其优点是：

1）干法FGD材料采用碳钢，而WESP必须用合金钢。

2）干法FGD设计简单，建设费用低，WESP必须现场合金焊接，合金钢的市场价格变动很大。

3）干法FGD的运行和检修费用比WESP低。

4）燃料多样性和湿法FGD使用低品位结构材料。由于大部分烟气中的HCl已经在干法FGD中被除去，湿法FGD中的Cl^-的浓度可控制在12×10^{-3}（质量分数）之内；如今后使用高浓度Cl^-的燃煤，只要提高干法FGD的HCl脱除率，就可保持湿法FGD中的Cl^-的水平；Cl^-浓度的降低可用低品位的不锈钢（如2205）作为结构材料，降低了投资和运行费用。

5）FGD系统不设置废水处理系统。通常的湿法FGD需要排出大量的含Cl废水，以保持浆液中的Cl^-的水平在设计范围内，FGD废水需要经过多级处理，去除悬浮固体物、重金属和有机成分后达标排放。在IAQCS中，废水返回到干法的制浆系统或吸收塔中蒸发，不需要处理FGD废水，因此节省了大量系统补充水；在燃煤中含氯量增加时，节水的效果更加明显。这样电厂可省去投资和运行费用很高的FGD废水处理系统；电厂也无需向环保当局申请、监督和报告废水排放的情况。

6）脱汞能力强。根据燃料中的含氯量和采用SCR脱硝，因此有相应程度的汞的氧化。干法和湿法FGD都会对汞有协同控制作用；在IAQCS中干法FGD和湿法FGD是串联布置的，大部分的汞在干法FGD中已被脱除，湿法FGD起补充完善的作用；由于湿法FGD捕获的汞量很少，因此不会有明显的汞的再释放，也不会影响石膏的汞含量。

7）对粉煤灰的利用影响也很小。在干法FGD中加入的石灰主要用于脱除SO_3和部分HCl，用量有限，因此对粉煤灰成分的影响不大；对于Cliffside 6号机，燃煤灰分为17.96%，SO_2为4500mg/m^3，Cl为531×10^{-6}时，搜集的飞灰的增加量不到5%；但是当燃煤的含氯量和含硫量增加时，影响会加大。试验结果表明，对水泥中的综合利用没有影响。

综上所述，IAQCS以一种创新的方法将干法和湿法FGD系统结合了起来，其结果是可满足严格的排放标准的要求，包括SO_3、重金属Hg等，并且其寿命期成本要比其他竞争工艺低。费用节省的主要原因是用干法FGD来代替WESP，以及省去了WFGD的废水处理系统；布袋除尘器设置在干法脱硫的下游，工作温度低、腐蚀减少、运行寿命延长、水耗降低；WFGD的烟道和烟囱可用便宜的普通材料制作。另外，IAQCS强化了汞的协同控制功能，提高了汞的脱除率。

IAQCS 实际上是在湿法脱硫之前又加了一个干法 FGD 装置。干法 FGD 的优点为：

1）干法烟气脱硫对于 SO_3 的脱除率很高，一般可达到 99%以上。

2）干法脱硫后的烟气酸露点温度大大降低，一般在 60℃以下，因此未脱除的 SO_3 不会生成硫酸气溶胶，不会出现蓝烟/黄烟。

3）干法烟气脱硫的烟温高于烟气水露点温度，因此一般不会产生由水蒸气形成的白色可见烟羽。

4）干法烟气脱硫对烟道和烟囱腐蚀问题小，也不会在烟囱周围形成烟囱雨。

7.3.4 FGD 吸收塔协同脱除汞（Hg）

《火电厂大气污染物排放标准》（GB 13223—2011）首次提出汞及其化合物的排放要求。研究表明，在燃烧过程中汞的化学形态可分为三种（图 7-35）：单质（元素态）汞、颗粒态（吸附态）汞及氧化态（二价）汞。其中较容易脱除的为二价汞（Hg^{2+}），其结合形式多为卤化物，氧化态汞在 FGD 系统中可被有效除去，颗粒态汞可在除尘器中被吸附去除，因此如何脱除元素态汞成为汞治理的关键。现有的试验及研究表明，SCR 脱硝装置对于元素态汞转化为氧化态汞有促进作用，但其主要转化机理及相关参数尚未完全清楚，汞的氧化效果与煤种、运行参数、催化剂种类等各种因素有关。湿法 FGD 吸收塔能吸收大部分的氧化态汞，但是由于石灰石浆液中存在亚硫酸盐，会使得部分氧化态汞被还原成元素态汞，重新回到烟气中被排入大气，这些问题给汞的治理带来了一定挑战。

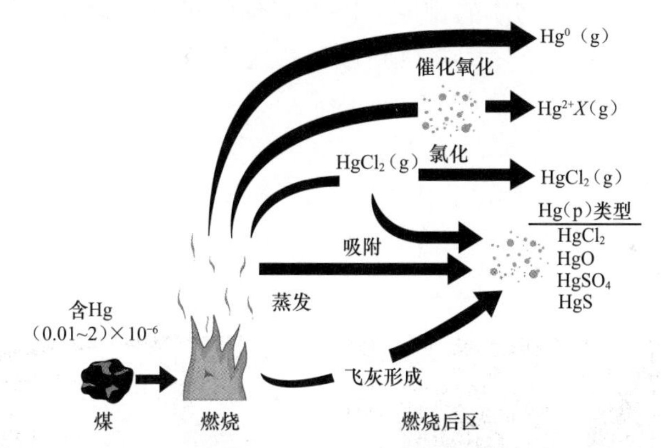

图 7-35 煤燃烧过程中汞的三种化学形态

目前，可将燃煤脱汞技术分为燃烧前脱汞、燃烧中脱汞和燃烧后脱汞三大类脱汞措施。

（1）燃烧前脱汞技术就是洗煤，在煤粉还未进行燃烧时，基于物化性质的差异，采用物理或化学方法将煤中的汞分离出来进行脱除的技术。洗煤可除去 As、Pb、Se、Hg 和 Ni 等痕量元素；浮选法与煤种、煤粉颗粒、浮选剂等因素有关，只能对某些特定的元素有效；化学法对 Cd、Co、Pb、Cu、As 等元素的控制效果比较明显。若我国能够在洗煤技术上有所改进，开发出效率较高、投资较低的洗煤技术，能够在一定程度上限制燃煤烟气中的汞排放。

（2）燃烧中脱汞技术。改进煤粉的燃烧方式、在煤粉燃烧过程中添加卤化物等方式以增加燃煤烟气中氧化态汞的比例，达到降低燃煤烟气中 Hg^0 的排放量的目的。

（3）燃烧后脱汞技术也称为烟气脱汞技术。煤在燃烧室进行燃烧后，汞会进入燃煤烟气，再对含汞的烟气采取除汞措施，以减小燃煤烟气中的汞浓度，控制汞的排放。目前已经进行研究的烟气脱汞技术包括电厂常规烟气处理设施脱汞技术、吸附法（活性焦等）脱汞技术、液相氧化吸收技术、零价汞的氧化及催化脱除技术、零价汞的光催化脱除技术等。

联合国环境规划署2010年颁布的“燃煤电厂汞减排最佳工艺指南”，对这些技术和实践描述如下：

1）活性炭喷射脱汞技术（ACI）已在一些全烟气系统上使用，目前实现了商业化。ACI必须和颗粒物控制设备联用，如电除尘器（ESP）和布袋除尘器（FF）。经过化学处理的活性炭可去除90%以上的汞，相比未经处理的活性炭的喷射量也显著降低。

2）对老旧锅炉的运行方式进行改造可减少7%的汞排放。许多现役机组可通过检修提高效率和产出以减少汞排放。传统的洗煤技术平均可减少30%的汞，但对于不同煤矿的煤炭，洗煤的除汞率在很大的范围里变化。化学洗煤方法可去除70%左右的汞。通过混煤最多可减少80%的汞。通过添加卤素添加剂，特别是含溴添加剂，可减少80%的汞。

3）提高ESP和FF的除尘效率可将其除汞率分别提高30%和80%以上。湿法脱硫可去除90%以上的汞。SCR脱硝可将烟气中氧化汞的比例提高到85%，从而提高湿法脱硫的脱汞率。

4）多污染物控制技术可同时控制几种污染物，包括汞，因而具备成本优势。但是这些技术仍需要经过更多的商业示范积累经验。

美国环保署2011年12月21日公布了首个全国性的发电厂汞和有毒空气污染物排放标准，要求发电厂减少汞等有毒物质的排放，以更好地保护公众健康。根据新标准，自2016年起，发电厂必须采用目前广泛使用并得到认证的污染控制技术，大幅度削减汞、砷、镍、硒、酸性气体、氰化物等有毒物质的排放，因此在现阶段，美国即考虑采用高效但昂贵的ACI技术来进行脱汞。在火电厂烟气脱汞技术发展方面，美国走在世界的前列，对其中一部分电厂采用活性焦脱汞工艺，美国已有多个大机组完成烟气脱汞工程应用，图7-36和图7-37分别为美国堪萨斯州Council Bluffs 4号790MW机组活性焦脱汞工艺喷射点及活性焦脱汞工艺储罐。

图7-36　美国Council Bluffs 4号790MW机组活性焦脱汞工艺喷射点

图7-37　美国Council Bluffs 4号790MW机组活性焦储罐

随着污染控制技术的不断发展和环保要求的日益提高，国家对燃煤电厂的污染排放控制也做出了越来越严格的规定，2016年4月28日，第十二届全国人民代表大会常务委员会第二十次会议决定：批准2013年10月10日由中华人民共和国政府代表在日本熊本签署的

《关于汞的水俣公约》，这为我国的汞治理指明了方向，也对我国国内汞的使用和排放做出了明确限制。可以预期，今后国家将会对燃煤电厂的汞等重金属的排放控制提出更高的要求，电厂也会相应地采取专门的汞减排技术手段。在 SCR＋ESP/FF＋WFGD（＋WESP）的基础上，一些简单的汞氧化促进技术（如提高煤或烟气中卤素含量等），以及脱除率一般但廉价的汞吸附剂技术等，有望与电厂已有污染物控制装置相结合而得到较为广泛的应用。

附录Ⅰ

全面实施燃煤电厂超低排放和节能改造工作方案

全面实施燃煤电厂超低排放和节能改造，是推进煤炭清洁化利用、改善大气环境质量、缓解资源约束的重要举措。《煤电节能减排升级与改造行动计划（2014—2020年）》（以下简称《行动计划》）实施以来，各地大力实施超低排放和节能改造重点工程，取得了积极成效。根据国务院第114次常务会议精神，为加快能源技术创新，建设清洁低碳、安全高效的现代能源体系，实现稳增长、调结构、促减排、惠民生，推动《行动计划》"提速扩围"，特制订本方案。

一、指导思想与目标

（一）指导思想

全面贯彻党的十八届五中全会精神，牢固树立绿色发展理念，全面实施煤电行业节能减排升级改造，在全国范围内推广燃煤电厂超低排放要求和新的能耗标准，建成世界上最大的清洁高效煤电体系。

（二）主要目标

到2020年，全国所有具备改造条件的燃煤电厂力争实现超低排放（即在基准氧含量6%条件下，烟尘、二氧化硫、氮氧化物排放浓度分别不高于10、35、50mg/m^3）。全国有条件的新建燃煤发电机组达到超低排放水平。加快现役燃煤发电机组超低排放改造步伐，将东部地区原计划2020年前完成的超低排放改造任务提前至2017年前总体完成；将对东部地区的要求逐步扩展至全国有条件地区，其中，中部地区力争在2018年前基本完成，西部地区在2020年前完成。

全国新建燃煤发电项目原则上要采用60万kW及以上超超临界机组，平均供电煤耗低于300g标准煤/kWh（以下简称g/kWh），到2020年，现役燃煤发电机组改造后平均供电煤耗低于310g/kWh。

二、重点任务

（一）具备条件的燃煤机组要实施超低排放改造。在确保供电安全前提下，将东部地区（北京、天津、河北、辽宁、上海、江苏、浙江、福建、山东、广东、海南等11省市）原计划2020年前完成的超低排放改造任务提前至2017年前总体完成，要求30万kW及以上公用燃煤发电机组、10万kW及以上自备燃煤发电机组（暂不含W形火焰锅炉和循环流化床锅炉）实施超低排放改造。

将对东部地区的要求逐步扩展至全国有条件地区，要求30万kW及以上燃煤发电机组（暂不含W形火焰锅炉和循环流化床锅炉）实施超低排放改造。其中，中部地区（山西、吉林、黑龙江、安徽、江西、河南、湖北、湖南等8省）力争在2018年前基本完成；西部地区（内蒙古、广西、重庆、四川、贵州、云南、西藏、陕西、甘肃、青海、宁夏、新疆12省区市及新疆生产建设兵团）在2020年前完成。力争2020年前完成改造5.8亿kW。

（二）不具备改造条件的机组要实施达标排放治理。燃煤机组必须安装高效脱硫脱硝除尘设施，推动实施烟气脱硝全工况运行。各地要加大执法监管力度，推动企业进行限期治理，一厂一策，逐一明确时间表和路线图，做到稳定达标，改造机组容量约1.1亿kW。

（三）落后产能和不符合相关强制性标准要求的机组要实施淘汰。进一步提高小火电机组淘汰标准，对经整改仍不符合能耗、环保、质量、安全等要求的，由地方政府予以淘汰关停。优先淘汰改造后仍不符合能效、环保等标准的30万kW以下机组，特别是运行满20年的纯凝机组和运行满25年的抽凝热电机组。列入淘汰方案的机组不再要求实施改造。力争“十三五”期间淘汰落后火电机组规模超过2000万kW。

（四）要统筹节能与超低排放改造。在推进超低排放改造同时，协同安排节能改造，东部、中部地区现役煤电机组平均供电煤耗力争在2017年、2018年实现达标，西部地区现役煤电机组平均供电煤耗到2020年前达标。企业尽可能安排在同一检修期内同步实施超低排放和节能改造，降低改造成本和对电网的影响。2016～2020年全国实施节能改造3.4亿kW。

三、政策措施

（一）落实电价补贴政策

对达到超低排放水平的燃煤发电机组，按照《关于实行燃煤电厂超低排放电价支持政策有关问题的通知》（发改价格〔2015〕2835号）要求，给予电价补贴。2016年1月1日前已经并网运行的现役机组，对其统购上网电量每千瓦时加价1分钱；2016年1月1日后并网运行的新建机组，对其统购上网电量每千瓦时加价0.5分钱。2016年6月底前，发展改革委、环境保护部等制定燃煤发电机组超低排放环保电价及环保设施运行监管办法。

（二）给予发电量奖励

综合考虑煤电机组排放和能效水平，适当增加超低排放机组发电利用小时数，原则上奖励200h左右，具体数量由各地确定。落实电力体制改革配套文件《关于有序放开发用电计划的实施意见》要求，将达到超低排放的燃煤机组列为二类优先发电机组予以保障。2016年，发展改革委、国家能源局研究制定推行节能低碳调度工作方案，提高高效清洁煤电机组负荷率。

（三）落实排污费激励政策

督促各地在提高排污费征收标准（二氧化硫、氮氧化物不低于每当量1.2元）同时，对污染物排放浓度低于国家或地方规定的污染物排放限值50%以上的，切实落实减半征收排污费政策，激励企业加大超低排放改造力度。

（四）给予财政支持

中央财政已有的大气污染防治专项资金，向节能减排效果好的省（区、市）适度倾斜。

（五）信贷融资支持

开发银行对燃煤电厂超低排放和节能改造项目落实已有政策，继续给予优惠信贷；鼓励其他金融机构给予优惠信贷支持。支持符合条件的燃煤电力企业发行企业债券直接融资，募集资金用于超低排放和节能改造。

（六）推行排污权交易

对企业通过超低排放改造产生的富余排污权，地方政府可予以收购；企业也可用于新建项目建设或自行上市交易。

（七）推广应用先进技术

制定燃煤电厂超低排放环境监测评估技术规范，修订煤电机组能效标准和能效最低限值标准，指导各地和各发电企业开展改造工作。再授予一批煤电节能减排示范电站，搭建煤电节能减排交流平台，促进成熟先进技术推广应用。

四、组织保障

（一）加强组织领导

环境保护部、发展改革委、国家能源局会同有关部门共同组织实施本方案，加强部际协调，各司其职、各负其责、密切配合。国家能源局、环境保护部、发展改革委确定年度燃煤电厂节能和超低排放改造重点项目，并按照职责分工，分别建立节能改造和能效水平、机组淘汰、超低排放改造、达标排放治理管理台账，及时协调解决推进过程中出现的困难和问题。

各地和电力集团公司是燃煤电厂超低排放和节能改造的责任主体，要充分考虑电力区域分布、电网调度等因素编制改造计划方案，于2016年3月底前完成，报国家能源局、环境保护部和发展改革委。发电企业要按照《行动计划》相关要求，切实履行责任，落实项目和资金，积极采用环境污染第三方治理和合同能源管理模式，确保改造工程按期建成并稳定运行。中央企业要起到模范带动作用。地方政府和电网公司要统筹协调区域电力调度，有序安排机组停机检修，制定并落实有序用电方案，保障电力企业按期完成环保和节能改造。

（二）强化监督管理

各地要加强日常督查和执法检查，防止企业弄虚作假，对不达标企业依法严肃处理；对已享受超低排放优惠政策但实际运行效果未稳定达到的，向社会通报，视情节取消相关优惠政策，并予以处罚。省级节能主管部门会同国家能源局派出机构，对各地区、各企业节能改造工作实施监管。

（三）严格评价考核

环境保护部、发展改革委、国家能源局会同有关部门，严格按照各省（区、市）、中央电力集团公司燃煤电厂超低排放改造计划方案，每年对上年度燃煤电厂超低排放和节能改造情况进行评价考核。

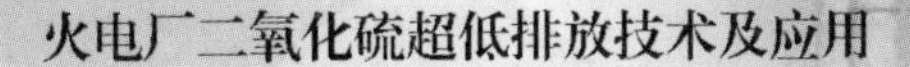

附录Ⅱ

关于实行燃煤电厂超低排放电价支持政策有关问题的通知

国家发展改革委　环境保护部　国家能源局
关于实行燃煤电厂超低排放电价支持政策有关问题的通知
发改价格〔2015〕2835号

各省、自治区、直辖市发展改革委、物价局、环保厅、能源局，国家电网公司、南方电网公司、华能、大唐、华电、国电、国家电投集团公司：

为贯彻落实2015年《政府工作报告》关于“推动燃煤电厂超低排放改造”的要求，推进煤炭清洁高效利用，促进节能减排和大气污染治理，决定对燃煤电厂超低排放实行电价支持政策。现就有关事项通知如下：

一、明确电价支持标准

超低排放是指燃煤发电机组大气污染物排放浓度基本符合燃气机组排放限值（以下简称“超低限值”）要求，即在基准含氧量6%条件下，烟尘、二氧化硫、氮氧化物排放浓度分别不高于10mg/m^3、35mg/m^3、50mg/m^3。为鼓励引导超低排放，对经所在地省级环保部门验收合格并符合上述超低限值要求的燃煤发电企业给予适当的上网电价支持。其中，对2016年1月1日以前已经并网运行的现役机组，对其统购上网电量加价每千瓦时1分钱（含税）；对2016年1月1日之后并网运行的新建机组，对其统购上网电量加价每千瓦时0.5分钱（含税）。省级能源主管部门负责确认适用上网电价支持政策的机组类型。超低排放电价政策增加的购电支出在销售电价调整时疏导。上述电价加价标准暂定执行到2017年底，2018年以后逐步统一和降低标准。地方制定更严格超低排放标准的，鼓励地方出台相关支持奖励政策措施。

二、实行事后兑付政策

超低排放电价支持政策实行事后兑付、季度结算，并与超低排放情况挂钩。省级环保部门于每一季度开始之日起15个工作日内对上一季度燃煤机组超低排放情况进行核查并形成监测报告，同时抄送省级价格主管部门。电网企业自收到环保部门出具的监测报告之日起10个工作日内向燃煤电厂兑现电价加价资金。对符合超低限值的时间比率达到或高于99%的机组，该季度加价电量按其上网电量的100%执行；对符合超低限值的时间比率低于99%但达到或超过80%的机组，该季度加价电量按其上网电量乘以符合超低限值的时间比率扣减10%的比例计算；对符合超低限值的时间比率低于80%的机组，该季度不享受电价加价政策。其中，烟尘、二氧化硫、氮氧化物排放中有一项不符合超低排放标准的，即视为该时段不符合超低排放标准。燃煤电厂弄虚作假篡改超低排放数据的，自篡改数据的季度起三个季度内不得享受加价政策。

三、政策执行时间

上述规定自2016年1月1日起执行，此前完成超低排放建设并经省级环保部门验收合格的，无论是否已经开始享受电价加价政策，自2016年1月1日起均按照新规定的加价政策执行。

国家发展改革委

环境保护部

国家能源局

2015年12月2日

参 考 文 献

［1］ 王志轩. 燃煤电厂大气污染物“超低排放”基本问题思考［J］. 环境影响评价，2015，37（4）：14-17.

［2］ 朱法华，王临清. 煤电超低排放的技术经济与环境效益分析［J］. 环境保护，2014，42（21）：28-33.

［3］ 石睿，王佩华，杨倩，等. 燃煤电厂“超低排放”成本效益分析［J］. 环境影响评价，2015，37（4）：5-8.

［4］ 中国电力企业联合会. 中国电力行业年度发展报告2015［M］. 北京：中国市场出版社，2015.

［5］ BIELAWSKI G T，SCHMEIDA M J，WHITE N T. Air Quality Control System Choices for U. S. Utility Power Plants. Power-Gen International，Orlando，Florida，USA. 2013. 11.

［6］ BUECKER B，HOVEY L. FGD in the USA：why the future looks increasingly dry［J］. Modern Power Systems，2013（5）：53-56.

［7］ CÓRDOBA P. Status of Flue Gas Desulphurisation（FGD）systems from coal-fired power plants：Overview of the physic-chemical control processes of wet limestone FGDs［J］. Fuel，2015，144（3）：274-286.

［8］ 曾庭华，杨华，马斌，等. 湿法烟气脱硫系统的安全性及优化［M］. 北京：中国电力出版社，2004.

［9］ 曾庭华，杨华，廖永进，等. 湿法烟气脱硫系统的调试、试验及运行［M］. 北京：中国电力出版社，2008.

［10］ 曾庭华，廖永进，徐程宏，等. 火电厂无旁路湿法烟气脱硫技术［M］. 北京：中国电力出版社，2013.

［11］ 王大卫. 活性焦干法烟气净化技术应用于燃煤电厂的适应性分析. 中国电力，2015，48（1）：153-156.

［12］ DENE C，GILBERT J，JACKSON K，et al. ReACT Process Demonstration at Valmy Generating Station［C］//MEGA symposium. Washington，2008.

［13］ 张红. 活性焦联合脱硫脱硝技术及发展方向［J］. 环境与发展，2014，26（1）：84-86.

［14］ 尹正明，李紫龙，史旭. 活性焦脱硫技术应用现状与技术经济性分析［J］. 中国资源综合利用，2011，29（8）：31-34.

［15］ 付振娟，陈亮. 活性焦烟气脱硫技术在大型燃煤电站的应用［J］. 北方环境，2013，29（1）：91-94.

［16］ 张志文. LJD干法烟气净化装置在西部缺水地区的应用［J］. 中国环保产业，2014（6）：30-32.

［17］ 魏宏鸽，杜振，何胜，等. 半干法脱硫技术在燃煤电厂中的应用调查与分析［J］. 电力科技与环保，2014，30（5）：23-25.

［18］ 汲传军. 烟气循环流化床干法脱硫技术研讨及常见问题分析［J］. 环境与可持续发展，2015（6）：90-92.

［19］ 周至祥，段建中，薛建明，等. 火电厂湿法烟气脱硫技术手册［M］. 北京：中国电力出版社，2006.

［20］ 尹鹏飞. 国产600MW超临界燃煤发电机组"近零排放"改造［J］. 华电技术，2016，38（1）：54-58.

［21］ 刘定平，陆培宇. 旋流雾化技术在464000m^3/h烟气湿法脱硫中的应用［J］. 中国电力，2015，48

(8)：130-134. 140.

[22] REISSNER H. FGDplus：demonstrating promise after two years of pilot testing [J]. Modern Power Systems，2011 (10)：13-14.

[23] 孟令媛，朱法华，张文杰，等. 基于SPC-3D技术的烟气超低排放工程性能评估 [J]. 电力科技与环保，2016，32 (1)：13-16.

[24] SILVA A A，WILLIAMS P J，BALBO J. WFGD Case Study-Maximizing SO_2 Removal by Retrofit with Dual Tray Technology [C] //EPRI-DOE-EPA-AWMA Combined Powerm Plant Air Pollutant Control Mega Symposium，August 28-31，2006 [C]，Baltimore，Maryland，USA.

[25] 梁晏萱，苏成. 双托盘喷淋塔在石灰石-石膏湿法脱硫装置改造中的应用 [J]. 重庆电力高等专科学校学报，2015，20 (5)：38-42.

[26] 帅伟，李立，崔志敏. 基于实测的超低排放燃煤电厂主要大气污染物排放特征与减排效益分析 [J]. 中国电力，2015，48 (11)：131-137.

[27] 何永胜，高继贤，陈泽民，等，单塔双区湿法高效脱硫技术应用 [J]. 环境影响评价，2015，37 (5)：52-56.

[28] 叶道正. 单塔双区高效脱硫技术在火力发电厂中的应用 [J]. 中国电业，2014 (8)：57-59.

[29] 李娜. 石灰石-石膏法单塔双循环烟气脱硫工艺介绍 [J]. 硫酸工业，2014 (6)：45-48.

[30] 王国强，黄成群. 单塔双循环脱硫技术在300MW燃煤锅炉中的应用 [J]. 重庆电力高等专科学校学报，2013，18 (5)：51-54.

[31] 林朝扶，兰建辉，梁国柱，等. 串联吸收塔脱硫技术在燃超高硫煤火电厂的应用 [J]. 广西电力，2013，36 (5)：11-15.

[32] 梁国柱，林朝扶，李国晖. 330MW机组脱硫系统串联塔改造 [J]. 广西电力，2012，35 (5)：44-66，71.

[33] 高广军，赵家涛，王玉祥，等. 双塔双循环技术在火电厂脱硫改造中的应用 [J]. 江苏电机工程，2015，34 (4)：79-80.

[34] 李春萱. DW双塔双循环脱硫工艺低能耗高效率运行原理简析 [J]. 中国电业，2015 (10)：83-85.

[35] 林朝扶，文丰正，邓荣喜，等. 大容量机组超高硫煤脱硫吸收塔的节能优化设计 [J]. 广西电力，2014，37 (6)：31-33，90.

[36] 单选户，薛宝华. CT-121鼓泡式吸收塔烟气脱硫工艺技术介绍 [J]. 工程建设与设计，2004 (8)：9-12.

[37] 蓝敏星，脱硫鼓泡塔pH值及液位对脱硫效率提升的试验研究 [J]. 中国电力，2015，48 (7)：115-119.

[38] Smith K，Booth W. Evaluation of wet FGD Technologies to meet requirements for post CO_2 removal of Flue Gas Streams [C] //Air and Waste Management Association-7th Power Plant Air Pollutant Control Mega Symposium，2008 (2)：1183～1194，Pittsburgh，USA.

[39] L. Benson，K. Smith，B. Roden. New Magnesium-enhanced Lime FGD Process [C] //The Mega Syposium in conjunction with AWMA's Mercury Fate，Effects and Control Specialty Conference [C]，August，2001，Chicago，IL，USA.

[40] W. Inkenhaus，L. Loper. AEC Lowman Station FGD Conversion from Limestone to Magnesium-enhance Lime Scrubbing [C] //Power Gen International 1996，December 4-6，1996，Orlando FL，USA.

[41] DEPRIEST W，GAIKWAD R P. Economics of Lime and Limestone for Control of Sulfur Dioxide [C] //Mega Symposium，May 19-22，2003，Washington DC，USA.

[42] 王中原，王俩，宋宝华. 氧化镁湿法烟气脱硫废水处理技术探讨 [J]. 中国环保产业，2010 (3)：

29-31.

[43] 郭如新. 从国外镁法烟气脱硫的研发进程看国内发展前景 [J]. 硫磷设计与粉体工程，2009（2）：1-6.

[44] 柴明，崔可，徐康富，等. 氧化镁湿法烟气脱硫回收工艺的技术经济可行性初步分析 [J]. 环境污染治理技术与设备，2006，（4）：38-40.

[45] 夏春超. 大唐鲁北发电公司脱硫副产品回收利用研究 [J]. 环境工程，2014（32 增刊）：623-625.

[46] 宋宝华. 湿式镁法烟气脱硫技术发展综述 [J]. 中国环保产业，2009（8）：28-30，34.

[47] 项建锋. 钙法脱硫与镁法脱硫的比较 [J]. 上海节能，2012（11）：16-20.

[48] 吕天宝. 镁法脱硫技术在 2×330MW 机组上的应用 [J]. 电力科技与环保，2011，27（4）：45-47.

[49] 易勇智. 氧化镁脱硫在 350MW 燃煤机组上的应用 [J]. 中国高新技术企业，2015（23）：47-49.

[50] 易勇智，门义正，田波，等. 350MW 燃煤机组 MgO 法烟气脱硫系统烟尘脱除试验研究 [J]. 广东电力，2016（3）：20-24，37.

[51] 吴来贵，牟志才，董学德，等. 深圳西部电厂 4 号机海水脱硫系统的调试及其分析 [J]. 热能动力工程，2000（4）：65-67.

[52] 戴桂香，苏荣，刘子晗，等. 福建漳州后石电厂烟气脱硫排水海域的海水和沉积物中汞的含量变化分析 [J]. 福建水产 2015，37（5）：363-370.

[53] 郭娟，袁东星，陈进生，等. 燃煤电厂海水脱硫工艺的排水对海域环境的影响 [J]. 环境工程学报，2008，2（5）：707-711.

[54] 杨东，陈玉乐. 烟气海水脱硫排水水质对周边海域的影响分析 [J]. 中国环保产业，2009（7）：3-36.

[55] 李枭鸣，王圣，姜艳靓，等。沿海燃煤电厂采用海水脱硫的环境影响适用性分析研究 [J]. 环境科学与管理，2015，40（1）：94-97.

[56] 关毅鹏，李晓明，张召才，等. 海水脱硫应用现状与研究进展 [J]. 中国电力，2012，45（2）：40-43.

[57] 胡立川，李威，魏世哲. 1036MW 机组海水脱硫率的影响因素分析及其运行优化 [J]. 电站辅机，2014（1）：35-38.

[58] 管一明，刘涛，王宏亮. pH 值对湿法海水脱硫吸收及氧化系统的影响分析 [J]. 环境科技，2012，25（1）：1-4.

[59] 耿晓波. 华能大连电厂海水脱硫系统优化运行研究 [J]. 东北电力技术，2011（1）：28-33.

[60] 王思粉，冯丽娟，李先国. 浅析我国海水烟气脱硫技术及改进 [J]. 热力发电，2011，40（1）：4-7，18.

[61] 郑晓盼，高翔，郑成航，等. 基于燃煤电厂“超低排放”的海水脱硫系统性能评估与建议 [J]. 环境影响评价，2015，37（4）：9-13.

[62] 丁承刚，郭士义，丁红蕾，等. 氨基湿法烟气脱硫技术在火电厂中的应用 [J]. 上海电力学院学报，2015，31（5）：443-446.

[63] 王剑波，王新龙. 氨法脱硫在国内的应用探讨 [J]. 科技传播，2011（2）：187-188，180.

[64] 鲍静静，印华斌. 杨林军，等. 湿式氨法烟气脱硫中气溶胶的形成特性研究 [J]. 高校化学工程学报，2010，24（2）：325-330.

[65] 李红霞，张良，李国江. 胺法烟气脱硫最新进展 [J]. 河北理工大学学报，2011，33（1）：116-118.

[66] 闫楠，涂志江，杨立春. 有机胺脱硫工艺在高硫煤地区火电厂的应用分析 [J]. 环保科技，2013，19（5）：1-6.

[67] 冉茂红. 有机胺脱硫技术在福泉电厂的应用 [J]. 贵州电力技术，2013，16（12）：47-48，33.

[68] 张启玖，秦国伟，刘更顺，等. 有机胺脱硫胺液硫代硫酸根超标原因分析及处理方案 [J]. 能源与环境，2014 (6)：80-81.

[69] 甘国黔. 有机再生胺在锅炉烟气脱硫中运用浅析 [J]. 环境工程，2014，32 (增刊)：427-428，512.

[70] 李桂贤，吴巧玉. 再生胺脱硫技术用于高硫煤烟气治理探索 [J]. 环境工程，2015，33 (增刊)：476-480.

[71] 蔡小周，曾志攀. WGGH 在 1000MW 超超临界燃煤锅炉中的运用与实践 [J]. 机电信息，2015 (30)：101，104.

[72] 鲍听，李复明，李文华，等. 氟塑料换热器应用于超低排放燃煤机组的可行性研究 [J]. 浙江电力，2015 (11)：74-78.

[73] 田鑫，胡清，孙少鹏，等. 氟塑料换热器技术在燃煤电厂的应用现状及前景分析 [J]. 发电与空调，2015，36 (5)：15-18.

[74] 王岩. 氟塑料低温省煤器在燃煤电站的应用 [J]. 能源与节能，2013，(5)：119-120.

[75] 陈林，张颖颖，杜小泽. 回收烟气余热的特种耐腐蚀塑料换热器的性能分析 [J]. 中国电机工程学报，2014，34 (17)：2778-2783.

[76] Sharon Sjostrom，Michael Durham，C. Jean Bustard，et al. Activated carbon injection for mercury control：Overview [J]. Fuel，2010 (89)：1320-1322.

[77] 何石鱼，赵会民，刘长东，等. 燃煤汞污染控制研究进展 [J]. 中国电力，2016，49 (2)：170-175.

致　　谢

本书撰写过程中，得到了广东电网有限责任公司电力科学研究院领导的大力支持，锅炉所冯永新所长在全所工作任务十分紧张的情况下合理安排人员，使作者有足够的写作时间；院内各位同事都给予了极大的帮助，锅炉所沈跃良、成明涛、李德波、李方勇、冯晓鸣、周杰联、许凯、宋景慧、湛志钢、殷立宝、温智勇、孙超凡等同事提供了许多资料和帮助，可以说本书是广东电科院从事火电厂环保工作的所有人员的结晶。粤电集团公司给予了作者很多参与超低排放工程建设的机会，使作者广泛地接触了各种 FGD 技术，受益良多；刘国军、张爽、骆文波、余从容等同志给予了许多启发，在此表示诚挚的谢意！

广东省珠海电厂、金湾电厂、沙角 A、C 电厂、黄埔电厂、湛江电厂、平海电厂、汕尾电厂、惠来电厂、河源电厂、海门电厂、海丰电厂、国华惠电、南沙热电、大埔电厂、旺隆电厂、恒益电厂等，以及中能建广东省电力设计研究院等单位提供了许多帮助，特别是沙角 B 电厂的金学峰、金志力、朱林忠、匡真平、门义正、白凤英、丁成云、陈学文、田波等及盛尼克能源环保技术（重庆）有限公司的熊天渝、施明义、叶飞、郑婉珠、郭兵等在 MgO 脱硫工程改造过程中共同努力，为 MgO 湿法技术的应用做出了巨大贡献，作者也收获不少；台山电厂为保留国内唯一运行的鼓泡塔做了最大努力，王中权、曹建军、陈代宾、高小春、余鹏等及国华电力研究院的贺桂林、张俊杰、胡秀丽、周洪光、高增、王文杰等充分发挥了各自的才智，使作者在 CT-121 FGD 超低排放技术方面有了更深刻的理解；河源电厂吴来贵审阅了海水脱硫章节并提供了许多修改建议，在此深表谢意。

作者还要感谢全国各地的电厂和单位的同仁给予的帮助。本书的许多资料来源于书中所提及的国内外众多的 FGD 公司，对它们在火电厂超低排放方面所做的贡献，作者十分钦佩！一些脱硫界的前辈如马果骏、胡健民、江得厚、王志轩、傅文玲等，以及参考文献未能一一列出的国内外众多专家和同行的文章及其研究成果令人受益匪浅，作者深表敬意！对中国电力出版社深表感谢！

感谢所有关心和支持本书的朋友们，愿为我国烟气脱硫事业做出自己最大的贡献！

作者

2017 年 1 月于广州